22가지 **수학의 원칙**으로 배우는

생각공작소

22가지 수학의 원칙으로 배우는

생각공작소

ⓒ 크리스티안 헤세, 2019

초판 1쇄 인쇄일 2019년 7월 25일
초판 1쇄 발행일 2019년 8월 1일

지은이 크리스티안 헤세
옮긴이 강희진 **감수** 남오영
펴낸이 김지영 **펴낸곳** 지브레인^{Gbrain}
편집 김현주, 정난진
마케팅 조명구 **제작·관리** 김동영

출판등록 2001년 7월 3일 제2005-000022호
주소 04021 서울시 마포구 월드컵로7길 88 2층
전화 (02)2648-7224 **팩스** (02)2654-7696

ISBN 978-89-5979-618-2(03410)

- 책값은 뒤표지에 있습니다.
- 잘못된 책은 교환해 드립니다.

22가지 **수학의 원칙**으로 배우는

생각공작소

크리스티안 헤세 지음 강희진 옮김 남오영 감수

사람은 누구나 생각이라는 걸 하고 산다. 그런데 달리기나 외국어 혹은 정리정돈을 잘하는 사람이 있고 그렇지 못한 사람이 있듯 생각하는 능력에도 개인차가 존재해서 뛰어난 사고력의 소유자도 있지만, 그보다는 조금 못한 사람도 있고 심하게 뒤처지는 이들도 있다. 한 가지 희소식은 다른 능력들과 마찬가지로 사고의 기술 역시 적당한 도구를 이용하여 반복적으로 연습하고 훈련하면 개선된다는 점이다.

여기, 사고력 발달에 필요한 기술과 도구들을 모아놓은 책 한 권을 소개한다. 유추의 원칙, 반대의 원칙, 무차별 대입의 원칙 등 이 책에서 제시하는 22가지 생각의 도구들은 중고등학교 수준의 수학 지식만 갖추고 있다면 쉽게 이해할 수 있다. 물론 쉽게 이해된다고 해서 그 효과를 절대 우습게 볼 일은 아니다. 22가지 생각의 도구들이 생활 속 다양한 분야에서 아이디어를 창출하고 문제를 해결할 때 훌륭한 조력자가 되어줄 것이기 때문이다.

이 책에서 소개하는 이야기들은 한 편의 재미난 이야기를 대할 때처럼 가볍게 술술 읽어 나갈 수 있지만, 진지한 고민이 필요한 때도 있다. 하지만 어떤 경우든 독자들은 수학이 재미있는 학문이라는 것을 분명하게 깨닫게 될 것이다.

　1부터 100까지의 수를 더하면 얼마일까? 1 더하기 2, 거기에 3 더하고, 또 4 더하고. 이런 식으로 계산해나갈 수도 있지만 이런 식의 계산은 눈부신 속도로 발전하고 있는 현대 사회의 바쁜 우리에게는 맞지 않는다. 그런데 이 계산을 몇 초 만에 해낸 가우스가 있다. 여기서 '별거 아니네'라고 생각한다면, 1부터 어떤 수든 원하는 자연수까지 더한 결과를 만들어보라. 과연 생각해내는 사람이 얼마나 될까? 그것이 바로 일반화이다. 특별한 경우만이 아니라 그것을 포괄하는 더 넓은 경우까지의 결과를 만들어낼 수 있다면 얼마나 생각이 깊어야 하는지 상상해보라. 이 책의 12번째 도구 일반화의 원칙은 바로 문제를 일반화해서 생각하는 방법에 대한 내용이다.

　이 책은 22가지의 생각의 도구를 담은 책으로 하나하나의 도구가 만만하지 않으며 의미 있다. 그러니 재미있는 부분은 웃으며 읽다가 생각의 도구를 설명하는 부분에서는 연필과 종이를 들고 직접 풀어보기를 권한다. 22가지의 생각의 도구에 익숙해질 무렵이면 왜 물리의 언어가 수학이며 생활의 기본이 수학인지 깨달음과 함께 새삼 수학이 쉬워지고 생각하는 힘도 커졌음을 느끼게 될 것이다.

남호영 (고등학교 수학교사)

CONTENTS

끝 부분에 위치한 서문

수학은 삶이다.

- 게로 폰 란도프

0. 서문

생각은 정보 처리, 인식 획득, 문제 해결과 관련된 정신적 활동이다. 나아가 사고 활동의 궁극적 목표는 주어진 정보에서 유용한 깨달음을 얻고 결국에는 문제를 해결하는 것이다.

문제 해결 과정에는 창의력이 요구된다. 무언가를 수단으로 하여, 무언가를 통하여, 무언가를 이해하는 것이 그 목표이기 때문인데, 그러려면 창의적인 아이디어가 바탕이 되어야 한다.

적절한 아이디어가 떠오르고 그 아이디어를 통해 문제를 해결해냈을 때의 성취감은 그 무엇과도 비교할 수 없을 만큼 짜릿하다. 하지만 그 적절한 아이디어라는 것이 항상 '짠' 하고 떠올라주는 것이 아니다. 억지로 짜낼 수 있는 것도 아니다. 그렇지만 다행히 우리에게는 '휴리스틱heuristic'이라는 해결사가 있다. 휴리스틱이란 주어진 조건에서 최상의 결과를 유도해 낼 수 있도록 창의적 아이디어를 짜내는 행위를 의미한다. 묘안이 떠오르지 않을 때 활용할 수 있는 접근법 정도로 이해하면 되겠다.

사람은 누구나 생각이라는 걸 하고 산다. 그런데 달리기나 수영, 높이뛰기를 아주 잘하는 사람이 있고 그보다는 조금 못한 사람도 있고 심하게 뒤처지는 이들도 있듯 생각하는 능력에도 개인차가 존재한다. 하지만 사고력도 다른 능력과 마찬가지로 적당한 기술과 도구를 이용해 반복적으로 연습하고 훈련함으로써 개선할 수 있다. 수영을 잘 못하는 사람이 '오리발'을 착용하면 좀 더 빨리 헤엄을 칠 수 있듯 생각의 도구들을 장착함으로써 문제 해결 능력도 업그레이드시킬 수 있다.

이 책을 쓴 목적도 사고력 향상을 위함이다. 스무 개 남짓 되는, 간단하지만 꽤 유용한 생각의 도구들을 사례와 더불어 소개함으로써 사고력 향상에 이바지하려 한다.

여기에 소개하는 내용은 중고등학교 수준의 수학 실력만 갖추고 있다면 별 무리 없이 이해할 수 있다. 물론 쉽게 이해된다고 해서 그 효과를 우습게 보면 안 된다. 여기에 소개하는 생각의 도구들은 분명히 독자들의 형식적 사고 능력formal thinking ability과 아이디어 제시 능력을 증진시키고, 나아가 수와 관련된 다양한 문제를 해결하는 능력까지 개선해줄 것이다.

우리는 누구나 적절한 아이디어를 통해 문제를 해결했을 때 커다란 기쁨을 맛본다. 문제를 해결한 순간에 느끼는 환희는 산악인이 세계 최고봉에 올랐을 때의 환희에 버금간다. 그 환희의 원천은 우리의 머릿속이다. 좀 더 정확히 말하자면 대뇌 피질이다. 깨달음의 순간, 축포와 불꽃이 우리의 대뇌 피질을 화려하게 수놓는다.

수학은 인간의 사고력을 가장 순수한 형태로 활용하는 학문이다. 그런 의미에서 수학을 이데올로기^{ideology}라 할 수 있다. '생각^{idea}'에 관한 '학문$^{-ology}$'이라는 의미에서 말이다.

그간 수학 분야에서 퍼 올린 쾌거는 오늘날 생활 속 거의 모든 분야에 널리 활용되고 있다. 그렇다고 수학을 오직 실용성만 추구하는 학문이라 말할 수는 없다. 수학은 학문 그 자체로도 매우 흥미진진하고 아름답기 때문이다. 물론 실용성을 빼고 수학을 논할 수는 없다. 지금 우리가 누리고 있는 문명의 이기 중 수학과 무관하게 발명된 것들은 하나도 없다고 해도 과언이 아니다. 우리를 둘러싼 우주를 이해하는 데 수학은 필수불가결하다. 수학 없이는 지구의 앞날과 운명을 점칠 수도 없다. 정리하자면, 수학은 실용적일 뿐 아니라 숨 막힐 듯 아름답기까지 한 학문이라 할 수 있다!

나는 이 책을 통해 두 가지 소망을 실천에 옮기고 싶었다. 첫째, 더 똑똑해지기 위한 모험에 독자들을 참여시키고 싶었다. 둘째, 문제 해결 과정에서 제시되는 아이디어들이 얼마나 아름다운지 독자들이 직접 느낄 수 있게 해주고 싶었다. 수학에 얽힌 다양한 이야깃거리, 생각거리, 고민거리들을 포함한 것도 독자들에게 직접 느끼고 체험할 기회를 주기 위해서였다. 하지만 수학과 우리네 인생을 조금 복잡한 방식으로 끌어다 붙여놓은 점은 인정한다. 조금 어렵더라도 인내심을 잃지 않고 끝까지 집중해 지적 호기심을 충족시키고 때로는 지적 허영심도 맛보기를, 나아가 이 책을 통해 얻은 지식으로 어디 가서 잘난 체도 해보기를 진심으로 바란다. 수학과는 담을 쌓고 사는 사람 중에도 잘난 체하는 이들이 많은데 수학을 좋아하고 사랑하는 우리라고 그러지 말란 법은 없지 않은가!

인정하건대 수학이 재미있고 아름답다는 생각은 매우 주관적이다. 열정, 취미, 취향, 기호가 수학이라는 학문을 향한 것이 아니라면 열광하기 어려운 것도 사실이다. 이 책에서 소개하는 수학에 관한 의견들도 물론 필자의 지극히 주관적인 견해들에 불과하다. 많은 이가 생각하듯 수학은 시시한 농담이나 허튼수작 따위를 절대 허용하지 않는 딱딱한 학문이다. 그럼에도 그 안에는 사유와 열정과 고귀한 진리가 담겨 있다. 수학은 공식만 달달 외우는 학문이 아니다. 공식을 통해 사유하는 학문이 바로 수학이다.

수학이 '이야기의 학문'이라 주장하는 이들도 있다. 질문 속에 여러 가지 흥미로운 이야기가 담겨 있고, 그 질문을 해결하는 과정은 세련되면서도 정교하며, 증명 과정은 마술과도 같고, 거기에서 비롯된 결론은 생활 속 다양한 영역에 영향을 미친다는 점을 감안할 때 결코 억지 주장은 아니다. 이 책에도 사고력과 아이디어를 자극하는 이야기와 재미있는 일화들이 다수 수록되어 있다. 그러니 독자들은 수학에 관한 두려움일랑 떨쳐내고 상쾌한 마음으로 책장을 넘겨 나가기 바란다.

이 책은 크게 두 부분으로 나뉜다. 첫 부분은 '무슨 서문이 이렇게 길어!'라는 생각이 들 만큼 긴 도입부이고, 두 번째 부분에서는 22가지 생각의 도구들이 소개된다.

도입부인 I부에서는 문제와 생각 그리고 수학적 고민에 관한 이야기들을 접하게 될 것이다. 수학자들은 어떤 문제에 직면했을 때 호들갑을 떨거나 패닉 상태에 빠지는 대신 차근차근 해결책을 찾아 나간다. 수학자들에게 있어 문제란 지적 호기심을 체험하고 충족해 나가는 과정일 뿐이다. 따라서 그들은 쉽게 절망하지 않고, 난관에 봉착했을 때에도 인내심을 발휘하며, 끈기 있게 목표 지점을 향해 다가간다. 수학자들이 쉽게 좌절하지 않는 가장 큰 이유는 무수히 많은 문제를 풀어본 경험 때문이다. 그 경험 덕분에 웬만해선 좌절하지 않는 불굴의 의지가 싹텄고, 나아가 문제 해결 능력도 향상된 것이다.

II부에서는 유추의 원칙, 반대의 원칙, 무차별 대입의 원칙 등 22가지 생각의 도구들을 만날 수 있다. 그러나 여기에서 소개하는 내용은 어디까지나 대략적일 뿐, 완벽하다고는 할 수 없다. 각 장의 내용이 계속 연결되는 것도 아니다. 난이도 면에서는 대체로 쉬운 것부터 어려운 것 순으로 정렬해두었지만, 앞부분에 소개된 원칙이라 해서 뒷부분에 나올 원칙보다 반드시 쉽지는 않다. 기초, 중급, 고급 순으로 생각의 도구들을 대략 정리해두었을 뿐이니 참고하기 바란다.

각 장에는 정량적^{quantitative}−수학적^{mathematic} 사고로 성취감을 얻을 수 있는 코너가 포함되어 있다. 이 책에서 소개하는 생각의 도구들이 개인의 삶과 단체 속에서의 삶, 나아가 인간관계에 폭넓은 효과를 발휘한다는 점을 각종 사례를 들어 제시하였다.

이 책을 완성하기까지 꽤 오랜 시간이 걸렸다. 심지어 25년 전쯤 했던 수학적 고민도 포함되어 있다. 2006년, 그간의 학문적 고민을 모아 책을 만들어보자는 결심을 한 뒤 그해 여름 학기에 슈투트가르트 대학에서 수학 비전공자들을 위해 '수학 입문'이라는 과목을 개설하고 강의한 것이 결정적 계기가 되었다.

이 책이 탄생하기까지 여러모로 도움을 주신 분들께 이 지면을 빌려 감사의 말씀을 드리고 싶다. 그분들의 도움 덕분에 많은 깨달음을 얻었다. 도움을 주신 이들이 너무 많기에 여기에서 일일이 언급하지 못하는 점이 안타까울 따름이다.

강의 초고를 디지털 문서로 편집하는 데 이나 로젠베르크[Ina Rosenberg]와 필립 슈니츨러[Philipp Schnizler]가 큰 도움을 주었고, 이 책에 실릴 삽화들의 제작과 선정에 블라트 자주[Vlad Sasu]가 많은 도움을 주었다.

원고 교정을 도와주신 볼만 박사[Dr. Bollmann]께도 감사의 말을 드리고 싶고, 이 책을 기꺼이 출판해주시고 많은 이해심을 보여준 베크[Beck] 출판사 측에도 감사 인사를 드리는 바이다.

언제나처럼 가장 고마운 사람들은 내 가족이다. 아내인 안드레아 룀멜레[Andrea Römmele]와 사랑스러운 두 아이 한나[Hanna]와 레너드 헤세[Lennard Hesse]에게 무한한 감사를 드린다. 내가 하는 모든 일이 그렇듯 이 책 역시 가족 덕분에 탄생한 것이고, 그런 의미에서 이 책을 내 가족에게 바치고 싶다.

2009년 1월 2일, 만하임(Mannheim)에서 크리스티안 헤세

I

진짜 서문

이제 시작

문제, 정의 그리고 증명

"생각을 좀 해봐야겠어 I will a little think."

– 아인슈타인(미국에 체류하던 시절에 한 말)

진짜 서문

　'문제'란 인간이라면 누구나 처하게 되는 기본 상황의 하나로, 굳이 정의를 내리자면 '현재의 상태와 도달해야 할 상태 사이의 간격'이라 할 수 있다. 그런가 하면 '생각'은 구체적인 사실과 추상적 개념, 직관 능력, 개념 구성 능력 등을 동원하여 그 간격을 없애기 위한 도구를 개발하는 과정이다. 생각은 기본적으로 인식을 증대시킨다는 특징을 지니고 있고, 사고력은 인간이 지닌 능력 중에서 핵심이라 할 수 있다. 생각의 밑바탕이 되는 것은 교육이요, 교육은 상식의 전제 조건이다.

　생각할 수 있는 능력이 인간에게만 주어진 것은 아니지만, 진화의 단계가 비슷한 생물들과 비교할 때 인간의 사고 능력은 단연코 1위라 할 수 있다. 1등과 2등의 차이도 매우 커서, 사실상 모든 피조물 중 인간만이 생각할 수 있는 능력을 지녔다고 해도 무방하다.

사고의 기술은 인간이 지닌 다양한 능력 가운데 핵심적 능력에 속한다. 위험이 언제 어디에서 어떻게 닥칠지 모르고 하루에도 수십 번씩 다양한 결정을 내려야 하기 때문이다. 우리 조상은 먼 옛날부터 정량적-분석적 사고와 수학적 사고를 통해 문제를 해결해왔고, 그런고로 수학의 역사는 고대까지 거슬러 올라간다.

수학이라는 학문이 정확히 언제 태동했는지는 알 수 없지만, 여러 분야에서 활용되었다는 것만큼은 분명한 사실이다. 선사시대부터 우리 조상은 토지를 측량하고 달력을 제작하며 상거래를 할 때, 나아가 다양한 현상들로 가득한 세계를 이해하는 데 수학을 활용해왔다. 이미 그때부터 수학적 사고가 새로운 깨달음을 얻는 데 없어서는 안 될 강력한 도구 역할을 해온 것이다.

인간의 눈과 귀로는 도저히 체험할 수 없는 영역인 소립자나 머나먼 우주도 수학 덕분에 들여다볼 수 있었다. 또한 수학은 영문학과 기상학, 심리학, 동물학 등 모든 학문 분야와 관련되어 있을 뿐 아니라 우리 생활의 바탕이기도 하다. 지금 우리가 알고 있는 핵심 기술들은 대부분 수학이 없었다면 개발되지 못했을 것이다. 그런 의미에서 수학은 중요한 기술을 개발하기 위한 디딤돌이라 할 수 있다. 컴퓨터를 이용한 단층촬영법^{CT}이나 전자화폐$^{e-money}$, TV, 휴대폰과 같은 기술들도 수학을 기본으로 해서 구축되었고, 바퀴로 굴러가는 자동차, 하늘을 나는 비행기, 무너지지 않고 굳건히 버티는 교각, 한겨울을 따뜻하게 날 수 있게 해주는 보일러에도 수학이 숨어 있다.

자연의 세계에도 다양한 수학의 원리들이 담겨 있다. 벌집 모양이나 식물의 잎차례 등 동식물의 세계는 물론이고, 범위를 우주 속 시공간으로 넓히면 더욱 정교하고 광범위한 수학적 원리들을 무궁무진하게 발견할 수 있다.

정량적 – 분석적 사고는 현대인에게도 여러모로 유용하다. 어딜 가든 숫자와 함수, 통계, 나아가 다양한 수학적 구조들과 맞닥뜨리게 되어 있기 때문이다.

우리는 숫자를 이용해 어떤 결정의 근거를 추출하고, 함수를 이용해 상황의 변동을 설명하며, 통계를 이용해 어떤 주장의 정당성을 입증한다. 숫자와 함수, 다양한 수학적 구조들을 이용하면 세상을 일목요연하게 정리할 수도 있고 뒤죽박죽 뒤섞을 수도 있으며, 현상을 조작하여 세상을 기만할 수도 있다. 세상 속 비밀을 풀 수도 있고, 그 비밀을 둘러싼 베일을 완전히 벗겨낼 수도 있다. 그런가 하면 부족한 수학 실력 때문에 혼란에 빠질 수도 있고 주변 사람들을 혼란에 빠뜨릴 수도 있다!

수학적 사고 능력이 뛰어난 이들은 서투른 숫자 조작이나 확률적 환상 따위에 빠져들지 않는다. 반대로 그런 능력이 없는 이들은 단순한 함정에도 쉽게 빠져든다.

사실 문제 해결의 과정에서 문제 상황이 발생하는 것은 문제의 본질때문이다. 문제를 해결하려면 아이디어를 짜내어 한 단계씩 난관을 극복해 나가야 하는데, 앞서도 말했지만 그 아이디어라는 게 필요할 때 구세주처럼 나타나주면 얼마나 좋으련만 실상은 그렇지 못하다. 사고력을 훈련해야 하는 이유가 바로 여기에 있다! 생각의 도구들을 이용해서 사고 능력을 향상시키면 언젠

숫자 놀음에 놀아난 프로이트

'정신분석학의 아버지'라 불릴 만큼 위대한 지크문트 프로이트도 한때 베를린의 이비인후과 의사인 빌헬름 플리스의 수상한 '숫자 놀음'에 현혹된 적이 있었다.

플리스는 환자들의 병세나 사고 이력, 수술 후 합병증, 자살 이력 등을 종합해서 분석한 결과 신기하게 맞아떨어지는 일정한 주기를 발견했다고 주장했다.

1897년, 프로이트는 플리스에게 편지를 보내 "28일과 23일이라는 주기를 이용해 세상의 은밀한 비밀을 내게 알려주게나." 하고 부탁했다.

플리스의 이론에 의하면 모든 인간의 삶은 특정한 주기에 따라 결정되는데, 그 주기가 여자는 28일, 남자는 23일이라 했다. 즉 28일은 '여자 주기', 23일은 '남자 주기'라고 주장한 것이다.

이후 플리스는 '$23x + 28y$'(x와 y는 양의 정수 혹은 음의 정수)라는 이론에 더욱 집착했고, 다양한 자연 현상에서도 자신의 이론에 일치되는 현상을 발견했다고 주장했으며, 관련 현상들의 목록을 작성하는 데 수년 동안 공을 들이기도 했다. 그 결과, 플리스와 친분이 있던 프로이트도 그 이론에 집착하며 23과 28이라는 숫자를 자신의 이론에 대입하려 했다.

하지만 플리스의 이론은 숫자 놀음에 지나지 않았다. 23과 28을 서로소 관계인 두 개의 다른 수 (1과 −1 이외에는 공약수가 없는 두 개의 수)로 대체할 경우에도 똑같은 현상이 관찰되었던 것이다.

결국 두 학자의 연구는 '약간 고급스러운 장난'에 지나지 않는 것으로 판명되었다. 플리스 입장에서는 간단한 수학적 원리를 간과한 탓에 몇 년이라는 시간을 허비했으니 안타깝기 그지없었다. 프로이트라고 상황이 좋았던 것은 아니다. 위대하다고 여기고 무조건 섬겨왔던 스승이 단순한 숫자 장난에 놀아났다는 사실을 알게 된 제자들의 태도가 조금은 달라졌던 것이다.

가 필요한 순간에 저도 모르게 아이디어가 떠오를 수 있기 때문이다. 이 책의 목표도 바로 그것이다. 체계적인 훈련을 통해 필요한 아이디어를 필요할 때 활용하자는 것이다.

교수님들이 남긴 명언 '베스트 3'

공동 3위(무서우리만치 불쾌한 결과)

"그러니까 내 말은 무서우리만치 빠른 속도로 무서우리만치 부정확한 결과를 얻을 수 있다는 걸세."

– '펜티엄 프로세서 프로그래밍 오류'에 관한 강의에서 익명의 교수가 한 말

공동 3위(속도만 내면 빨라짐)

"속도를 조금만 더 내면 증명도 더 빨리할 수 있다네."

– '고급 수학' 강의에서 K. H. 교수가 한 말

2위(감속과 여유)

"내가 판서하는 이유는 자네들에게 보여주기 위한 게 아니라네. 그보다는 판서할 때마다 강의 속도에 제동을 걸 수 있기 때문이지."

– '수학과 암호' 강의에서 F. B. 교수가 한 말

1위(파워포인태니메이션^{Powerpointanimation})

"1초당 24장 이상이면 그건 파워포인트가 아니라 영화일세."

– 수학 관련 어느 학회에서 발표자가 파워포인트 화면을 너무 자주 전환하자 J. W. 교수가 한 말

수학은 전 세계 공통 언어를 사용하고, 그 언어는 매우 간결하며 명확하다. 독일 작가 토마스 포겔은 소설 《미구엘 토레스 다 실바의 최후》^{Die letzte} ^{Geschichte des Miguel Torres da Silva}에서 "세상을 이해하려면 수학의 세계에 빠져들어야 한다. 숫자와 선분, 원과 삼각형, 각뿔과 육면체로 이루어진 수학의 언어를 이해해야 한다. 그 언어가 없다면 우리는 깜깜한 미로 속에서 길을 잃을 수밖에 없다. 그 미로에는 앞을 비춰줄 불빛도 없고 실타래를 건네줄 아리아드네*도 없다."라고 말했는데, 포겔의 의견에 전적으로 동의한다.

컴퓨터가 수학에 미치는 영향에 대해서도 분명히 짚고 넘어가야 할 듯하다. 컴퓨터가 중요한 역할을 담당하고 있다는 데는 논란의 여지가 없다. 그러나 컴퓨터가 인간을 완전히 대체하지는 못한다. 예나 지금이나 사람의 머리로 해내기에는 너무 복잡한 계산들을 컴퓨터가 해주고 있는 것은 사실이지만, 그 일은 시간만 많이 주면 사람도 해낼 수 있다. 반대로 사람만이 해낼 수 있는 일은 컴퓨터에 아무리 많은 시간을 줘도 절대 해결되지 않는다.

수학적 원리나 공식, 방정식 등은 시간과 공간을 뛰어넘는다. 언제 어디서나 모두 적용된다. 그런 의미에서 수학은 범우주적 진리를 탐구하는 학문이라 할 수 있다. 그런데 범우주적 진리를 탐구하기 위해서는 우선 그 진리가 무엇인지부터 알아야 한다. 우리는 그 진리를 '정의^{definition}'라 칭한다. 예를 들어 유클리드는 점과 선 그리고 직선에 관한 진리를 다음과 같이 정의했다.

---

* 그리스 신화에 등장하는 인물, 크레타의 미노스 왕의 딸이다. 아리아드네는 미노스 왕이 미로에 빠뜨린 테세우스에게 실타래를 건네주었고, 테세우스는 그 덕분에 미로에서 벗어날 수 있었다.

- 점이란 '부분'(길이 혹은 넓이)을 지니지 않은 무엇이다.

- 선이란 너비(폭)를 지니지 않은 길이이다.

- 직선이란 자기 안에 포함된 점들을 곧게 이어놓은 선이다.

　위의 세 문장만 봐도 우리가 늘 사용하는 익숙한 요소들을 정의하기 위해 유클리드가 얼마나 머리를 싸맸을지 짐작이 가고도 남는다. 정의를 내린다는 것은 그처럼 어렵다.

　그런데 어떤 사물에 대한 정의가 비단 한 가지만 존재하는 것은 아니다. 대부분의 경우 여러 가지 정의가 있을 수 있다. 이를테면 호랑이는 '고양잇과 동물 중 줄무늬가 있는 유일한 동물'이고, 인간은 '털이 난 동물 중 유일하게 다리가 두 개인 동물'이라고 정의를 내릴 수도 있다. 사전적 정의와는 분명히 거리가 있겠지만 수학적으로는 흠 잡을 데가 전혀 없고 완벽하게 이해되는 명료한 정의들이다.

　독일 우편국의 '행낭'과 '자루'에 관한 정의를 읽다 보면 헤겔이 떠오른다. 헤겔은 자신의 저서 《철학적 학문의 백과사전$^{Enzyklopädie\ der\ Philosophischen\ Wissenschaften}$》(1830)에서 '전기^{electricity}'에 대해 다음과 같이 정의한 바 있다.

　"전기란 어떤 형태의 순수한 목적이다. 그 형태^{Gestalt}는 자기 자신으로부터 스스로를 해방하고, 자기 자신의 무차별성^{Gleichgltigkeit}을 지양^{aufheben}하기 시작한다. 그 이유는 전기가 즉각적인 출현이기 때문에, 혹은 원래의 형태로부터 아직 완전히 파생되지 못한 존재이기 때문에, 혹은 아직은 원래의 형태로부터 제약을 받는 존재이기 때문에, 혹은 아직은 원래의 형태를 완전히 해체하지 못했기 때문이다. 전기는 원래의 형태가 지닌 차이점들이 그 형태를 벗어나고 있는 표면적 과정이지만, 아직은 원래 형태의 제약을 받는 존재, 아직은 원래 형태에서 완전히 독립되지 못한 존재이다."

정의 내리기의 최고봉

"'귀중품 우편 행낭'은 내용물의 중요도로 인해 '귀중품 우편 자루'로는 불릴 수 없는 것으로서, 대개 여러 개의 귀중품 우편 자루로 구성되어 있지만 그 중요도 때문에 자루로 분류할 수 없고 행낭으로 분류해야 하는 행낭을 뜻한다.

참고로 이러한 정의가 필요한 이유는 특히 우편국 신입사원들이 '귀중품 우편 행낭'과 '귀중품 우편 자루', '자루형 자루'와 '귀중품 소포 자루' 사이에서 혼란을 느끼기 때문이다."

– 독일 우편국 관보(1992)

정확한 개념 정의와 더불어 증명^{proof}은 수학이라는 학문에서 빠져서는 안 될 필수불가결한 요소이자 핵심 구성원이다.

수학에서 무언가를 증명한다는 말은 어떤 주장이나 논거를 뒷받침하는 것을 뜻하는데, 대개 논리적으로 결함이 없는 결론을 한 가지 도출한 다음 그 결론을 다음 단계에 다시 대입하여 논리적으로 완전무결한 결론을 추출해 내는 방식을 택한다. 거기에는 어떤 주관적 감정도 개입되지 않는다. 수학적 증명은 오직 객관적 사실에만 근거하여 진실을 탐구해 나가는 과정이다.

증명의 사전적 정의와 일상생활 속의 정의

'증명'의 원래 뜻은 '어떤 사항이나 판단이 진실인지 아닌지를 증거를 들어서 밝히는 행위, 어떤 명제의 옳고 그름을 밝히는 행위' 등이다. 하지만 16세기 이후 증명이라는 말의 의미가 상당 부분 왜곡되었다. 심지어 요즘에는 증명이 남을 속이기 위한 도구쯤 된다고 믿는 이들도 적지 않다고 한다!

증명은 법률 분야에서는 물론 일상생활이나 학문, 정치, 스포츠 분야에서도 맹활약을 펼치고 있지만, 증명의 방식이나 기준은 천차만별이다. 생물 분야부터 예를 들어보자. 1934년, 독일의 생리학 연구가인 아른트 콜라우시는 "눈이 무언가를 보기 위한 필수적 기관이고 귀가 무언가를 듣기 위한 필수적 기관이라는 데는 의심의 여지가 없다. 누구나 그 사실을 알고 있다. 만약 잘 이해되지 않는다는 이가 있다면 해당 기관을 닫아보라고 하라. 이로써 이미 그 사실이 간난명료하게 증명될 것이다."라고 했다.

경험적 학문 분야에서 진리를 증명하는 도구로는 주로 관찰이나 실험이 활용된다. 그런가 하면 스포츠 분야에서는 주심이, 법률 분야에서는 판사나 배심원이 진리를 '결정'한다. 물론 법 없이도 살 수 있을 만큼 착한 사람들은 사실 판사가 어떤 과정을 거쳐 진리를 결정하는지 잘 알 수 없지만, 분명히 피고인이 범법 행위를 저질렀다는 사실에 대해 그 어떤 이성적 의심도 더 이상 제기되지 않을 때 비로소 유죄가 증명되었다고 판단하고 이에 따라 유죄 판결을 내릴 것이라 믿어 의심치 않는다.

그런데 수학에서 말하는 진리는 법에서 말하는 진리와는 조금 다르다. 수학자들은 어떤 명제가 참인지 거짓인지를 증명할 때, 참이라는 전제하에 채택된 몇 가지 공리^{axiom} 및 공리를 통해 증명이 완료된 명제들을 이용한다. 수학자들은 무엇이든 직접 증명해야 직성이 풀리는 종족이고, 그 때문에 수학자들의 삶이 나머지 사람들의 삶보다 한 뼘 더 피곤해지는 것도 사실이다.

지금까지 알려진 공리계$^{axiomatic\ system}$ 중 가장 유명한 것은 아마도 유클리드가 기하학 이론을 발전시키기 위해 채택한 공리계일 것이다. 유클리드의 공리계에는 5개의 공준^{postulate}도 포함되는데, 그중 하나가 '1개의 점과 다른 점을 이어서 직선을 만들 수 있다'는 것이다. 평행선의 공리$^{parallel\ axiom}$ 역시 유클리드의 공리계를 대표하는 것이라 할 수 있다. 평행선의 공리란 '어떤 직선 g가 있고 g 위에 있지 않은 1개의 점 S가 있다고 가정할 때, S를 지나는 직선 g와 평행인 직선은 단 1개밖에 존재하지 않는다'라는 내용이다.

참인지 거짓인지를 떠나서 유클리드가 단 5개의 공리를 이용해 기하학을 정리했다는 것은 경이로울 따름이다. 삼각형에 관한 이론과 피타고라스의 정리, 평행사변형에 관한 이론까지 모두 정리했다는 것 역시 실로 놀라운 업적이다. 그래서 유클리드는 정말이지 '천 년에 한 번 나올까 말까 한 위대한 학자'라는 수식어가 전혀 아깝지 않은 인물이다.

그런데 '공리'라는 개념이 대체 왜 필요할까? 그 이유를 이해하기 위해 우선 다음 상황부터 읽어보자. 자녀가 있는 독자라면 아래와 같은 상황이 매우 익숙하게 느껴질 것이다.

자녀 "사과 주스는 정말 맛있어요. 그런데 왜 주스를 한 병만 마시라고 하세요?"

부모 "이제 곧 밥을 먹을 거거든. 지금 주스를 너무 많이 마시면 입맛이 떨어져서 밥을 못 먹어."

자녀 "사과 주스가 왜 입맛을 떨어지게 하는데요?"

부모 "주스를 두 병이나 마시면 네 조그만 위胃가 꽉 차버리거든. 게다가 주스는 너무 달잖아. 그러니 많이 먹으면 안 돼."

자녀 "단 걸 많이 먹으면 왜 안 되는데요?"

부모 "단 걸 많이 먹으면 자꾸 갈증이 나거든. 게다가 이도 다 썩어버릴 걸!"

자녀 "단 걸 먹으면 왜 이가 썩어요?"

부모 "당분은 입속에 세균을 끌어모으거든. 그 세균들이 이에 구멍을 내는 거란다."

자녀 "세균들은 왜 내 입안에 구멍을 만들죠?"

얘기가 이쯤 되면 몇 가지 항목들이 소진된다. 물론 가장 먼저 바닥을 드러내는 것은 부모의 인내심이다. 인내심의 한계에 도달한 부모는 도대체 이 대화에 끝이라는 게 있을지 의심하기 시작한다. 아이의 질문 세례가 꼬리에 꼬리를 물면서 절대 끝나지 않을 것 같은 불안감에 휩싸인다. 아이가 무슨 질문을 하건 부모는 '왜냐하면'이라는 말로 답변을 시작하고, 그러면 아이는 다시 "근데 그건 또 왜 그렇죠?"라고 묻는다. 이제 상황은 양자택일의 궁지^{dilemma}가 아니라 삼자택일의 궁지^{trilemma}로 빠져든다. 질문-답변-다시 질문의 패턴이 끊임없이 반복된다.

철학자들은 이러한 상황을 두고 '뮌히하우젠* 트릴레마$^{Münchhausen\ trilemma}$'라 부르기도 한다. 지금 우리 앞에 놓인 뮌히하우젠 트릴레마를 구성하는 세 가지 요소는 다음과 같다.

첫째, '질문-답변-다시 질문'이 무한히 반복된다. 이 현상은 다른 말로 '무한 회귀$^{infinite\ regress}$'라 부른다.

둘째, 질문과 답변 그리고 다시 질문이 이어지다 보면 어느 순간 앞서 나왔던 질문이 다시 등장한다. 이 현상은 다른 말로 '순환 논증$^{circular\ argument}$' 또는

---

* 독일의 주간지 〈차이트〉(Zeit)의 전(前) 편집장

'순환 추리$^{\text{circular reasoning}}$'라 부른다.

셋째, 부모가 자신의 권위나 더 높으신 분(예컨대 하느님이나 부처님, 알라 등)의 권위를 이용해 어떤 진술이 기정사실인 것으로 선언해버린다.

간단한 순환 추리 혹은 순환하는 간단한 추리

A: "K가 그러던데 자기가 신과 얘기를 나눴대."

B: "말도 안 돼. K가 분명히 거짓말을 한 거야."

A: "그것도 말이 안 되지! 위대하신 신께서 거짓말쟁이랑 얘기를 나눌 리 없잖아!"

수학에서는 세 번째 방법을 선호한다. 자명하다고 생각되는 공준이나 공리를 생각의 출발점으로 삼아버리는 것이다.

간단한 예로, 어느 소도시의 시의원들이 소위원회를 조직하는 상황을 떠올려보자. 이 경우, 수학에서는 예컨대 다음과 같은 세 가지 공준을 설정한다.

공준 1 소위원회의 개수는 더도 말고 덜도 말고 딱 6개여야 한다.

공준 2 시의원 모두가 정확히 3개의 소위원회에 소속되어야 한다.

공준 3 모든 소위원회는 4명으로 구성되어야 한다.

위의 상황을 도식으로 표현하면 다음과 같다.

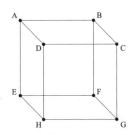

〈그림 1〉 어느 소도시 의회 산하의 소위원회.

위 그림에서 8개의 꼭짓점, 즉 A, B, C, D, E, F, G, H는 각기 1명의 시의원을 의미하고, 정육면체의 한 면은 4인으로 구성된 1개의 소위원회를 뜻한다. 예컨대 〈그림 1〉의 윗면은 {A, B, C, D}로 구성된 소위원회가 되고, 왼쪽 옆면은 {A, D, E, H}로 구성된 소위원회가 된다. 한편, 각 꼭짓점은 3개의 모서리와 이어지기 때문에 1명이 3개의 위원회에 소속되어야 한다는 공준도 충족된다.

이런 식으로 특정 공준들을 충족시키는 모형을 찾아냄으로써 문제가 해결된다. 위 그림에서도 앞서 제시된 세 가지 공준들은 정합을 이룬다^{consistent}. 세 가지 공준들이 서로 모순되지 않는다는 뜻이다. 만약 애초에 공준을 잘못 설정했다면 셋 중 둘 혹은 셋 모두가 서로 모순되는 상황이 일어난다. 다행히 우리는 올바른 공준들을 선택했고, 이로써 소위원회의 조직에 관한 전제 조건들을 충족시켰다. 이러한 경우를 전문용어로는 '완전한 공리계$^{complete\ axiomatic}$ ^{system}'라 부른다.

위 공준들을 근거로 소위원회에 관한 또 다른 사실도 알아낼 수 있다. 예컨 대 다음과 같은 명제가 있다고 가정해보자.

명제 그 도시의 시의원은 총 8명이다.

시의원이 모두 몇 명인지를 알아내는 과정은 매우 간단하다. 소위원회의 개 수(6개)에다 각 소위원회의 구성원 수(4명)를 곱하면 24가 나오는데, 공준 3 에서 모든 시의원이 각기 3개의 소위원회에 소속된다고 했으니 24를 3으로 나누면 8이 나온다. 즉 그 도시의 시의원이 총 8명이라는 결론이 도출된 것 이다.

하지만 모든 공리계가 늘 정합을 이루는 것은 아니다. 공리계 중에는 정합 적이지 않은 것들도 있다. 이와 관련해 다음 상황을 살펴보자.

공준 1 모든 소위원회는 정확히 2인으로 구성된다.
공준 2 시의원 1인이 소속된 소위원회의 개수는 반드시 홀수여야 한다.

이 경우, 공준 1과 공준 2는 서로 모순된다. 왜 그런지는 쉽게 증명할 수 있 다. 홀수 개의 소위원회에 소속된 시의원의 수는 공준 1이 제시하는 조건 때 문에 반드시 짝수 명일 수밖에 없다. 이해가 안 된다면 두 사람이 서로 악수하 는 상황을 떠올려보시라.

악수란 본디 사람과 사람, 즉 두 사람이 나누는 것이다. 따라서 여러 명이 모여 있을 경우, 홀수 번 악수하는 사람의 수는 짝수일 수밖에 없다. 그 이유를 공식으로 설명해보겠다.

그 자리에 모인 사람의 수를 n이라고 하고 예컨대 i라는 사람이 악수한 횟수를 S_i라고할 때, 자연수 k에 대해 $S_1+S_2+\cdots+S_n=2k$라는 공식이 성립된다. 악수한 횟수가 이중으로 계산되기 때문에 $2k$가 되는 것이다. 이때 $2k$는 무조건 짝수이다. 따라서 $S_1+S_2+\cdots+S_n$도 반드시 짝수가 된다. 좌변의 항 중에는 홀수도 포함되겠지만, 그 홀수들의 개수 역시 짝수일 것이다. 따라서 최종 답은 결국 짝수가 될 수밖에 없다.

위의 악수하기 사례에서 '두 사람이 악수한다'는 말을 '두 사람이 1개의 소위원회를 구성한다'로 대체하기만 하면 우리가 원하는 결론을 얻을 수 있다.

한편, 증명에는 여러 가지 방법이 있다. 간단하게 증명할 수도 있고 장황하게 증명할 수도 있다. 복잡한 수식으로 증명할 수도 있고 도형이나 그림을 이용할 수도 있으며 문장으로 풀어서 설명할 수도 있다. 간단명료하게 정리할 수도 있고 먼 길을 에둘러서 목표 지점에 도달할 수도 있다. 이 책을 읽어 나가는 동안 그 모든 방법을 만나게 되겠지만, 중요한 것은 증명 방식이 아니라 문제 자체에 대한 이해와 각자 자기만의 고유한 이해 방식을 발견하는 것이다. 어차피 문제는 늘 민주적이다! 법 앞에서는 모두 평등하듯 문제 앞에서, 나아가 증명 앞에서도 모두 평등하다!

사소한 아이디어 안에 얼마나 엄청난 위력이 있는지, 나아가 수학이 얼마나 아름다운지를 잘 보여주는 사례가 있다. 고대 그리스 시대부터 널리 알려진 사실, 즉 모든 삼각형의 내각의 합은 180°라는 사실이 바로 그것이다.

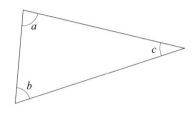

〈그림 2〉 삼각형의 내각.

위 그림에서 a, b, c의 합은 180°이다. 삼각형의 종류가 이등변삼각형, 직각삼각형, 예각삼각형 등으로 다양하다는 점을 감안하면 모든 삼각형의 내각의 합이 180°라는 발견은 놀라운 깨달음이 아닐 수 없다. 그리고 이 원칙을 뒤집어서 생각하면, 내각의 합이 180°가 아닌 다각형은 결코 삼각형이 될 수 없다는 뜻이 된다. 간단하면서도 명쾌한 진리이다.

원칙을 증명하는 과정 역시 매우 간단하지만 거기에는 기발한 발상과 깊은 통찰력이 내포되어 있다. 삼각형의 세 꼭짓점 중 1개를 지나면서 그 꼭짓점의 대면에 평행하는 선 하나를 그이보라. 그와 동시에 2개의 새로운 내각이 탄생할 것이다. 예컨대 〈그림 3〉에서처럼 a부분의 꼭짓점을 선택했을 경우, b, c와 동일한 크기의 내각들이 생겨난다. 이로써 삼각형의 내각의 합이 왜 180°인지는 자명해졌다.

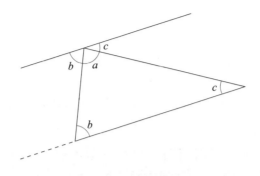

〈그림 3〉 삼각형의 내각의 합.

b각과 a각, c각이 평행선상에 놓여 있으니 $a+b+c=180$이다. 이토록 간단하게 증명이 완료되었다.

이처럼 신비롭고 아름답기 그지없지만, 수학이라는 학문에 대한 평가는 극명하게 갈린다. 유용성은 인정함에도 수학을 어려워하거나 싫어하다 못해 혐오하는 이들이 적지 않다. 수학 애호가들은 그런 이들 앞에서 마치 죄인이라도 된 듯 자신이 수학을 좋아한다는 사실조차 과감히 고백하지 못하고 입을 다물어버린다. 하지만 정말 공식들을 들여다보는 것만으로도 속이 메슥거릴 정도로 수학이 불편한 학문일까?

'선천성 수학 공식 회피증'을 극복하기 위한 훈련법

우리 주변에는 공식을 들여다보기만 해도 가슴이 답답해진다는 사람, 심지어 그 공식을 풀기까지 해야 한다면 차라리 엉엉 울고 싶어진다는 사람들이 적지 않다. '공식'이라는 단어를 채 입에 올리기도 전에 도망부터 치고 싶다는 이들도 있다. 독자 중에도 혹시 공식만 보면 공식적으로 도주하고 싶은 '선천성 공식 회피증 환자'들이 있을까?

그런 분들을 위해 이 자리를 빌려 '자가 치료 요법' 하나를 소개하고자 한다. 지인인 미하엘 실러 씨가 알려준 방법인데, 3분 정도만 투자하면 되니까 효과가 없다 하더라도 크게 손해 볼 일은 아니다. 반대로 효과가 있다면 이 책을 좀 더 즐겁게 탐독할 수 있을 것이다. 어차피 한 번 사는 인생인데 어떤 일이든 좀 더 즐겁게 하는 편이 좋지 않을까!

각설하고, 수학 공식을 즐길 수 있는 비법 혹은 최소한 수학 공식에 대한 극도의 공포감을 떨쳐버릴 수 있는 비법을 소개하겠다.

1. 눈을 지그시 감고 지금까지 살아오면서 매우 즐거웠던 순간, 완전히 몰입할 만큼 행복했던 순간, 온몸에 닭살이 돋을 정도로 환희가 몰려왔던 순간을 떠올린다.

2. 그런 다음 눈을 뜨고 1~2초 동안 이 책 326쪽을 펼쳐본다. 반드시 326쪽이 아니어도 좋다. 공식이 많이 포함되어 있기만 하면 된다.

3. 다시 눈을 감고 1번의 즐거운 상상으로 되돌아간다.

4. 2번과 3번을 세 차례 반복한 뒤 '백일몽'을 중단하고 326쪽을 펼쳐 자신의 상태를 점검한다. 이때, 맨 처음 326쪽을 펼쳐보았을 때보다 현오감이 줄어들었다면 위 훈련법이 효과를 거둔 것이다.

증명할 때 반드시 공식이 필요한 것은 아니다. 그림 한 장만으로 혹은 '반짝' 떠오른 아이디어 하나만으로도 가능하다. 이야기로 풀어서 설명해도 좋다. 지금부터 거기에 관한 사례 몇 가지를 살펴보겠다.

아래의 [수식 1]이 모든 자연수 n에 대해 성립한다고 가정하고, 그 가설이 참인지 아닌지를 '시각적'으로 증명해보자.

$$1^3+2^3+3^3+\cdots+n^3=(1+2+3+\cdots+n)^3$$

수식 1

참고로 [수식 1]은 피타고라스와 관련이 깊다.

피타고라스는 제자들과 함께 사모스 섬 해안가에서 종종 토론을 벌였다. 그러던 어느 날 파도에 휩쓸려 뭍으로 밀려든 자갈들이 눈에 띄었다. 피타고라스와 제자들은 그 자갈들로 이런저런 모양을 만들어보다가 $1^3+2^3+\cdots+n^3$개의 자갈이 모일 때마다 정사각형을 만들 수 있다는 사실을 발견했다. 그러나 이 공식이 일반화될 수 있는 원칙인지, 순전히 우연의 일치인지를 알 수 없어서 모두 고민을 거듭했다. 결국 피타고라스와 제자들이 진리를 발견하기 위해 활용한 방법은 무언無言의 설명, 즉 그림이었다. 그것을 계기로 피타고라스와 제자들은 추상적인 내용을 입증하는 데 시각적 도구가 얼마나 큰 역할을 하는지를 분명히 깨달았다고 한다. 수학책들이 가끔 수학책인지 그림책인지 모를 정도로 그림을 많이 포함하고 있는 것도 그 때문이다. 그런 의미에서 이

책도 잠시 그림책으로 변신해볼까 한다!

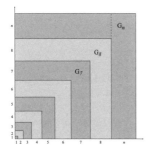

〈그림 4〉 [수식 1]에 관한 시각적 증명 1.

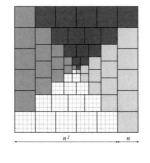

〈그림 5〉 [수식 1]에 관한 시각적 증명 2.

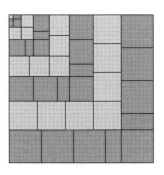

〈그림 6〉 [수식 1]에 관한 시각적 증명 3.

위 그림들은 모두 [수식 1]에 대한 시각적 증명들이다. 자세히 들여다보면 어렵지 않게 원리를 이해할 수 있을 것이다.

마지막으로 시각적 증명 한 가지를 더 소개하고 이야기를 마무리하겠다. 〈그림 7〉의 '주사위 콜라주'들 역시 [수식 1]을 그림으로 증명한 것이다. 얼핏 보면 인터넷쇼핑몰에서 파는 어떤 상품의 조립설명서처럼 보인다. 그뿐만 아니라 '형태는 기능을 따른다^{Form follows function}'*는 말에 어긋나는 것처럼 보이기도 한다. 하지만 정육면체 조합을 유심히 살펴보면 결국 [수식 1]이 성립되는 과정을 이해할 수 있을 것이다.

---

* 미국의 건축가 설리반이 한 말로, 생태계에 속하는 모든 생물은 각자 사신의 기능에 어울리는 모양을 하고 있다는 뜻. 예컨대 치타는 빠르게 달릴 수밖에 없는 몸매를 지니고 있는 것이 '형태는 기능을 따른다'라는 말의 의미이다.

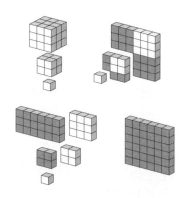

〈그림 7〉 [수식 1]에 관한 시각적 증명 4.

이것으로 [수식 1]에 관한 시각적 증명은 끝내기로 한다.

정량적−분석적 사고는 지금까지 언급하고 강조한 것보다 훨씬 더 유용하고 중요하며, 무엇보다 아름답다! 다른 말로 표현한다면 수학은 정리정돈과 간결함 그리고 아름다움의 대명사라는 뜻이다.

수학의 아름다움에 대한 예찬

문제에 직면했을 때 나는 그 속에 담긴 아름다움에 대해 전혀 생각하지 않는다. 하지만 문제를 해결한 시점에서 결과가 아름답지 못하다면 분명코 과정이 아름답지 못했다는 뜻이다.

− 리처드 버크민스터 풀러(미국의 건축가)

별것 아닌 듯 느껴지는 생각의 조각들이 모여서 커다란 그림이 완성될 때가 있다. 단편적인 생각들이 고리를 연결하여 하나의 완성된 그림을 이루어 내고 목표에 도달한다. 그 과정은 톱니바퀴 몇 개가 맞물려 정교하게 돌아가는 시계의 원리를 연상시킨다. 수학적 아이디어들도 시계의 톱니바퀴들처럼 완벽하게 조화를 이루는 가운데 한없는 매력을 발산한다.

수학은 또 창의력을 발휘하기에 더없이 좋은 무대이기도 하다. 심오하면서도 신비롭고, 때로는 역설적이기도 하기 때문이다. 수학이라는 창을 통하면 많은 것에 대해 깊이 생각할 수 있고, 수학이라는 생각의 도구를 이용하여 수많은 것을 발견할 수도 있다. 그리고 그 안에는 아직 해결되지 않은 문제들, 누군가가 해결해주기만을 기다리는 문제들이 무궁무진하게 담겨 있다. 어쩌면 우리가 그 문제를 해결할 수 있을는지도 모를 일이다!

그 문제들을 모두 해결해 내려는 야심 때문일까? 다양한 직종에 종사하는 많은 이가 앓는 병을 수학자들도 앓는다. 그 병명은 바로 '직업병'이다. 이쯤에서 수학자들이 어떤 식으로 직업병을 앓는지 한번 짚고 넘어가도록 하자.

수학자들의 직업병에 관하여

한스 마그누스 엔첸스베르거는 "광부들은 진폐증을 앓고 작가들은 자기애적 환상에 사로잡혀 있으며 영화감독들은 과대망상증에 시달린다. 그 모든 증상은 일종의 '직업병'이라 할 수 있다."고 했다. 수학자들도 예외는 아니다. 지금부터 수학자들의 직업병 양상이 상황에 따라 어떻게 달라지는지 알아보자.

책상 앞에 앉아 있을 때

수학자 출신으로 지식경영연구소를 운영하고 있는 지몬 골린의 말에 따르면 "수학자들은 절반은 인간이고 절반은 의자로 구성된 신화적 존재"라고 한다. 물론 여기에서 말하는 의자는 책상 앞에 놓인 의자를 가리킨다.

실제로 많은 수학적 발견이 책상 앞에서 이루어진다. 이때의 책상은 떠들썩한 주변과 완전히 동떨어진, 일종의 고요한 섬처럼 작용한다. 주위가 아무리 시끄러워도 책상 앞의 수학자는 눈앞에 놓인 문제에만 몰두한다. '정리^{theorem}의 달인'으로 불리는 레온하르트 오일러$^{1707-1787}$는 자녀가 무려 13명이나 되었는데, 그중 몇 명이 아버지의 다리 밑을 기어 다니고 등에 달라붙어 장난을 치는 상황에서도 결코 집중력이 흐트러지지 않았으며, 오히려 더 효율적으로 사고하며 위대한 수학적 발견들을 이끌어 냈다. 늙어서 눈이 멀었을 때에도 오일러의 연구 능력은 줄어들기는커녕 도리어 상승했다고 한다.

잠을 잘 때

카를 프리드리히 가우스는 지인에게 보낸 편지에서 정17각형의 작도법을 발견했던 상황에 대해 다음과 같이 말했다.

"그것을 발견해 낸 과정에 대해 지금까지 단 한 번도 공개적으로 언급한 적이 없지만, 아직도 그 기억은 생생하다네. 그날은 1796년 3월 29일이었지. 그리고 그것은 결코 우연이 아니었다네. (중략) 그 당시 나는 브라운슈바이크 인근의 여관에 머무르며 모든 제곱근 사이의 연관성을 정수론적 기준에 따라 고민하고 또 고민했다네. 그러던 어느 날 아침, 잠에서 깨어나 침대를 빠져나오기도 전에 드디어 그 관계가 불현듯 머릿속에 분명하게 정리되었다네. 그러면서 정17각형의 작도법을 발견하고 각 수치가 옳은지도 즉시 검산할 수 있었던 거라네.”

커피를 마실 때

헝가리의 수학자 폴 에르디시$^{1913-1996}$는 20세기 최고의 수학자로 꼽히는 위대한 인물이다. 에르디시는 40년 동안 일정한 거처도 없이 세상을 떠돌아다니며 연구 활동에만 전념했다. 에르디시의 숙소는 주로 친구들의 집이었다. 친구 중 한 명은 에르디시의 재정 문제를 전담해주었고, 또 다른 몇 명은 에르디시가 와서 언제든지 머무를 수 있도록 자신들의 집에다 아예 에르디시 전용 침실을 마련해두었다고 한다. 에르디시가 그중 누군가의 집을 찾을 때면 늘 똑같은 과정이 되풀이되었다.

에르디시가 도착하여 대충 짐을 풀고 소파에 앉으면 친구가 커피를 내왔고, 그때부터 에르디시는 생각에 전념했다. 그럴 때면 에르디시는 으레 “내 머리는 열려 있다$^{My\ brain\ is\ open}$.”는 말을 내뱉곤 했다고 한다. 어쨌든 그 상황에서 가장 중요한 것은 커피였다! 지독한 커피 애호가였던 에르디시는 “수학자란 커피를 정리^{theorem}로 변환하는 기계이다.”라고 말했다. 당시 친구들이 에르디시에게 대접한 커피의 맛이 어땠는지는 알 수 없지만, 그 커피에서 에르디시가 뽑아낸 정리들은 분명히 훌륭한 것이었다!

미국의 수학자 스티븐 스메일은 1960년, 한 해의 대부분을 리우데자네이루의 순수수학 및 응용수학연구소인 IMPA에서 보냈는데, 거의 모든 시간을 해변에서 (일하면서) 보냈다. 그 당시 생활에 대해 스메일은 다음과 같이 기록했다.

"나는 매일 오후쯤이면 IMPA에 가기 위해 버스를 탔고, 엘론^{Elon}과는 위상기하학에 대해, 마우리치오^{Mauricio}와는 역학에 대해 열띤 토론을 벌였다. 때로는 도서관에서 책에 파묻혀 살기도 했다. 가장 좋았던 건 바닷가에서 보낸 시간이었다. 그곳에서 아이디어들을 메모했고, 그 아이디어에 필요한 논증들을 모색했다. 너무나 몰입한 나머지 해변에서 어떤 일들이 벌어지는지조차 모를 정도였다. 내가 기록한 최고의 업적 중 일부는 분명히 리우의 해변에서 탄생한 것이다."

그런데 마지막 문장이 나중에 스메일의 발목을 잡았다. 스메일이 베트남 전쟁을 반대하는 의견을 공공연히 표명하자 닉슨 정부가 '리우의 해변에서'라는 대목을 꼬투리 삼아 국민의 혈세를 낭비했다며 비난한 것이다.

'수학적으로 사용할 수 있는' 물건의 종류는 무궁무진하지만, 여기에서는 한 가지 사례만 들겠다.

에센 대학의 게르하르트 프라이 교수는 정수론에 관한 자신의 의견을 검은

색 만년필로 붉은색 탁구 채에 써서 본^{Bonn} 대학의 귄터 하르더 교수에게 전달했는데, 그것이 결국 페르마의 정리를 증명하는 데 결정적인 돌파구 역할을 했다(페르마의 정리에 대해서는 추후 상세히 다룰 예정이니 '페르마 마니아'들은 미리 너무 실망하지 마시길!).

- **필자의 개인적 견해 중 하나**: 어느 해 2월 18일, 나는 그날을 '세계 생각의 날'로 지정하자고 일기에 기록했다.
- **수학에 관한 진리 중 하나**: 나는 생각한다. 고로 존재한다. 그것도 매우 행복하게!
- **디르크 얀 스트루이크**$^{1894~2000}$**의 의견 하나**: "수학자들은 오래 산다. 그만큼 수학자라는 직업이 건강하기 때문이다. 수학자들의 수명이 긴 이유는 유쾌한 생각을 하며 살기 때문이다. 수학과 물리학은 분명히 유쾌한 작업이다."

지금까지 한 얘기들을 종합한 결론:

수학은 신비하다. 수학으로 마술도 부릴 수 있다!

위 진술을 증명하기 위해 수학을 이용한 간단한 마술 하나를 소개하겠다.

사실 아주 많은 마술이 수학에 기반을 두고 있지만, 겉으로 잘 드러나지 않는 탓에 많은 이들이 모르고 지나간다. 지금부터 '수학 마술'이 얼마나 극적이고 재미있는지 알아보자.

수학 마술의 역사는 꽤 오래되었다. 특히 카드를 이용한 마술은 카드놀이 자체만큼이나 역사가 길다. 고대 이집트인들도 카드놀이와 카드 마술을 즐겼다고 한다. 수학에 기반을 둔 카드 마술을 최초로 연구한 학자는 클로드 가스파르 바셰[1581~1638]였다. 바셰는 1612년,《수를 이용한 재미있고 유쾌한 문제들 Problèmes plaisans et délectables qui se font par les nombres》이라는 책에 카드 마술을 소개했다.

철학자 중에서도 수학 마술에 관한 내용을 정리한 이들이 있다. 찰스 샌더스 퍼스[1839~1914]도 그중 한 명이다. 퍼스는 직접 마술을 고안해 내기도 했는데, 개중에는 페르마의 이론에 기반을 둔 것도 있었다. 퍼스는 마술의 실행 과정을 묘사하는 데만 13쪽을 할애했고, 마술 뒤에 숨은 원리를 설명하느라 무려 52쪽을 배정했다. 하지만 실제로 그 마술을 사람들 앞에서 시연했을 때의 효과는 퍼스가 투자한 시간과 정성에 비하면 실망스럽기 짝이 없었다.

지금은 다행히 그보다 훨씬 간단하면서도 재미있고 효과적인 수학 마술이 많이 개발되었다. 여기에서 소개하는 마술도 그런 마술 중 하나이다.

마술을 시연하기 위해서는 총 32장의 카드가 필요하다. 카드의 무늬별로 7, 8, 9, 10번과 에이스(A), 잭(J), 퀸(Q), 킹(K)을 이용한다. 본 마술 뒤에 숨은 원리는 32장의 카드에 적힌 수들의 총합이 216이고(7, 8, 9, 10번은 액면가대로 계산하고, A는 11, 잭은 2, 퀸은 3, 킹은 4로 간주함), 216은 12로 나누었을 때 나누어떨어지는 수라는 사실이다.

마술의 진행 과정은 다음과 같다. 카드를 마구 섞은 뒤 누군가가 마음에 드는 카드 1장을 뽑는다. 물론 어떤 카드인지 마술사에게 보여줘서는 안 된다. 마술사가 남은 31장의 카드를 죽 훑어본 뒤 상대방이 뽑은 카드가 무엇인지 금세 알아맞히자 관중은 감탄한다!

이때 마술사는 여러 가지 알고리듬을 활용할 수 있다. 첫째, 31장을 훑는 동안 카드의 액면가들을 합산한다. 그러면서 12라는 법^{modulo}을 활용한다. 즉 카드에 적힌 수들을 합산하는 과정에서 12에 도달할 때마다 합산가를 0으로 재설정한 뒤 다시 합산한다. 그렇게 계속 계산해 나가면 마지막에는 12 이하의 어떤 값이 나온다. 그러면 마술사는 12에서 그 값을 뺀다. 그 값이 바로 상대방이 뽑은 카드에 적힌 액면가(수 또는 알파벳)이다.

하지만 수를 아는 것만으로는 충분치 않다. 진정한 마술사라면 무늬까지도 척척 알아맞혀야 한다. 그러기 위해 마술사는 탁자 아래에 감춰진 두 발을 이용한다. 다시 말해 2라는 법^{modulo}을 사용하는 것이다.

방법은 간단하다. 카드를 펼치기 전까지는 두 발이 땅바닥에 붙어 있다. 그러다가 첫 번째 카드가 클로버일 경우 왼쪽 발꿈치를 살짝 든다. 스페이드가 나오면 오른쪽 발꿈치를 살짝 든다. 하트가 나오면 두 발꿈치의 위치를 서로 바꾸고(위로 올라간 발꿈치를 내리고 땅바닥에 붙어 있던 발꿈치를 위로 올림), 다이아몬드가 나오면 '현상 유지'를 한다(이때, 카드 무늬에 따라서 어느 쪽 발을 들고 어느 쪽 발을 붙여둘지, 혹은 어떤 무늬가 나왔을 때 두 발의 위치를 바꾸고 어떤 무늬가 나왔을 때 그대로 둘지는 임의로 결정할 수 있다). 그렇게 31장을 다 넘기고 나면 발

꿈치의 위치에 따라 남은 1장, 즉 상대방이 뽑은 카드의 무늬가 무엇인지 알
수 있다. 오른쪽 발꿈치만 살짝 위로 올라가 있다면 상대방이 뽑은 카드는 스
페이드이고 왼쪽 발꿈치만 올라가 있다면 클로버이다. 두 발꿈치 모두 위로
들려 있다면 하트, 둘 다 땅바닥에 붙어 있다면 상대방이 뽑은 카드는 다이아
몬드이다.

수학이 재미있는 학문이라는 사실을 확실하게 보여주는 일화 하나만 더 소
개하고 이번 장을 마무리할까 한다.

언젠가 기독교 선교사들이 사모아 섬을 방문한 적이 있었다. 선교사들이 가
장 먼저 한 일은 원주민 아이들을 위해 학교를 짓는 것이었다. 선교사들은 원
주민 아이들에게 다른 여러 과목과 더불어 수학을 가르쳤다. 아이들은 이내 수
학의 매력에 흠뻑 빠져들었다. 그런데 시간이 흐르면서 아이들뿐 아니라 어른
들도 열광하기 시작했다. 원주민 모두 수학에 심취했다고 해도 과언이 아니었
다. 부족 간에 치열하게 벌이던 전쟁조차 중단될 정도였다. 사모아의 전사들은
무기를 내려놓고 분필을 집어 들었다. 모두 분필을 쥐고 칠판 앞으로 모여들었
다. 원주민들은 틈만 나면 유럽에서 온 선교사들에게 문제를 내달라고 졸랐고,
거꾸로 자신들이 만든 문제를 선교사들에게 제시하기도 했다. 영국의 인류학자
프레데릭 월폴은 훗날 사모아 섬에서 보낸 나날에 대해 이렇게 회고했다.

"우리가 방문한 섬은 무척이나 아름다웠다. 하지만 그 아름다움은 쉴 새 없
이 이어지는 곱셈과 덧셈 문제 때문에 가려져버렸다."

거리의 수학자

　뉴욕의 수학 교수 조지 노블은 매주 수요일마다 거리에서 1시간씩 보냈다. 5번가와 6번가 사이의 42번가에 이동식 칠판을 설치해놓고 '거리 수학 강의'를 한 것이다. 예순셋의 수학자 노블은 거리 수학 강의를 통해 많은 사람에게 수학의 재미를 환기시켜 주고 싶었다고 한다. 그러기 위해 노블은 초콜릿이라는 달콤한 상품까지 내걸었다.

　거리를 오가던 사람들은 노블이 칠판에 적어둔 문제에 큰 관심을 보였다. 비가 오는 날에도 칠판 앞을 서성이다가 결국 필기도구를 빌려달라고 요구하는 이들도 적지 않았다.

　노블이 칠판에 적은 문제들은 예컨대 "현재 시각이 3시 30분이라면 시침과 분침이 이루는 각도는 몇 도일까요?" 혹은 "프레드와 마리아가 집을 구했습니다. 프레드가 집을 도배하는 데는 3시간이 걸리지만 마리아는 2시간이면 된다고 합니다. 그렇다면 두 사람이 함께 도배하면 그 집을 모두 도배하는 데 총 얼마의 시간이 걸릴까요?" 같은 것들이었다.

- 〈뉴욕타임스〉 2002년 2월 7일자 기사

　지금까지 정량적-수학적 사고가 얼마나 재미있는지, 얼마나 유용한지, 얼마나 아름다운지를 충분히 강조한 듯하다. 이제 그 명제를 구체적으로 증명할 때가 왔다. 최대한 재미있는 일화와 사례를 들어서 이야기를 풀어 나갈 것이니 '증명'이라는 말 때문에 지레 겁부터 먹을 필요는 없다. 물론 재미라는 것이 다분히 주관적이기는 하지만, 독자들도 나와 의견이 같기를 마음속 깊이 바라면서…. 자, 이제 시작이다!

생각의 도구

도구란 본디 인간의 능력을 증대시키고 새로운 가능성을 열어주며 복잡한 과정을 단순하게 만들어준다. 생각의 도구 역시 비슷한 목적을 지닌다. 문제나 고민을 좀 더 쉽게 해결하고 더욱 빠르게 깨달음에 도달하게 해주며, 나아가 우리가 지닌 사고력과 우리에게 주어진 정보들을 동원하여 문제를 보다 빠르고 쉽게 해결하게 해준다. 달리 말해 생각의 도구란 인간의 지적 능력을 증폭시켜주는 수단이라고 할 수 있다.

지금부터 독자들 앞에 도구 상자 하나를 열어 보이려 한다. 그 안에는 사용법은 간단하지만 효력은 결코 작지 않은 생각의 도구들과 각 도구의 용례가 들어 있다. 물론 그 도구들을 이 책에 소개된 상황에서만 활용해야 하는 것은 아니다. 다시 말해 일반화가 가능하다.

그러나 지면 관계상 이 책에서 아주 많은 도구를 소개하지는 못한다. 그럼에도 아무쪼록 독자들이 지금부터 소개하는 생각의 도구들을 충분히 즐기고, 무엇보다 앞으로 살아 나가는 데 유용하게 활용하기를 바란다.

1. 유추의 원칙

모든 생각의 도구의 어머니

오나시스 식 유추의 원칙:

부자란 돈이 아주 많은 가난한 사람이다.

유추의 원칙이 적용되지 않는 사례:

"납세의무자의 사망을 소득세법 제16조 제1항 제3문에 명시된 '지속적 직업 불능 상태'로 간주하여 공제액을 인상할 수는 없다."

– 독일연방 조세 관보

유추의 원칙^{principle of analogy}이란 서로 다른 사건들 속에서 유사성을 발견한 뒤 그것을 이용하는 원칙을 뜻하고, 이는 그 어떤 도구들보다 더 중요한 생각의 도구이다. 유추의 원칙이 왜 중요한지를 보여주는 증거는 우리 주변에서도 쉽게 찾을 수 있다. 워밍업을 하는 의미에서 우선 스포츠 분야의 사례부터 들어보겠다.

매년 윔블던에서 열리는 테니스 대회를 떠올려보자. 잘 알려져 있다시피 윔블던 대회는 토너먼트 방식으로 치러진다. 일대일로 붙어서 패자는 그 즉시 탈락하는 방식이다. 그런데 테니스 코트의 개수는 제한되어 있다. 따라서 대회 조직위원장은 한정된 코트를 적당하게 배정해야 하고, 챔피언이 탄생하기까지 총 몇 번의 경기를 치러야 하는지부터 알아야 한다.

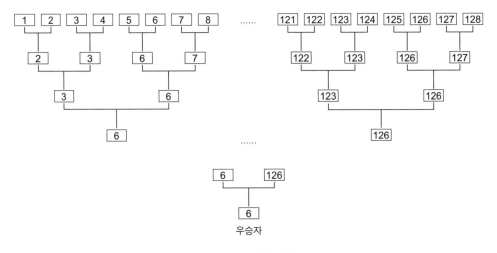

〈그림 8〉 토너먼트 식 테니스 대회 대진표(참가자 128명).

조직위원장은 전체 경기 일정을 차례대로 정리해본다. '참가 선수가 총 128명이고 일대일로 싸우는 방식이니까 1라운드에서는 64번의 경기를 치러야겠군. 2라운드는 1라운드를 통과한 선수들끼리 다시 시합하니까 총 32번의 매치가 필요해. 그렇다면 3라운드는 당연히 16경기가 되겠군' 하는 식이다. 그렇게 준결승과 결승전까지 계산해보니 64+32+16+8+4+2+1=127, 총 127번의 경기를 치러야 한다는 결론이 나온다.

조직위원장은 위와 같은 방식으로 자신 앞에 주어진 문제에 대한 답을 얻었다. 궁금했던 부분이 해소되었고, 어쨌거나 목적은 달성했다. 하지만 이 방식은 어떤 미학이나 기술, 어떤 창의적인 아이디어도 포함되지 않은, 한마디로 '단순무식한' 방식이다. 물론 어떻게 가든 목적지에 도달하기만 하면 된다고 보는 이들도 많겠지만, 창의력과 사고력을 조금만 발휘하면 문제를 더 쉽게,

더욱 빨리 해결할 수 있다. 그뿐만 아니라 전체적인 그림을 머릿속에 더 분명하게 그릴 수 있다는 '어드밴티지'도 주어진다. 여기에서 말하는 창의력과 사고력이 구체적으로 어떤 것들인지 지금부터 차근차근 살펴보자.

우선 참가자의 수가 128명이라는 사실에 주목해야 한다. 128은 2의 제곱수(2^7)이다.

다음으로 주목해야 할 사항은 라운드를 거듭할 때마다 치러야 할 경기의 수가 절반으로 줄어든다는 사실이다. 즉 1라운드에서 2라운드로, 2라운드에서 3라운드로 진행될 때마다 제곱수의 지수가 6에서 0까지 줄어든다(1라운드에서는 2^6=총 64경기, 마지막 라운드에서는 2^0=총 1경기).

세 번째로 생각해야 할 부분은 연속되는 지수(자연수인 지수)를 지닌 승수의 합에 대해 아래와 같은 공식이 적용된다는 것이다.

$$1+2+4+\cdots+2^n=2^{n+1}-1$$

이때 '2−1=1'을 수식 (2)의 좌변에 적용하면 다음과 같은 공식이 나온다.

$$(1+2+4+\cdots+2^n)\times(2-1)$$
$$=(2+4+8+\cdots+2^{n+1})-(1+2+4+\cdots+2^n)=2^{n+1}-1 \quad \boxed{\text{수식 2}}$$

결국 남은 작업은 위 공식 중 우변을 계산하는 것뿐이고, 이 문제의 경우

$n=6$이므로 $2^{6+1}-1=127$이라는 답이 금세 도출된다.

이 정도만 해도 창의력과 아이디어가 충분히 발휘되었다고 할 수 있다. 그다지 복잡하지 않은 계산법을 활용했고, 참가 선수가 얼마가 되었든 우승자가 가려질 때까지 치러야 할 매치의 수를 쉽게 파악할 수 있게 되었기 때문이다. 참가자가 128명일 경우, $128=2^7$이고, 1라운드에서 치러야 할 경기 수는 64회, 즉 2^6회이다. $n=6$이기 때문이다. 참가자의 수가 바뀌더라도 이 공식을 얼마든지 적용할 수 있다. 참가자가 64명이라면 위 공식에 따라 총 63번의 경기를 치르게 될 것이고, 256명이라면 255번의 경기를 치르게 될 것이다. 게다가 위 공식으로 우리는 토너먼트 경기에서 챔피언이 가려질 때까지 치러야 할 경기의 수가 전체 참가자 수에서 1을 뺀 만큼이라는 '비밀'도 파헤쳤다.

그런데 아직은 기뻐할 단계가 아니다. $2^{n+1}-1$이라는 공식을 이용하는 것은 처음의 단순무식한 방법과 비교할 때 분명히 진일보한 방식이기는 하지만, 총 경기 수가 왜 참가자 수보다 1만큼 적은지를 아직 밝혀내지 못했기 때문이다. 그런 의미에서 두 번째 방식도 수학적으로만 따지자면 그다지 아름다운 방식은 아니다. 굳이 급수를 매긴다면 중급도 못 넘어서는 정도밖에 되지 않는다.

중급 단계를 넘어서서 고급 단계로 진입하려면 문제를 좀 더 단순화해야 한다. 재미있는 사실은 고급 단계로 나아갈수록 계산이 더 단순해진다는 것이다! 자, 이렇게 생각해보자. 첫째, 한 경기를 치를 때마다 승자가 한 명, 패자가 한 명 탄생한다. 거기에는 의심의 여지가 없다. 둘째, 모든 참가자는 패자가 될 때까지 경기를 치른다. 즉 한 번이라도 지면 짐을 싸야 한다. 이 두 가지 사

단순하게 생각할 수 있는 능력은 신의 은총이다.

— 콘라트 아데나워*

"내 단어들, 똑똑히 알아듣지? 이해하는 것도 가능하지?"

— 지오반니 트라파토니**

"좀 똑똑히 말해보라고!"

— 매사추세츠 기술연구소에서 실험용 앵무새 알렉스가 동료 앵무새인 그리핀에게 건넨 따끔한 충고

---

* 서독의 초대 총리

** 축구 감독. 이탈리아 출신으로 바이에른 뮌헨의 축구 감독을 역임함. 독특한 독일어 어법과 다혈질적인 성향으로 많은 축구 팬과 시청자들에게 다양한 웃음거리를 제공한 것으로 유명하다.

실을 합하면 위대한 비밀에 도달할 수 있다. 다시 말해 토너먼트 방식의 대회에서 치러야 할 총 경기 수는 패자의 수와 같다는 것이다! 우승자, 즉 단 한 번도 게임에서 지지 않는 사람은 한 명뿐이니 총 경기 수는 전체 참가자에서 1을 뺀 만큼이 된다.

여기까지 생각했다면 이제 조직위원장의 고민은 고민 축에도 끼지 못하게 된다. 챔피언을 제외한 모든 참가자가 언제가 되었든 한 번은 경기에서 질 수밖에 없는 게 토너먼트 방식의 본질이기 때문에 패자가 탄생하는 횟수와 치러야 할 총 경기의 수가 일치한다. 참가자가 128명이라는 말은 곧 치러야 할 경기가 127경기라는 말이 된다. 우리가 두 번째로 사용한 방식, 즉 $2^{n+1}-1$이

라는 공식을 이용해도 결과는 똑같다. 하지만 처음 방식이 너무나 단순무식했고 두 번째 방식이 살짝 복잡했던 것에 비해 세 번째는 삼척동자도 해결할 수 있는 간단한 방식이라 할 수 있다.

세 번째 방식은 간단할 뿐 아니라 모든 과정이 쉽고 투명하게 이해된다는 장점도 지니고 있다. 복잡한 연산이나 수식을 이용할 필요도 없다. 게임에서 단 한 번도 지지 않는 사람은 챔피언 한 사람뿐이라는 사실만으로 이미 문제가 해결되었다.

이렇듯 몇 가지 기발한 아이디어를 제시하고 그 아이디어들을 순서대로 엮을 경우, 아주 기본적인 사실들에서 매우 명쾌한 답을 얻을 수 있다. 그리고 그 과정은 미학적으로도 훌륭하다. 그런 의미에서 위 사례는 생각의 도구가 얼마나 효율적이고 경제적이며 나아가 우아함까지 보여주는, 단순하지만 인상 깊은 사례라 할 수 있다.

한편, 세 번째 해결 방식은 참가자의 수가 2의 제곱수가 아닐 때에도 통한다. 즉 KO 방식(토너먼트 방식)으로 치러지는 대회의 경우, 참가자의 수가 몇 명이든 간에 우승자가 가려지기까지 총 참가자 수에서 1을 뺀 수만큼의 경기를 치르게 된다는 뜻이다.

그런데 정말로 그럴까? 혹시 우리가 일반화의 오류를 범하고 있는 것은 아닐까? 이런 의심이 든다면 해결책은 하나밖에 없다. 즉시 검증해보는 것이다. 참가사(k)가 총 11명이라고 가정하고($k=11$) 위 명제의 진위를 확인해보자.

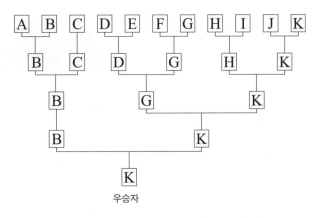

〈그림 9〉 토너먼트 식 테니스 대회 대진표(참가자 11명).

위의 그림에서 가로로 이어진 선들은 각기 1회의 경기를 의미한다. 그 선들을 모두 세어보면 총 10개이다. 즉 챔피언이 탄생할 때까지 총 10번의 경기를 치러야 한다는 뜻이고, 이는 참가자의 수 11에서 1을 뺀 수와 정확히 일치한다. 이에 따라 '토너먼트 방식으로 치러지는 대회는 참가자의 수가 몇 명이든 거기에서 1을 뺀 수만큼의 경기를 치러야 우승자가 가려진다'는 명제는 참인 것으로 증명되었다.

훌륭한 증명이란 깨달음을 주는 증명이다. 우리는 몇 가지 기발한 발상을 통해 토너먼트 대회에서 치러야 할 경기의 수와 참가자의 수 사이의 상관관계를 탁월하게 밝혀냈고, 이를 통해 몇 가지 새로운 깨달음도 얻었다. 그중 가장 큰 깨달음은 아마도 머리를 조금만 쓰면 문제를 더 쉽게 해결할 수 있다는 것이 아닐까!

이제 테니스 경기장에서 빠져나와 달콤하고 맛있는 초콜릿으로 눈길을 돌

려보자. 이번에 소개할 사례는 초콜릿
빨리 부러뜨리기이다. 아이가 편하게
먹을 수 있게 엄마가 가로로 n개의 칸,
세로로 m개의 칸이 있는 네모난 초콜
릿을 최대한 빨리 부러뜨리는 상황을
떠올려보면 되겠다.

〈그림 10〉 여러 개의 칸으로 나누어져 있는
네모난 초콜릿.

어떻게 하면 이 초콜릿을 최대한 빨리, 다시 말해 최소 몇 번 만에 각 칸을
모두 분리할 수 있을까?

가로로 4칸, 세로로 3칸인 초콜릿을 실제로 한 번 부러뜨려보자.

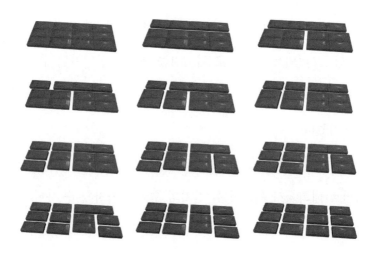

〈그림 11〉 초콜릿 부러뜨리기.

위 그림에서 초콜릿을 부러뜨린 횟수는 총 11회이다. 그런데 혹시 11회보

다 더 적은 횟수로도 같은 결과를 얻을 수 있지 않을까? 위 그림과는 다른 방법으로 부러뜨리면 10회 혹은 9회 만에 초콜릿 칸들을 모두 분리할 수 있지 않을까?

대답은 '그렇지 않다'이다. 그렇게 될 수밖에 없는 가장 단순하고도 명쾌한 증명 방법은 다음과 같다. 초콜릿을 한 번 부러뜨릴 때마다 조각의 수는 정확히 1개만큼 늘어난다. 정확히 같은 크기로 두 조각을 내든 서로 다른 크기로 두 조각을 내든 결과는 똑같다. 1개의 조각을 1회쪼개면 늘 2개의 조각으로 분리된다. 그렇게 서로 붙어 있는 조각들이 없어질 때까지 계속 쪼개야만 모든 칸을 분리할 수 있다.

총 몇 번을 쪼개야 하는지는 간단하게 계산할 수 있다. 맨 처음, 그러니까 초콜릿을 0번 부러뜨렸을 때 초콜릿 판은 단 1개의 조각으로 구성되어 있었다. 그 이후의 과정은 다음과 같다.

1회 부러뜨리면 2조각이 된다.
2회 부러뜨리면 3조각이 된다.
$nm - 1$회 부러뜨리면 nm개의 조각이 나온다.

결론 조각의 개수는 부러뜨리는 방식에 상관없이 부러뜨리는 횟수보다 늘 1만큼 더 크다. 그런데 이렇게 간

〈그림 12〉 초콜릿을 지그재그로 부러뜨리는 경우.

단하다 못해 가소롭기까지 한 문제가 어떤 이에게는 수면을 방해하는 일종의 각성제로 작용했다고 한다.*

위 문제와 관련해 수학자들은 불변량^{invariance}이라는 말을 사용한다. 즉 초콜릿을 완전히 조각내기까지 부러뜨려야 하는 횟수는 부러뜨리는 방식에 대해 불변하는 특성을 지닌다는 것이다.

그 말은 곧 초콜릿을 부러뜨리는 횟수도 일반화할 수 있다는 뜻이다. 심지어 〈그림 12〉처럼 지그재그 방식으로 쪼갠다 하더라도 부러뜨려야 할 횟수는 줄어들지 않는다.

그런데 앞서 나온 테니스 대회 사례와 초콜릿 부러뜨리기 문제는 서로 닮은 꼴이다. 두 문제를 해결하는 방식은 매우 유사하다. 그 이유는 두 문제가 비슷한 구조로 되어 있기 때문이다. 다시 말해 다음과 같은 일대일 대응이 성립된다.

테니스 경기 1회	초콜릿 부러뜨리기 1회
경기의 패자	조각의 개수

첫 번째 사례는 경기를 1회 치를 때마다 지금까지 치른 총 경기의 수와 패

---

* 수학 때문에 잠 못 이루는 밤: 어느 날 친구에게 위에 소개한 초콜릿 부러뜨리기 문제를 풀어보라고 제안했다. 그날 저녁 친구는 가벼운 마음으로 머리를 굴리기 시작했다. 그런데 생각보다 답을 찾기가 쉽지 않았고, 이에 오기가 생겨서 잠까지 포기했다. 그러다가 어느 순간, 번뜩 하고 답이 떠올랐다. 그 답은 지금까지의 노력이 무색할 정도로 간단했고, 친구는 이번에는 분한 마음에 잠을 이루지 못했다고 한다. 이후 그 친구는 그 문제에 '헤세의 수면 방해 도구'라는 별명까지 붙였나. 그 문제가 왜 그렇게까지 잠을 방해하는지는 알 수 없지만, 효과적인 '시간 죽이기 도구'인 것만큼은 확실한 듯하다.

자의 수가 1명씩 늘어난다. 즉 첫 경기 이전에는 패자가 0명이다가 $k-1$만큼의 경기를 치르고 나면 $k-1$만큼의 패자가 생겨난다.

초콜릿의 경우도 이와 유사하다. 초콜릿 판을 1회 부러뜨릴 때마다 초콜릿을 부러뜨린 횟수와 전체 조각의 개수가 1개씩 늘어난다. 단, 이 경우 초콜릿을 0회 부러뜨렸을 때에는 전체 조각의 개수가 0개가 아니라 1개이다. 따라서 $k-1$회 부러뜨릴 경우 전체 조각의 개수는 k개가 된다.

수치상 약간의 차이는 있지만 두 문제는 근본적으로 구조가 동일하다. 비록 무대와 물건은 다르지만 서로 대응하는 요소들이 내재해 있다.

유추의 원칙을 이용해서 풀 수 있는 문제들은 그야말로 무궁무진하다. 예컨대 다음 문제도 그중 하나인데, 이번 문제는 특히 기를 팍 꺾어놓고 싶을 정도로 미운 친구에게 써먹으면 좋은 게임이다.

"계속 이기기만 하는 건 정말 재미있단 말씀이야!"

– 도널드 덕(〈도널드의 골프 게임〉 중에서)

이번 문제는 동전 무더기에 관한 것인데, 동전의 총 개수를 k라고 가정하자. 우선 문제 출제자(A)가 동전 무더기를 2개로 나눈다. 이때 각 무더기의 크기는 출제자가 임의로 결정한다. 이제 문제를 푸는 사람(B)이 둘 중 한 무더기를 고른 다음 그 무더기를 다시 2개로 나눈다. 다음으로 A가 다시 1개의 무더기를 골라서 그것을 2개의 무더기로 나눈다. 그렇게 계속 나누기를 반복하다가 마지막 무더기(단, 2개의 동전으로 이루어진 무더기)를 나누는 사람이 게임의 승자가 되고 탁자 위의 동전도 모두 갖는다.

얼핏 보기에는 이 게임에서 이기려면 매우 복잡한 수학적 분석과 전략을 동원해야 할 것 같다. 동전의 개수를 무작위로 선택할 수 있다는 조건 때문이다. 그러나 동전 무더기를 나눌 방법이 무궁무진한 것은 사실이지만, 고난도의 수학적 지식이 필요한 것은 아니다. 승리의 비결은 지금까지 다룬 사례들만으로 충분히 유추해 낼 수 있다. 동전 무더기를 0회 나누었을 때의 무더기가 총 몇 개인지 생각해보라. 그렇다! 처음에는 동전 무더기가 1개이다. 무더기를 1회 나눈 뒤에는 총 2개의 무더기가 생겨난다. 이후, 동전 무더기를 어떤 식으로 나누든 간에 나누는 횟수가 추가될 때마다 정확히 1개만큼의 무더기가 늘어난다.

이쯤에서 결론을 밝히자면, k가 짝수일 경우 동전 무더기를 먼저 나누는 사람이 게임에서 이길 확률이 높다. k개의 동전을 완전히 분리하기까지(모든 무더기가 동전 1개로 구성될 때까지) $k-1$회 나누어야 하기 때문이다. 그렇게 볼 때 이 게임은 앞서 나온 테니스 토너먼트 문제의 '메아리'쯤이라 할 수 있고, 초콜릿 부러뜨리기 문제까지 합하면 지금까지 우리는 유추의 원칙과 관련된 '3부작 시리즈'를 관람했다고 할 수 있다.

세상에서 가장 머리가 좋은 사람을 뽑기 위한 지능검사에서 출제되었던 문제 중 유추의 원칙과 관련된 두 문제를 소개한다.

　첫 번째 문제　9와 361의 관계는 9와 삼목 게임$^{\text{tic-tac-toe}}$*의 관계와 유사할까?

　두 번째 문제　5,280과 1마일의 관계는 5,280과 43,560의 관계와 유사할까?

　추가로 필자가 직접 출제한 보너스 문제도 하나 소개한다.

　보너스 문제　프랭크 자파는 여자를 대할 때에도 조 파인을 대할 때와 같은 방식을 취할까?

　보너스 문제와 관련된 배경 스토리　전설적인 록가수 프랭크 자파는 1960년대 말 무렵의 어느 날, 조 파인이라는 사람이 진행하는 토크쇼에 출연했다. 조 파인은 갑자기 독설을 날려 게스트를 당황하게 하는 것으로 유명한 진행자였는데, 어떤 이들은 파인의 모난 성격이 다리 절단 수술에서 온 좌절감 때문이라고 분석하기도 했다.

　토크쇼를 녹화하던 날, 자파는 장발을 휘날리며 세트장에 등장했다.남자가 머리를 기르는 경우가 흔치 않던 시절이었다. 파인이 먼저 독설을 날렸다.

　"어이쿠, 헤어스타일 때문에 여자로 착각하겠는데요?"

　그러자 자파도 맞받아쳤다.

　"저런, 나무로 된 의족 때문에 사람들이 탁자로 착각하지는 않나요?"

---

*　바둑알로 하는 오목 두기와 비슷한 게임. 두 사람이 격자를 안에 O와 X를 번갈아가며 그리다가 같은 그림으로 된 줄 하나(O-O-O 또는 X-X-X)를 먼저 완성하는 사람이 승자가 된다.

한편, 테니스 경기와 초콜릿 부러뜨리기 그리고 동전 나누기 문제를 풀 때 활용한 원리를 기하학 영역에도 적용할 수 있다. 다각형을 이용한 문제인데, 이번 문제 역시 얼핏 보기에는 도저히 해결할 수 없을 만큼 어려워 보이지만 알고 보면 그렇지도 않다.

문제 어느 미술관의 관장이 건물 내에 전시된 귀중한 그림들이 혹시나 도난당할까 봐 잠을 이루지 못한다고 한다. 어떻게 하면 그림을 안전하게 지킬 수 있을까? 미술관의 평면도는 오른쪽 그림과 같다.

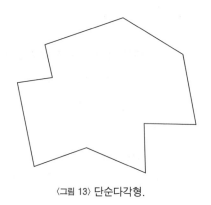

〈그림 13〉 단순다각형.

기하학에서는 위와 같은 구조의 다각형을 '단순다각형$^{simple\ polygon}$'이라 한다. 즉 각 변이 서로 교차하지 않고 꼭짓점에서만 서로 만난다.

그렇다면 단순다각형 평면의 미술관에 걸린 그림들을 도난당하지 않으려면 보안요원들을 몇 명이나 배치해야 할까? 어떻게 해야 보안상의 사각지대가 발생하지 않을까?

고심 끝에 미술관장은 다각형을 여러 개의 삼각형으로 쪼갠 뒤 각 꼭짓점을 적당히 연결하여 박물관 전체를 여러 개의 삼각형으로 분할해 삼각형마다 요원을 한 명씩 배치하기로 했다. 그러려면 총 몇 명의 요원이 필요할까?

이 문제를 쉽게 풀려면 먼저 이 문제가 완전히 새로운 것이 아니라 앞서 나온 문제들을 조금 변형한 것이라는 사실부터 꿰뚫어보아야 한다. 꼭짓점의 개수가 몇 개인지에 따라 삼각형의 개수와 필요한 인원수가 달라진다는 사실에

〈그림 14〉 $k=4$인 경우 삼각형이 2개.

착안하여 문제를 해결해 나가야 한다. 꼭짓점의 개수를 k라고 할 때 $k=3$이라면 삼각형은 단 1개밖에 없다. $k=4$인 경우 아래 그림처럼 구분선을 긋자 삼각형 2개가 만들어진다.

$k=5$인 경우에는 아래 그림처럼 대각선을 그어 3개의 삼각형을 만들 수 있다. 여기까지는 누구나 비교적 쉽게 이해했으리라 믿는다.

편의상 위 내용을 조금만 단순화시켜보자. 꼭짓점이 k개인 다각형을 '$n-$다각형'이라고 해둔다. 이때 $n=k-2$가 된다. 즉 꼭짓점이 3개인 다각형(삼각형)은 $1-$다각형이 되고, 4각형은 $2-$다각형, 5각형은 $3-$다각형이 된다.

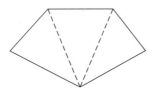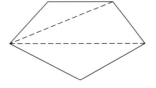

〈그림 15〉 $k=5$인 경우 삼각형이 3개.

그런데 한 가지 재미있고도 매우 중요한 사실은 $n-$다각형을 어떤 순서로 분할하든 간에 순서와 상관없이 필요한 구분선의 개수와 거기에서 생

겨나는 삼각형의 개수가 동일하다. 구분선을 통해 탄생하는 삼각형의 개수를 D(n)라 하고 서로 중첩되지 않는 구분선의 개수를 V(n)라 할 경우, D(n)개의 삼각형의 변 개수는 3D(n)가 된다. 그중에는 삼각형의 빗변인 동시에 구분선이기도 한 변들이 있다. 그 변들은 이중으로 계산된다. 따라서 꼭짓점이 $n+2$개인 다각형에서 삼각형의 변들은 모두 3D(n)개이고, 3D(n)＝($n+2$)＋2V(n)이다(독일어로 삼각형은 Dreieck이어서 D, 구분선은 Verbindungsstrecke여서 V).

D(n)개의 삼각형의 내각의 합은 모두 $180° \times D(n) = \dfrac{180° \times [n+2+2V(n)]}{3}$ 이다. 하지만 구분선들이 서로 교차하지 않기 때문에 n－다각형을 분할하여 나온 모든 삼각형의 내각의 합 W(n)에 대해 W(n)＝$n \times 180°$라는 공식이 성립된다(독일어로 각도는 Winkel이어서 W).

예컨대 자동차를 타고 시계 방향으로 다각형 내부를 주행한다고 상상해보라. 이 경우, 일반 도로를 주행할 때와 마찬가지로 꼭짓점에 이를 때마다 우회전해야 하는데(꼭짓점의 개수는 $n+2$개), 회전각은 $180°$에서 해당 내각을 뺀 만큼이 된다. 그리고 그렇게 다각형 내부를 완전히 한 바퀴 주행하고 나면 '한 바퀴'를 돌았기 때문에 지금까지 회전한 각도들을 모두 더한 값도 $360°$가 된다. 즉 W(n)＝$n \times 180°$가 된다.

이 공식은 내각의 크기가 $180°$보다 클 때에도 적용된다. 이 경우, 시계 방향이 아니라 시계 반대 방향으로 도는데, 내각의 크기가 $180°$보다 작은 경우에는 좌회전하다가 $180°$보다 큰 내각을 만나면 우회전하고 해당 내각을 음수로 계산하면 된다. 즉 $180° \mathrm{D}(n) = \mathrm{W}(n)$라는 공식에서 $\dfrac{180° \times [n+2+2\mathrm{V}(n)]}{3}$ $= n \times 180°$라는 공식을 유추하면 거기에서 다시 $\mathrm{V}(n) = n-1$이라는 공식(필요한 구분선의 개수)이 나온다. 나아가 $\mathrm{D}(n) = \dfrac{[n+2+2(n-1)]}{3} = n$ 이라는 공식도 추론할 수 있다.

이번에는 위 문제를 다른 관점에서, 다시 말해 앞서 나왔던 문제들의 해결 방식에 비추어서 생각해보자.

우선 다각형 내부에 임의로 대각선 하나(d)를 그어보자. 그러면 꼭짓점의 개수가 $n+2$개인 다각형은 2개의 다각형(X와 Y)으로 나누어지는데, 이때 X는 꼭짓점의 개수가 $x+2$개이고 Y는 $y+2$개이

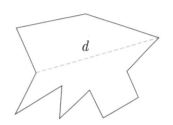

〈그림 16〉 대각선 d로 분할된 다각형.

다. 물론 x와 y는 n보다 작은 수이다. 즉 d라는 대각선을 그음으로써 $x-$다각형과 $y-$다각형이 탄생하고, 두 다각형은 1개의 변을 공유하게 된다.

이때 대각선 d의 양 끝점은 X에도 속하고 Y에도 속한다. 따라서 $n = x+y$라는 등식이 성립되고, 초깃값이 $\mathrm{D}(1) = 1$일 때는 아래 등식도 성립한다.

$$\mathrm{D}(n) = \mathrm{D}(x) + \mathrm{D}(y) \qquad \text{수식 3}$$

이 등식은 1 이상 n 미만의 모든 x와 y에 대해 성립한다. 〈그림 16〉는 원래 11각형(9-다각형)인데 대각선 d로 인해 4각형(2-다각형)과 9각형(7-다각

형)으로 나누어졌다. 이에 따라 D(9)=D(7)+D(2)가 된다.

그리고 $x=n-1$이고 $y=1$일 때 [수식 3]에 의해 아래의 등식이 성립한다.

$$D(n)=D(n-1)+D(1)$$

그런 다음 이 공식을 $D(n-1)$일 때와 $D(n-2)$일 때 등에 적용하면 아래의 공식이 성립한다.

$$
\begin{aligned}
D(n)&=D(n-1)+D(1)\\
&=D(n-2)+D(1)+D(1)=D(n-2)+2D(1)\\
&=D(n-3)+D(1)+D(1)+D(1)=D(n-3)+3D(1)\\
&=D(2)+(n-2)\times D(1)\\
&=D(1)+D(1)+(n-2)\times D(1)=n\times D(1)\\
&=n
\end{aligned}
$$

따라서 n각형 모양의 미술관은 $n-2$개의 삼각형으로 분할할 수 있고, 이에 따라 미술관장은 $n-2$명의 보안요원을 배치해야 한다는 결론이 나온다.

그런데 다각형의 안쪽에 그어야 할 구분선의 개수를 구할 때에는 아래와 같이 [수식 3]을 조금 변형시켜야 한다. 이때 $n=x+y$이다.

$$V(n)=V(x)+V(y+1)$$

수식 4

[수식 4] 역시 1 이상 n 미만의 모든 x와 y에 대해 성립한다. 우변 맨 끝에 있는 '+1'은 $n-$다각형을 $x-$다각형과 $y-$다각형으로 분할하는 과정에서 생겨난 대각선 d를 의미한다. 그런데 [수식 4]와 [수식 3]의 전제 조건은 처음부터 다르다. 3각형은 1−다각형이고, 이에 따라 대각선이 아예 필요하지 않기 때문에 $V(1)=0$이 된다.

그런 다음 이번에도 이 공식을 $V(n-1)$일 때와 $V(n-2)$일 때 등에 적용하면 아래의 등식이 성립한다.

$$
\begin{aligned}
V(n) &= V(n-1)+V(1)+1 \\
&= V(n-2)+V(1)+V(1)+1+1 \\
&= V(n-2)+2V(1)+2 \\
&= V(2)+(n-2)\times V(1)+n-2 \\
&= V(1)+V(1)+1+(n-2)\times V(1)+n-2 \\
&= n\times V(1)+n-2 \\
&= n-1
\end{aligned}
$$

이에 따라 $n-$다각형, 즉 꼭짓점의 개수가 $n+2$개인 다각형 내부에 서로 교차하지 않게 그을 수 있는 대각선의 수는 $n-1$이 되고, n각형 모양의 미술관을 삼각형으로 쪼개려면 총 $n-3$개의 대각선을 그어야 한다.

그런데 방금 적용한 방식은 앞서 동전 무더기를 나눌 때 활용한 방식과 유사하다. 동전의 개수를 n이라고 할 때 n-무더기를 한 번 나누면 x-무더기와 y-무더기가 생겨난다($n=x+y$). 그리고 전체 동전을 완전히 분할하기까지 나누어야 할 횟수 $T(n)$는 아래 공식을 이용해서 구할 수 있다(독일어로 분할은 Teilung이기 때문에 T).

$$T(n)=T(x)+T(y)+1$$

수식 5

[수식 5]도 $T(1)=0$일 때, 1 이상 n 미만의 모든 x와 y에 대해 성립한다.

다각형 분할 문제와 토너먼트 대회 문제와의 유사성도 쉽게 추리할 수 있다. 참가자가 n명일 경우 대회에서 치러야 할 총 경기의 수를 $B(n)$라 가정하고, [수식 5]의 $T(n)$를 $B(n)$로 바꾸어 계산하면 된다. 여기에서도 전체 참가자 n을 x와 y로 나눈 뒤 $B(x)$와 $B(y)$를 계산한다. 즉 x그룹과 y그룹에서 각기 승자가 나올 때까지 치러야 할 경기의 수를 계산하면 된다. 마지막으로 거기에 1을 더하면 계산이 끝난다. 마지막의 1은 두 그룹의 승자들 사이에서 우열을 가리는 경기, 즉 결승전을 의미한다(독일어로 시합은 Begegnung이어서 B).

초콜릿 부러뜨리기의 경우도 위와 같은 방식으로 쉽게 계산할 수 있다.

지금까지 살펴본 상황들은 기본적인 내용과 구조가 모두 동일하다. 모든 경우에 함수 $f(n)$가 바탕이 되고, n에 1, 2, 3 등의 수를 대입하는 방식으로 계산할 수 있기 때문이다. 테니스 경기는 총 참가자 수가 n이고, 초콜릿 부러뜨리기는 초콜릿 판을 구성하는 칸들의 개수가 n이 된다.

위 사례들의 답은 아래의 공식을 이용해서 구할 수 있다.

$$f(x+y)=f(x)+f(y)+1$$

수식 6

이때 x와 y는 1, 2, 3…으로 이루어진 자연수의 집합이다.

그런데 $f(1)=0$일 경우에는 함수 공식이 아래와 같아질 수밖에 없으며, 그 외의 다른 공식은 나올 수 없다.

$$f(n)=n-1(n=1, 2, 3\cdots\text{인 모든 경우에 대하여})$$

수식 7

위의 두 공식이 지금까지 알아본 모든 경우, 즉 테니스 대회부터 미술관 보안요원 배치까지 모든 상황의 핵심이다. 기본적으로 [수식 6]을 활용하고, $f(1)=0$인 경우에는 [수식 7]을 활용한다.

지금까지 우리는 개념화^{abstraction} 작업을 진행해왔다. 복잡한 내용을 몇 단계의 사고 과정을 통해 단순화시키고, 그렇게 추출된 해결 방식을 유사한 형태의 다른 문제들에도 그대로 적용할 수 있게 만들었다.

그런 면에서 수학은 일종의 '기술 이전 작업^{technology transfer}'이라 할 수 있다. 최대한 단순화하고 개념화한 해결책을 비슷한 문제들의 해결에도 '이전'(=적용)할 수 있기 때문이다. 만약 우리에게 제시되는 모든 문제를 서로 연관성이 전혀 없는 문제들로 인식한다면 그때마다 새로운 아이디어를 내놓아야 하는데, 아무리 머리가 비상한 사람이라도 그런 상황은 감당하기 어렵다. 하지만 위와 같이 개념화해두면 단 하나의 아이디어만으로도 여러 개의 유사한 문제를 해결할 수 있다.

그런데 고도로 개념화된 아이디어들을 활용해야 한다고 해서 수학이 어렵고 세상과 동떨어진 학문이라 할 수는 없다. 그것은 어디까지나 문제 해결의 과정을 제대로 이해하지 못한 데서 비롯되는 오해이다. 유추의 원리를 이용하면 비슷한 문제들을 효율적으로 풀 수 있다는 사실을 깨닫지 못한 것이다. 개념화와 유추의 원칙만 잘 이해해도 우리가 이미 알고 있는 해결책을 통해 수많은 문제를 풀 수 있다.

결론적으로 말해서 개념화야말로 문제의 핵심에 접근하는 지름길이요 유추의 원리야말로 심오하고 광범위한 효과를 지닌 강력한 문제 해결 도구라 할 수 있다!

전구를 교체하는 데 필요한 인원은 몇 명일까?

- 초현실주의자의 경우, 4명이 필요하다. 전구를 갈아 끼울 사람 1명, 모래를 가득 채워서 욕조를 모래 수렁으로 만들 사람 1명, 욕실 모서리를 사각형 쟁반들로 장식할 사람 1명, 번쩍번쩍 광이 나는 손목시계로 지친 유니콘을 달래줄 사람 1명
- 정원사의 경우, 3명이 필요하다. 전구를 교체할 사람 1명, 해당 계절에 어떤 종류의 전구를 사용하는 것이 옳을지 논쟁을 벌일 사람 2명
- 명상수련자의 경우, 2명이 필요하다. 전구를 교체할 사람 1명, 전구를 교체하지 않는 사람 1명
- 수학자의 경우, 1명이면 충분하다. 그 1명은 초현실주의자나 정원사 혹은 명상수련자에게 전구를 건넨 뒤 그것으로 문제가 해결된 것으로 선언한다.

2. 푸비니의 원칙

수 그리고 계수: 헛둘! 헛둘! 헛둘 셋 넷!

1932년 LA 올림픽 당시 10,000미터 달리기 종목에 출전한
선수들은 심판이 잠시 착각하는 바람에 한 바퀴를 더 돌아야 했다.
심판의 실수가 드러나자 주최 측은
선수들이 뛴 코스에서 한 코스를 뺀 코스,
즉 실제 마지막 코스에서 결승선을
통과한 순서대로 메달을 수여하기로 했고,
그 과정에서 2위와 3위가 뒤바뀌었다.
그러나 2위로 확정된 미국의 조셉 맥커스키는
영국 선수인 톰 이벤슨에게 은메달이 돌아가야 마땅하다며
수상을 거부했다.

자녀의 서열, 즉 누가 첫째이고 누가 둘째이며
누가 셋째인지 등을 결정하는 것은
출생 순서에 따른다.

– 독일연방 노동청 관보

탈옥의 이유

멕시코의 타가라(Tagara) 감옥에 수감되어 있던
유일한 죄수 카로 미트라부에게는
반드시 탈옥해야만 할 절박한 이유가 있었다.
교도관들은 사라진 미트라부의 방에서
다음 내용이 적힌 쪽지를 발견했다.
"하루에 세 번씩 해대는 인원점호는
정말이지 더 이상 못 참겠습니다."

– 알렉산더 트로프*, 〈인생이 우리에게 안겨주는 쓴맛〉

한 쌍의 꿩 혹은 이틀이라는 기간이
수 2와 관련된 것이라는 사실을 알아내기까지
분명히 오랜 세월이 걸렸을 것이다.

– 버트런드 러셀

푸비니의 원칙$^{Fubini's\ principle}$ 혹은 푸비니의 정리$^{Fubini's\ theorem}$에 대해 논하기에 앞서 우선 수의 역사부터 살펴보자.

수는 사물의 개수를 세기 위해 개발된 추상적 도구이고, 개수를 세는 행위는 인간의 기본적 활동에 속한다. 사람이나 사물의 개수를 세는 행위는 아마도 문명이 태동하던 시기부터 시작되었을 것으로 추정된다. 즉 셈^{counting}의 역사는 최소한 말하기만큼이나 오랜 역사를 자랑하고, 수를 표시하는 기호도 문자와 비슷한 시기에 개발되었을 것이라는 뜻이다. 이후 세월이 흐르면서 수를

---

* www.alexander-tropf.de에서 다양한 코너를 운영 중인 독일의 누리꾼. 그중 한 코너가 〈인생이 우리에게 안겨주는 쓴 맛(Niederlagen, die das Leben so schreibt)〉이다.

표기하는 체계적인 방식들이 개발되고 널리 활용되었다. 문화권이나 지역마다 각기 다른 표기 방식들이 사용되었는데, 여기에서는 그 방식들을 시대순으로 간단하게 짚고 넘어가기로 한다.

직업과 수의 상관관계

어느 기업에서 신입사원을 뽑기 위해 면접을 보았다. 인사 책임자는 지원자들에게 1부터 10까지 세어보라고 했다.

– 그러자 주파수 전문인 전자기사는 "0001, 0002, 0003, 0004…"라며 수를 세기 시작했다. 인사과장은 이내 고개를 가로저으면서 "다음 사람!"이라고 외쳤다.

– 수학과 출신인 두 번째 지원자는 "$a(n)$라는 수열은 $a(0)=0$으로 시작하고 그 다음에는 $a(n+1)=a(n)+1$이 옵니다."라며 열심히 설명했다. 하지만 인사부장은 이번에도 인상을 찌푸리며 다음 사람에게 어서 시작하라고 눈짓했다.

– 컴퓨터공학도인 세 번째 지원자가 "1, 2, 3, 4, 5, 6, 7, 8, 9, a, b, c…"라고 대답하자 인사부장의 인내심은 한계점에 도달했다.

– 사회학과 출신의 마지막 지원자가 "1, 2, 3, 4, 5, 6, 7, 8, 9, 10"이라고 말하자 드디어 면접관이 무릎을 탁 치며 "좋았어, 당신을 채용하겠소!"라고 했다. 그러자 신이 난 지원자는 외쳤다. "더 셀 수도 있어요. 10 다음에는 잭, 퀸, 킹이 오잖아요!"

인간의 손가락이 열 개라는 사실은 10진법$^{decimal system}$의 기본이 되었다. 거기에 발가락 열 개까지 더하면 20진법까지도 발전시킬 수 있었다. 그런데 각각의 수마다 다른 기호들을 사용하면 너무 번거로워 우리 조상은 최소한의 기호로 수없이 많은 수를 표현하는 방법을 일찌감치 개발하기 시작했다. 그중 가장 오래된 수 표기법은 금을 그어 수를 나타내는 방식이었다(예: ⅠⅠⅠⅠ ⅠⅠⅠⅠ ⅠⅠⅠⅠ Ⅲ 등등).

하지만 숫자가 커질수록 이 방법도 효율적이지 못한 것으로 드러났고, 이에 따라 큰 단위의 수들을 묶어서 표현하는 방식을 개발해야 했다.

고대 이집트인들은 기원전 3천 년경부터 상형문자^{hieroglyph}를 이용해 10의 배수들을 표기하기 시작했다. 그 방식은 예컨대 아래와 같았다.

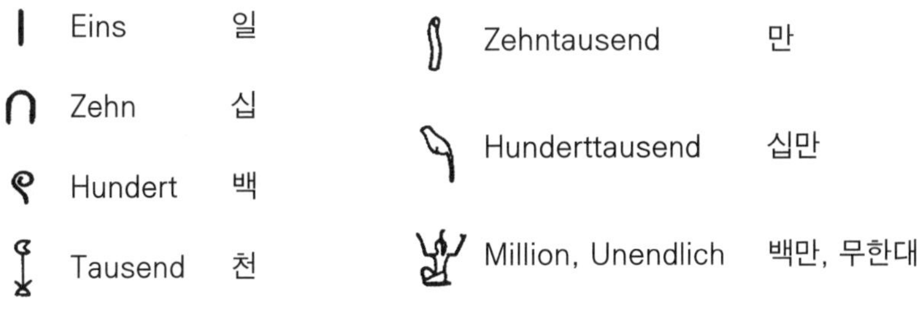

Ⅰ	Eins	일		Zehntausend	만
∩	Zehn	십		Hunderttausend	십만
℗	Hundert	백		Million, Unendlich	백만, 무한대
	Tausend	천			

〈그림 17〉 고대 이집트인들의 수 표기법.

해당하는 수만큼 각각의 기호를 반복하여 표기하고, 단위가 높아질 때마다 거기에 해당하는 기호를 사용하는 방식이었는데, 예컨대 5,322라는 수를 위 방식에 따라 표기하면 다음과 같은 꼴이 된다.

ＰＰＰＰＰＰＰＮＮＩＩ

한편, 바빌로니아인들은 기원전 3천 년 전부터 자릿값 개념을 활용하기 시작했다고 한다. 수가 놓인 위치에 따라 가치에 차등을 두기 시작한 것이다. 현재 전 세계적으로 널리 쓰이고 있는 10진법도 자릿값을 이용하는 기수법, 즉 '위치 기수법positional notation, place－value notation'이다. 하지만 바빌로니아인들은 10이 아닌 60을 기본적인 수로 채택했다. 바빌로니아인들이 왜 10이 아닌 60을 밑수base로 삼았는지는 밝혀지지 않았지만, 학자들은 당시 통용되던 무게의 단위 때문이었을 것으로 추측한다. 오늘날 1시간이 60분이고 1분은 60초인 것도 그 시대에 쓰인 60진법에서 기인한 것이다. 바빌로니아인들이 60이 아니라 10을 기본수로 택했다면 아마도 하루는 10시간, 1시간은 100분, 1분은 100초로 구성되지 않았을까?

바빌로니아의 60진법에서는 단 2개의 기호만 사용했다. 화살표가 아래쪽을 가리키는 쐐기 모양 기호와 화살표가 왼쪽으로 향하는 갈고리 모양 기호가 그것이다. 당시 바빌로니아인들은 뾰족하게 자른 풀줄기로 점토판에 수를 새긴 다음 그 점토판을 공중에서 건조한 뒤 불에 구웠다. 그렇게 만들어진 점토판은 5천 년이 지난 지금까지도 보존될 정도로 매우 견고했다.

한편 두 가지 기호 중 쐐기는 1을 상징했고 갈고리는 10을 의미했다. 1부터 59까지는 이 두 기호를 여러 번 반복해서 표기했다.

몇 달 전 '독일 재디자인 그룹^{Redesign Deutschland Group}'이라는 기관이 베를린에서 발족되었다. 독일 재디자인 그룹의 목표는 모든 분야에서 독일의 모습을 재정비하는 것이었다. 해당 그룹은 이미 새로운 시간 계산법을 제시했고, 그와 더불어 '재디자인된 독일어^{ReDeDeutsch}'*라는 새로운 언어도 도입했다.

— 〈쥐트도이체 차이퉁〉 2001년 10월 12일자 기사

다음은 독일 재디자인 그룹이 발표한 선언문 중 한 토막이다.

- 독일 재디자인 그룹은 기존의 독일어를 재디자인된 독일어^{rededeutsch}로 교체한다. 재디자인된 독일어는 문법을 간소화한 독일어로, 예비지식이 없어도 단 몇 시간 만에 배울 수 있는 언어이다.

- 독일 재디자인 그룹은 모든 분야에 10진법을 도입한다. 이에 따라 1일은 100시간이고, 1시간은 100분이며, 1년은 1,000일로 구성된다.

내 의견 톨스토이의 '문체 혁명'에 버금가는 언어 파괴 혁명인 듯!

---

* ReDeDeutsch는 Redesign Deutschland에서 앞단어의 처음 네 글자와 뒷단어의 처음 두 글자를 따서 합성한 것이다. 한편 'rede'는 '말하다'라는 뜻의 독일어 'reden'의 어근이기도 하다. 그러나 독일 재디자인 그룹이 표방하는 새로운 언어, 즉 구어체의 재디자인된 독일어(rededeutsch)와 일반적으로 통용되는 독일어(deutsch) 사이에는 너무나도 큰 차이가 존재한다. 위의 선언문을 보면 알겠지만, 재디자인된 독일어는 동사 변화나 시제 등 현재 보편적으로 통용되는 문법을 깡그리 무시한 작위적인 변종 언어에 불과하다.

예컨대 24라는 수는 오른쪽 그림과 같이 표기했다.

갈고리를 두 번, 쐐기를 네 번 그려서 24라는 수를 표시한 것이다. 〈그림 18〉을 보면 바빌로니아인들이 1부터 59까지 어떻게 표시했는지 좀 더 상세히 알 수 있다.

그러다가 59가 넘어가면, 다시 말해 60부터는 자릿수 체계가 도입된다. 오늘날 보편적인 10진법의 경우, 맨 오른쪽

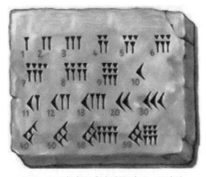

〈그림 18〉 바빌로니아인들의 수 표기법.

에 1의 자릿수가 오는데, 그 자리에 바빌로니아인들은 1부터 59까지 표기했다. 10진법에서는 각 자릿수가 10을 기본으로 차례로 올라간다. 즉 $1=10^0$, $10=10^1$, $100=10^2$, $1,000=10^3$ 등이 된다. 바빌로니아인들의 60진법에서는 각 자릿수가 $1=60^0$, $60=60^1$, $3,600=60^2$, $216,000=60^3$ 등으로 구성된다. 이에 따라 예컨대 694라는 수는 $11 \times 60 + 34$라는 공식에 의해 다음과 같이 표기했다.

10진법에서는 3,241이라는 수를 자릿수 별로 쪼개면 $3 \times 10^3 + 2 \times 10^2 + 4 \times 10^1 + 1 \times 10^0$이 된다. 60진법에서도 이런 식으로 자릿수를 쪼개어 큰 수

들을 표기했다. 독자들도 바빌로니아인의 입장이 되어 각자 자신이 태어난 연도를 60진법으로 한번 표기해보기 바란다.

바빌로니아의 수는 비록 뛰어난 효율성을 자랑함에도 결정적 결함을 지니고 있었다. 0이 없었던 것이다. 지금은 0이라는 수 덕분에 32와 302 그리고 320의 차이를 표현하기가 매우 간단해졌지만, 바빌로니아 시대에는 그렇지 못했다. 다음 그림을 보면 무슨 말인지 쉽게 이해가 간다.

이 수는 21을 의미할 수도 있지만 21×60^1이나 21×60^2을 뜻할 수도 있다. 위 그림이 정확히 어떤 수를 의미하는지는 앞뒤 정황을 보고 판단할 수밖에 없었다. 바빌로니아인들도 결국 이러한 불편함을 깨닫고 훗날 기호와 기호 사이에 한 칸을 띄어 쓰는 방식으로 0의 개념을 도입했다.

중국에서는 기원전 1천 년경부터 작은 대나무 막대를 가로 혹은 세로 모양으로 배치하는 방법으로 물건의 개수를 세곤 했다. 이후 그 방식은 표기법에도 그대로 적용되었고, 막대기를 이용한다는 특징 때문에 '막대 수'로 불리게 되었다.

$$|\ ||\ |||\ ||||\ |||||\ \top\ \overline{\top}\ \overline{\overline{\top}}\ \overline{\overline{\overline{\top}}}$$
1 2 3 4 5 6 7 8 9

$$-\ =\ \equiv\ \underline{\equiv}\ \underline{\underline{\equiv}}\ \underline{\perp}\ \underline{\underline{\perp}}\ \underline{\underline{\underline{\perp}}}\ \underline{\underline{\underline{\underline{\perp}}}}$$
10 20 30 40 50 60 70 80 90

$$||||\ \top\ |||\ \overline{\underline{\equiv}}\ =46431$$

〈그림 19〉 고대 중국의 막대 수.

마야와 아스텍인들은 20을 기본 수로 하여 수를 표기했는데, 1부터 4까지는 점으로, 5와 10 그리고 15는 선으로 표시했고, 0이 들어갈 자리에는 오른쪽 그림과 같은 조개껍데기 모양을 그려 넣었다.

마야와 아스텍도 위치적 기수법이었다. 다시 말해 자릿값 개념이 존재했다. 단, 이들은 기호를 가로로 배열하는 대신 〈그림 20〉에서처럼 세로로 쌓는 방법을 택했다.

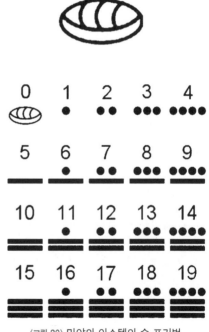

〈그림 20〉 마야와 아스텍의 수 표기법.

예를 들어 213이라는 수는 10×20+13×1로 쪼개어 오른
쪽과 같이 표기했다.

요즘에도 흔히 볼 수 있는 로마숫자의 기원은 고대 로마 제
국이 창건된 것으로 알려진 기원전 8세기까지 거슬러 올라간다.

로마숫자는 7개의 알파벳 문자를 엄격한 규칙에 따라 반복하거나 조합하
여 배열하는 방식인데, 배열된 위치에 따라 덧셈 혹은 뺄셈 공식이 적용된다.
로마숫자에 쓰이는 문자들은 I=1, V=5, X=10, L=50, C=100, D=500,
M=1,000이고, 수를 표기하는 원칙은 다음과 같다.

- 같은 문자가 나란히 있을 때에는 각 문자를 합한다. 하지만 10의 거듭제
  곱 자리의 문자들(1, 10, 100, 1,000을 의미하는 I, X, C, M)을 세 번 이상 반
  복할 수는 없다(XXX=30).
- 오른쪽에 있는 문자의 값이 왼쪽 문자의 값보다 작을 때에는 왼쪽 수에다
  오른쪽 수를 더하고, 작은 수가 왼쪽에 있을 때에는 오른쪽 수에서 왼쪽
  문자의 값을 뺀다(XXXI=31, IXXX=29). 5의 자리 문자들(5, 50, 500에 해
  당하는 V, L, D)은 뺄셈을 할 수 없다.
- 10의 거듭제곱 자리의 수들 중 I과 X 그리고 C은 자신과 가장 가까운 10
  의 자리 수나 5의 자리 수에서 뺄셈할 수 있다(MDCCCXLIV= 1,844).

로마숫자는 로마 제국이 멸망한 뒤인 12세기까지도 중부 유럽에서 널리 활

용되었다. 지금은 주로 시계의 문자판이나 연도를 표시할 때(특히 건물의 건축 연도나 저작권 관련 연도 표기), 책의 단원, 동명이인을 구분할 때(베네딕토 XVI세 등) 로마숫자를 쓰고 있다.

고대 그리스에서도 로마숫자와 비슷한 방식으로 문자들을 이용해 수를 표현했다. 각 문자의 값은 다음과 같았다.

Ⅰ(단순한 세로줄)＝1

Ⅱ(그리스어로 pente)＝5

𝜟(그리스어로 deka)＝10

H(그리스어로 hekaton)＝100

X(그리스어로 khilioi)＝1,000

M(그리스어로 myrioi)＝10,000

히브리인들은 자신들의 문자 22개를 이용하여 400까지 표현했고 그보다 큰 수들은 덧셈으로 표현했다. 《탈무드》에서도 예컨대 수 700을 400＋300으로 표시했다.

지금까지 고대인들이 사용한 여러 가지 수에 대해 알아보았다. 그런데 수의 역사를 논하면서 브라미 수[Brahmi numerals] 이야기를 빠뜨릴 수는 없다.

브라미 수는 기원전 3세기경 인도에서 태동한 깃으로, 오늘날 우리가 사용하는 1부터 9까지 수의 기원이 된 수 체계이다. 하지만 안타깝게도 브라미 수에는 0의 개념이 없었다. 그러나 인도인들은 서기 600년경, 결국 0의 개념도 개발했다.

이후 인도의 수와 10진법은 페르시아의 수학자이자 천문학자인 무하마드 이븐 무사 알 콰리즈미(서기 780~840년경) 덕분에 아라비아 지역 밖으로 널리 전파되었고, '피사의 레오나르도'라 불리던 수학자 피보나치[1170~1240년경]에 의해 유럽에까지 소개되었다. 피보나치는 자신의 저서 《산반서[Liber Abaci]》 첫 부분에서 아라비아수들을 소개했는데, 그 내용은 다음과 같았다.

"'9 8 7 6 5 4 3 2 1'은 인도에서 개발된 새로운 수들이다. 이 새로운 수들과 아라비아인들이 '제피룸[zephirum]'이라 부르는 기호인 '0'을 이용하면 어떤 수든 모두 표기할 수 있다."

아라비아수는 현재 국제 공용이라 불러도 좋을 만큼 전 세계에서 널리 이용되고 있다. 그런 의미에서 아라비아수야말로 인류 최대의 발명품이라 할 수 있다. 아라비아수의 영향력이 미치지 않는 지역이나 문명권은 거의 없다고 해도 과언이 아니고, 아라비아수는 이제 명실상부한 만국 공통이 되었다. 나아가 그 수들은 단순히 수를 표시하는 기능을 넘어 이제는 새로운 진실들을 밝혀내는 수단이 되고 있다.

고대의 기수법이 완전히 종적을 감춘 것은 아니다. 지금도 원시 시대 수 체계들의 흔적을 여기저기서 발견할 수 있다. 나이지리아와 베냉 지역에 거주하는 요루바족^{Yoruba}은 지금도 20을 밑수로 하는 복잡한 기수법을 사용하고 있다. 20을 기본으로 수들을 빼거나 더하여 모든 수를 표시한다. 예컨대 그 수들은 다음과 같다.

$$35 = 2 \times 20 - 5 \qquad\qquad 47 = 3 \times 20 - 10 - 3$$

$$51 = 3 \times 20 - 10 + 1 \qquad\qquad 55 = 3 \times 20 - 5$$

$$67 = 4 \times 20 - 10 - 3 \qquad\qquad 73 = 4 \times 20 - 10 + 3$$

1부터 10까지는 일정한 명칭을 지니고 있고, 11부터 14까지는 10에 1, 2, 3, 4를 더해서 표시하며(11=10+1), 15부터 19는 20에서 수를 빼서 표시한다(15=20-5). 21부터 24는 다시 20에 1~4를 더해서 표현하고, 25~29는 30에서 수를 빼서 표현한다. 이런 식으로 계속 200까지 가고, 그보다 더 큰 수에 대해서는 이 구조가 더 이상 적용되지 않는다고 한다.

그런가 하면 파푸아뉴기니의 토착 언어인 오크사프민어^{Oksapmin}에서는 상체 부위 27곳을 이용해서 수를 표현한다. 그 수들은 한쪽 손의 엄지부터 시작해 여러 부위를 거친 뒤 반대편 손의 새끼손가락까지 이어진다.

말로 할 때와 글로 쓸 때의 수 체계가 서로 다른 언어들도 많다. 이를테면 프랑스어에서 95라는 수는 아라비아수로는 그대로 '95'이지만, 말로 할 때에는 '4개의 20과 15$^{quatre-vingt\ quinze}$'가 되고, 웨일스어에서는 18이라는 수를

'두 번의 9'로 표현하며, 브르타뉴어에서는 18을 '세 번의 6'으로 표현한다. 덴마크어로 60은 '츠레스^{tres}'인데, 어원학적으로 볼 때 '세 번의 20$^{tre\ snes}$'을 축약한 형태인 것으로 추정된다. 또 덴마크어로 '핼츠레스^{halvtreds}'는 2.5에 20을 곱한 수, 즉 50을 의미한다.

반투족 언어의 일종인 킴분두어^{Kimbundu}에서는 수 7을 '삼부아리^{sambuari}'라고 하는데, 이는 그대로 직역하면 '6+2'(!)라는 뜻이다. 7이라는 수가 금기시된 탓에 6+2가 수 7을 대신하게 되었다. 그런가 하면 아프리카 원주민의 언어인 님비아어^{Nimbia}에서 수 144는 '12×12'라는 의미를 지니고 있지만, 나름 복잡한 그 내용이 '워^{wo}'라는 한마디 속에 모두 담겨 있다고 한다. 언어나 민족마다 수를 표현하는 방식이 이토록 다르다는 사실이 신기하고 놀라울 따름이다.

수와 어떤 물건의 개수를 세는 방식을 개발하기까지는 오랜 시간과 많은 노력이 필요했을 것이다. '한 쌍'이라는 개념을 2라는 수로 표현하기까지도 분명히 수많은 시행착오와 고민의 나날이 필요했을 것이다. 그러한 시행착오와 고민의 흔적들은 지금도 여기저기서 발견할 수 있다. 예컨대 피지 섬에서는 코코넛 10개를 셀 때와 배 10척을 셀 때 각기 다른 말로 10이라는 수를 표현한다고 한다. 코코넛을 셀 때에는 수 10이 '카로^{karo}'이지만 배를 셀 때에는 '볼레^{bole}'이다.

수의 기본적인 기능 중 하나는 개수를 세는 것이고, 계수의 기본은 1이라는 수를 계속 더하는 것이다. 그런 식으로 내가 가진 물건의 개수가 몇 개인지를 확인하거나 어떤 그룹에서 내가 원하는 만큼의 물건을 빼내는 것이다. 그렇게 보면 세상에 개수 세기만큼 간단한 일도 없는 듯하다.

그런데 무언가를 세거나 재는 작업이 말만큼 쉽지 않을 때도 많다. 가장 큰 이유는 0 때문이다. 0이라는 수는 13세기 이후가 되어서야 유럽에 도입되었다. 그 때문에 중세 이전까지는 거리나 시간을 잴 때 포함적 계산법이 보편적으로 통용되었다. 예를 들어 오늘부터 오늘까지는 1일이고, 오늘부터 내일까지는 2일로 간주했다. 지금도 독일어에서는 '8일 후에^{in acht Tagen}'라는 말이 '1주일 뒤에'를 의미한다. 8일이 1주일(사실은 7일)과 동급으로 취급된다. 이와 비슷하게 프랑스어에서도 '15일^{quinze jours}'이라는 말이 '2주일'이라는 뜻으로 사용된다.

성서에도 이와 관련된 재미난 사례가 등장한다. 많은 사람이 알고 있듯 예수는 장사한 지 '사흘 만에' 죽은 자 가운데서 다시 살아나셨다. 그런데 예수가 십자가에 못 박혀 죽은 것은 금요일 오후였고, 부활한 것은 토요일 밤이었다. 유대교에서는 토요일 밤을 일요일로 간주하는데, 그렇다 하더라도 일요일은 금요일부터 시작해서 이틀 뒤이지 사흘 뒤가 아니다. 하지만 시작점인 금요일을 포함해서 계산할 경우, 일요일은 이틀째가 아니라 사흘째가 된다. 부활절로부터 40일째 되는 날인 예수승천일도 요즘 식으로 계산하자면 40일째가 아니라 39일째 날이고, 오순절 혹은 성령강림절 역시 요즘 식으로 계산하면 50일째가 아니라 49일째 날이다. 중세 이전의 역사를 연구하는 학자들이 통치자들의 재위 기간을 계산할 때마다 골머리가 지끈거린다고 호소하는 이유도 그와 비슷하다. 통치를 시작한 연도와 마감한 연도가 늘 이중으로 계산되어 왔기 때문이다.

음악 분야에서도 음정^{interval}, 즉 어떤 음과 다른 음 사이의 간격을 표현할 때 포함적 계산법이 활용된다. 정확히 따지자면 라틴어의 인터발룸^{intervallum}은 '두 사물 사이의 중간에 놓인 것'을 의미하지만, 음악에서 음정을 계산할 때에는 시작음과 도착음 모두 셈에 포함된다. 하지만 라틴어 어원에 충실한 방식으로 계산하자면 1도 음정은 사실 0도 음정이 되어야 하고, 2도 음정은 1도 음정, 3도 음정은 2도 음정이 되어야 하고, 8도를 뜻하는 옥타브는 7도 음정이 되어야 한다.

'기독교-유대교-형제애 주간'을 기념하는 퀴즈 하나

여자가 남자보다 남자형제가 많을까?

정답은 공개하지 않겠다. 독자들이 직접 풀어보고 많이 고민해보기 바란다.

단, 퀴즈 속에 함정이 있으니 주의가 필요하다. '자타 공인 퀴즈 귀재'들도 수차례 고배를 들이켰다는 것만 미리 밝혀두는 바이다!

사람과 사람 사이에 일어나는 일 중에는 수와 관련된 것이 매우 많다. 상거래는 물론이고 건축이나 스포츠도 수 없이는 절대 이루어질 수 없다. 시간이나 공간, 물질이나 에너지 등을 구분하고 측량할 때에도 수는 필수불가결한 요소이다. 그런데 몇몇 수는 특히 더 중요한 의미를 지닌다.

우리는 하루를 낮과 밤으로 구분하고, 낮과 밤은 각기 12시간으로 구성된다. 1시간은 60분이고, 원^{circle}의 각도는 360°이다. 그런데 어쩌다가 거기에 12나 60 혹은 360이라는 수를 사용하게 되었을까? 특별한 이유가 있을까, 순전히 우연일까?

여기에서 우리는 '분할'에 주목해야 한다. 시간이나 공간 혹은 사물을 구분할 때에 필요한 수들은 약수가 많아야 한다. 수학에서는 그런 수들을 '고도합성수$^{HCN, highly composite number}$'라 부른다. 고도합성수는 자신보다 작은 수들보다 더 많은 약수를 지닐 뿐 아니라 약수의 개수도 자신의 2배수보다 더 많은 약수를 지닌다는 특징을 가진다. 원래 어떤 수의 2배수는 원래의 수보다 약수가 더 많아야 정상이다. 2라는 소인수가 추가되기 때문이다. 그런 특징 때문에 고도합성수는 몇 개 되지 않는다. 다 해봐야 6개뿐이다(2, 6, 12, 60, 360, 2520). 그중 2와 6은 단위가 너무 낮아서 비실용적이고 반대로 2520은 너무 커서 비실용적이다. 그러면 남은 수는 12와 60 그리고 360밖에 없다. 이 세 수는 자신의 크기에 비해 약수가 상당히 많다는 이유 때문에 시간이나 공간 등을 분할하거나 측량할 때 특히 더 적합한 것으로 판단되었다.

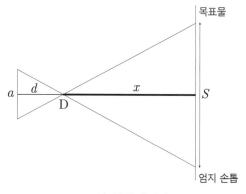

〈그림 21〉 엄지손톱 측량법.

측량도구 없이 거리 측정하기

'엄지손톱 측량법'은 측량도구 없이 자기 자신과 어떤 사물과의 거리를 계산할 수 있는 간단한 방법인데, 그 거리가 정확하지 않고 대략적이라는 면에서 그야말로 '엄지' 구구식이라 할 수 있다. 엄지구구식 측량법은 목표물이 아래쪽에 있을 때보다는 눈높이와 비슷한 위치에 있을 때 더 유용한 방법으로, 약간의 기하학과 기술만 더하면 원하는 거리를 간접적으로 측정할 수 있다.

엄지를 이용해 원하는 거리를 측정하는 방법은 다음과 같다.

우선 한쪽 팔을 앞으로 쭉 뻗은 뒤 주먹을 쥐고 엄지를 치켜든 다음 왼쪽 눈을 감고 오른쪽 눈으로 목표물을 엄지에 비춰본다. 다음으로 오른쪽 눈을 뜨고 반대편 눈으로 목표물을 엄지에 비춰본다. 그러면 아마도 엄지가 오른쪽으로 이동한 것처럼 보일 것이다. 그 이동 거리, 즉 엄지가 '점프'한 거리를 〈그림 21〉에서처럼 S라고 가정해보자.

〈그림 21〉에서 a는 양쪽 눈 사이의 거리이고, d는 양쪽 눈을 이은 가상의 선과 팔을 뻗었을 때 엄지의 위치(D) 사이의 거리이다. S는 왼쪽 눈과 오른쪽 눈으로 보았을 때 엄지가 이동한 거리를 의미하고, x는 미지의 거리, 즉 우리가 알고자 하는 거리를 의미한다.

이제 '두 직선이 교차할 때 그 맞꼭지각의 크기는 같다'는 탈레스의 정리에 따라 $\dfrac{x}{d} = \dfrac{\frac{S}{2}}{\frac{a}{2}} = \dfrac{S}{a}$ 라는 공식이 성립되고, 그 공식에서 다시 $x = S \times \dfrac{d}{a}$ 라는 공식이 파생된다.

물론 $\dfrac{d}{a}$의 정확한 수치는 사람에 따라 달라질 수밖에 없지만, 대체로 9:1에서 12:1 사이이다. 미리 a와 d를 측정해두면 보다 정확한 결과를 얻을 수 있겠지만, 대개는 10:1 정도로 생각해도 무방하다.

그러나 앞서도 말했듯 '엄지손톱 측량법'은 어디까지나 '엄지' 구구식 측량법일 뿐이다. 따라서 정밀한 측량이 필요한 경우에는 보다 정밀한 도구를 사용하기 바란다!

계수 방식에는 여러 가지가 있다. 하지만 어떤 방식으로 계수하든 결과는 동일해야 한다. 컴퓨터가 등장하기 전 시대의 회계사들도 이런 단순한 결론을 충족시키기 위해 여러모로 노력을 기울였다. 당시 회계사들은 결과의 정확성을 기하기 위해 한 번은 가로로, 한 번은 세로로 계산하는 방법을 택했다. 일종의 검산을 한 셈인데, 가로와 세로의 합산 결과가 동일할 때 비로소 자신들의 셈이 옳았다고 판단했다. 그 과정을 그림으로 나타내면 다음과 같다.

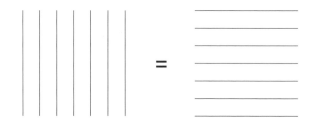

〈그림 22〉 회계사들의 검산 방식(가로 방향 합산 결과=세로 방향 합산 결과).

지금은 단순하기 짝이 없어 보일지 몰라도 컴퓨터 이전 세대들에게 위 방법은 그야말로 정교한 검산 수단이었다. 그뿐만 아니라 그 안에는 수학적 트릭과 증명 과정, 나아가 기발한 아이디어까지 내포되어 있었다.

지금까지 수와 계수의 역사를 간략하게 알아보았다. 이제 위 아이디어들을 바탕으로 두 번째 생각의 도구에 대한 이야기로 서서히 넘어가 보자. 두 번째 생각의 도구인 푸비니의 원칙은 정량적 원칙 중에서도 가장 오래된 것, 즉 '어떤 사물들로 이루어진 집합을 두 가지 방법으로 계산할 경우, 두 방법 모두 옳다면 결과는 동일해야 한다'는 원칙과 관련된 것이다.

약간의 과장을 더하자면 이 원칙은 미취학 아동들조차 이해할 수 있을 정도로 지극히 기초적이다. 하지만 간단하다고 해서 시시하게 여길 일은 아니다. 잘만 활용하면 의외로 큰 깨달음을 얻을 수 있기 때문이다. 믿기지 않겠지만 사실이 그러하다. 그게 왜 사실인지는 이제 곧 확인시켜주겠다. 그러기 위해 모두 나와 함께 밀짚으로 금실을 짜는 방앗간 집 딸이 되어보자.*

우리가 그 기적을 만들 수 있는 가장 큰 이유는 덧셈할 때 순서를 뒤바꾸어도 상관없기 때문이다. 그뿐만 아니라 더해야 할 수들의 일부를 먼저 더한 뒤 나머지 수들과 합산해도 결과는 동일하다. 수학자들은 전자를 덧셈의 교환법칙$^{\text{commutative law}}$, 후자를 덧셈의 결합법칙$^{\text{associative law}}$이라 칭한다. '법칙'이라는 말에 미리 움찔할 필요는 없다. 들어보면 전부 이미 알고 있던 것들이다.

하지만 본디 위대함은 일상적인 것에서 비롯되는 법이다. 그런 의미에서 아주 단순하면서도 수학의 역사를 새로 쓸 만큼 위대한 에피소드 하나를 소개할까 한다. 이 에피소드에 등장하는 인물도 평범함 속에 위대함을 내포한 영웅이었다.

---

* 그림형제의 동화 『룸펠슈틸츠헨』에 빗댄 비유이다. 이 동화 속에서 허풍이 센 방앗간 주인은 왕 앞에서 거드름을 피우며 자신의 예쁜 딸이 밀짚으로 금실을 짤 수 있다고 장담하고, 방앗간 집 딸은 결국 룸펠슈틸츠헨이라는 난쟁이의 도움으로 위기를 모면한다.

불만 가득한 어느 독자의 편지

"저는 덧셈이 싫어요. 산수를 정확한 학문이라 칭하는 것은 큰 잘못을 저지른 것이죠. 어떤 수들은 위에서 아래로 더할 때와 아래에서 위로 더할 때의 결과가 항상 다르단 말이에요!"

– 라투쉬 여사의 독자 편지, 〈수학 가제트〉 1924년 제12년차 발행본

푸른 지구가 낳은 위대한 영웅 제1탄*: 카를 프리드리히 가우스

카를 프리드리히 가우스는 1777년 4월 30일 독일의 브라운슈바이크에서 가난한 집 아들로 태어났다. 가우스의 아버지는 벽돌공이었고 어머니는 평범한 주부였다. 가우스는 어린 시절부터 남달리 영리했고, 훗날 '수학 왕'으로 불릴 만큼 위대한 업적을 남겼다. 지금도 많은 수학자가 '동업자 중 최고'로 손꼽을 만큼 위대한 수학자이다.

일곱 살이 되던 해에 가우스는 성^{聖} 카타리넨 학교에 입학했는데, 그 학교의 교장은 엄격하기로 소문난 요한 게오르크 뷔트너였다. 그 당시에는 한 학급에 다양한 연령대의 아이들이 함께 수업을 받는 일이 많았는데, 뷔트너는 시간을 벌기 위해 어린아이들에게 일부러 어려운 문제들을 제시하곤 했다. 어

---

* 제2탄은 11장 '불변의 원칙'에서 확인할 수 있음.

린 학생들이 문제를 푸는 동안 그보다 학령이 높은 아이들에게 집중하려 했던 것이다. 어느 날 뷔트너는 가우스 또래의 아이들에게 1부터 100까지 더하라는 과제를 내주었다. 문제를 다 푼 아이들은 각자 풀이 과정이 적힌 자신의 석판을 교탁 위에 올려놓고 자기 자리로 돌아가야 했다. 그러면 담당 교사는 석판이 쌓인 순서대로 점수를 매겼다.

그런데 뷔트너가 문제를 낸 뒤 단 몇 초 만에 가우스가 교탁 위에 자신의 답을 올려놓았다. 가우스는 그 당시에 이미 수학적 재능이 또래 아이들보다 훨씬 뛰어났다. 하지만 뷔트너는 수업이 끝날 때까지 가우스가 제출한 석판을 확인하지 않았다. 터무니없을 만큼 빨랐기 때문에 한편으로는 의심이 들었고 그와 동시에 화도 났다. 가우스는 선생님이 자신의 답을 확인하건 말건 수업이 끝날 때까지 자기 자리에 앉아 팔짱을 낀 채 친구들이 열심히 계산하는 모습을 지켜보기만 했다. 그런데 나중에 확인해봤더니 가우스가 제출한 석판에는 단 한 개의 수, 즉 정답만 적혀 있을 뿐 연산 과정은 전혀 적혀 있지 않았다. 1부터 100까지 일일이 더하는 대신 '지름길'을 택했던 것이다.

수업이 끝난 뒤 제자들의 석판을 확인한 뷔트너는 가우스에게 도대체 어떻게 그렇게 빨리 문제를 풀 수 있었는지를 물었고, 가우스의 설명을 들은 뷔트너는 자신의 제자가 수학 천재임이 분명하다고 확신했다. 이후 가우스에 관한 소문은 브라운슈바이크 전체로 퍼져 나갔다.

그런데 가우스는 1부터 100까지의 수를 어떻게 단 몇 초 만에 모두 더할 수 있었을까?

가우스의 전략은 간단했다. 우선 간단한 아이디어를 동원해 계산 방식에 약간의 변화를 주었다. 아이디어란 계산 횟수를 두 번으로 늘리는 것이었는데, 그 덕분에 계산은 오히려 간단해졌다. 가우스는

〈그림 23〉 옛 독일 화폐인 10마르크짜리 지폐 속 카를 프리드리히 가우스의 모습.

아래에 보이는 것처럼 1부터 100까지의 수를 한 번은 원래 순서대로 쓰고, 그 아랫줄에는 100부터 시작해 거꾸로 써내려갔다.

$$1 \; + \; 2 \; + \; 3 \; + \; 4 \; + \; \cdots \; + \; 98 \; + \; 99 \; + \; 100$$

$$100 \; + \; 99 \; + \; 98 \; + \; 97 \; + \; \cdots \; + \; 3 \; + \; 2 \; + \; 1$$

그런 다음 가로가 아니라 세로 방향으로 덧셈을 해 나갔다. 그러자 어떤 칸을 계산해도 같은 답이 나왔다($1+100=101$, $2+99=101$, $3+98=101$ 등). 여기에서 가우스는 100칸 모두 결과가 101이라는 사실을 쉽게 간파했다. 이에 따라 $100 \times 101 = 10{,}100$이라는 공식이 성립되었고, 수들을 한 번이 아니라 두 번 계산했으니 그 결과를 2로 나누었다. 그렇게 해서 순식간에 1부터 100까지 더한 값이 5,050이라는 것을 알아냈다.

$$1 + 2 + 3 + \cdots + 100 = \frac{10{,}100}{2} = 5{,}050$$

가우스는 위와 같은 방식으로 계산할 경우 각 쌍의 합이 동일하다는 점에 착안해 계산 과정을 극도로 단순화하였다. 단순하면서도 큰 효과를 지닌 생각의 도구를 활용한 것이다.

가우스의 전략을 미지수 n을 이용한 공식으로 나타내면 $1+2+\cdots n = \dfrac{n(n+1)}{2}$ 이 되고, 그림으로 나타내면 아래와 같다.

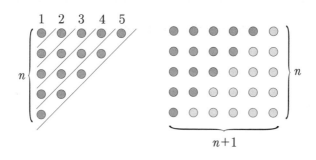

〈그림 24〉 그림으로 본 가우스의 전략.

마지막으로 재미있는 사례 하나를 소개하고 이 장을 마감할까 한다.

어느 학급의 대표단을 구성하는 방식

어느 날 교장 선생님께서 어떤 학급의 대표단과 면담을 하겠다고 했다. 해당 학급의 학생 수가 n명이고, 학급 대표가 최소 2명 이상으로 구성된다고 가정할 때 반 대표단을 구성할 수 있는 경우의 수는 얼마일까?

가장 쉽게 생각하는 방법은 반 아이들 이름을 나열한 뒤 2명이나 3명 혹은 4명이나 n명씩 차례대로 묶어보는 방법이다. 하지만 이는 시간이 오래 걸린다.

다른 방법은 학급 구성원 모두에게 주어진 옵션이 2개밖에 없다는 사실에 착안하여 계산하는 것이다. 즉 반 아이들이 모두 반 대표가 되거나 되지 않는 가능성밖에 없다. 따라서 학생 수가 n명일 때, 반 대표를 조합할 수 있는 최소 경우의 수는 2^n이 된다. 그런데 이 경우 공집합도 부분집합이 되고, 학생 수가 단 1명인 n개의 부분집합도 전체 집합에 포함된다. 따라서 그 부분을 전체에서 빼야 한다. 즉 위 문제의 정답은 $2^n - n - 1$이 된다.

3. 홀짝성의 원칙

홀이냐 짝이냐, 그것이 문제로다!

부모의 성별 차이는 자식을 생산하기 위한 전제 조건이다.

– 《정치 교육 정보》 제206호 〈독일의 가족〉 중에서

홀짝성의 원칙^{principle of parity}('기우성의 원칙'이라고도 함)은 구분과 관련된 법칙이다. 인간은 구분 짓기를 좋아한다. 생물학 분야에는 예컨대 종−속−과−목−강−문−계라는 식의 분류가 존재하고, 역사학에서는 '시대'라는 개념으로 기나긴 세월을 구분한다. 학교에는 학급, 직장에는 부서라는 구분이 존재한다. 그야말로 모든 것을 구분하고 분류한다. 가장 보편적인 형태의 구분은 양분법(이분법)이다. 홀과 짝, 명과 암, 동動과 정靜, 흑과 백, 음과 양 등으로 모든 것을 둘로 나누는 방식이다.

이를테면 우리 주변의 인물들도 둘로 구분 지을 수 있다. 친구나 동료, 지인들을 이성적 그룹과 감성적 그룹으로 나누어보라. 정확히 어느 그룹으로 분류해야 좋을지 모를 경우도 더러 있겠지만, 대체로 쉽게 구분될 것이다. 그 이유는 이성과 감정이라는 단어 속에 이미 구분을 위한 기준이 내포되어 있기 때문이다. 하지만 그렇지 않은 경우라 하더라도 구분 작업이 어렵지는 않다. 저명한 미술사학자 에른스트 곰브리치는 아무 의미 없는 단어인 '핑^{ping}'과 '퐁^{pong}'으로도 사물을 구분할 수 있다고 했다. 핑과 퐁이라는 발음이 지닌 느낌에 따라 어떤 대상이 핑에 속하는지 퐁에 속하는지를 결정지을 수 있다는 것이다. 예를 들어 바늘과 별, 연필, 충돌, 제국 등은 핑에 속하지만 책이나 숟가락, 행주, 전설, 운전대, 애무 등은 퐁에 속한다고 했다. 우리 주변 인물들도 이성적 그룹 대 감성적 그룹 대신 핑 대 퐁으로 나눌 수 있다. 그런데 핑퐁 구분법, 즉 양분법 속에는 사물을 단순화하기 좋아하는 인간의 본성이 담겨 있다. 나아가 이는 아무런 뜻도 없는 단어들인 핑과 퐁으로도 모든 대상을 충분히 분류해 낼 수 있을 만큼 인간의 뇌가 유동적이라는 의미이기도 하다.

철학적 관점에서 볼 때 매우 흥미로운 이분법 중 하나는 좌와 우를 구분하는 것이다. 실제로 많은 철학자와 수학자들이 좌우 구분을 주제로 연구해왔다. 그중 대표적 철학자는 칸트와 비트겐슈타인이다.

칸트는 "거울에 비친 내 모습보다 내 손과 귀를 더 닮은 것이 어디 있겠는가? 하지만 그럼에도 거울에 비친 손은 원형^{原形}과 똑같다고 할 수 없다. 원형이 오른손일 경우 거울에 비친 손은 왼손이고 원형이 오른쪽 귀일 경우 거울 속 귀는 왼쪽 귀이기 때문에 거울 속 모습이 원래의 모습을 대신할 수 없다. 사실 그 안에는 우리의 지성으로 판단할 수 있는 그 어떤 차이도 존재하지 않지만, 그럼에도 차이가 내재해 있다. 비록 두 요소 사이의 공통점과 닮은 점이 많기는 하지만 왼쪽과 오른쪽을 같은 범주 안에 포함할 수 없고(두 요소가 일치되지 않고), 왼손용 장갑을 오른손에 낄 수도 없기 때문이다." 했다.

또 같은 책에서 칸트는 "따라서 비슷하거나 동일하기는 하되 일치하지는 않는 것들(예컨대 상식에 맞지 않는 나선 모양을 지닌 달팽이)은 그 어떤 개념으로도 설명되지 않는다. 그것을 설명하는 길은 오직 직접적인 관찰을 통해 오른손과 왼손의 관계를 파악하는 것뿐"이라고 했다.

그런가 하면 동일한 주제에 대해 비트겐슈타인은 이렇게 주장했다.

"오른손과 왼손의 대체성에 관해 칸트가 제기한 문제점은 평면, 즉 1차원적 공간에서도 이미 존재한다. (아래 그림과 같이) 서로 일치하는^{congruent} 형상인 a 와 b도 해당 공간을 벗어나지 않고는 서로 대체할 수 없기 때문이다. 오른손과 왼손은 사실 완벽하게 일치한다. 두 손이 서로 대체할 수 없다는 문제는 일치성과는 관련이 없다. 오른손용 장갑도 4차원의 공간에서는 방향을 뒤집을 수만 있다면 왼손에 낄 수 있다."

칸트는 또 다른 논문에서 같은 주제에 대해 다시 한 번 언급했는데, 신이 인간을 창조한 과정에 관한 내용으로, 다음과 같이 주장했다.

"신이 인간의 몸 중에서 맨 처음 빚은 것이 손이라 가정한다 하더라도 분명히 그 손은 왼손과 오른손 둘 중 하나였을 것이 아닌가?"

칸트는 주어진 손이 오른손인지 왼손인지를 아는 길은 절대적 공간과의 관계에 비추어보는 수밖에 없다고 보았다. 바꾸어 말하자면 주어진 손과 외부와의 관계를 알 수 없다면 그 손이 어떤 손인지도 알 수 없다는 것이다. 만약 신이 인간을 창조할 때 손이 아니라 몸통부터 만들었다 하더라도 그 이후에 손을 갖다 붙여야 했을 것이다. 그런데 한 개의 손을 왼쪽과 오른쪽에 동시에 갖다 붙일 수는 없다. 따라서 주어진 손은 둘 중 하나밖에 될 수 없다. 이것이 바로 칸트의 이론이다.

20세기 중반까지만 하더라도 물리학자들은 우주가 완벽한 대칭 형태라 믿었다. 하나의 자연 현상이 일어날 경우, 거울에 비춘 것처럼 정확히 대칭되는 현상도 일어난다고 보았다. 비유적으로 말하자면, 어떤 자연 현상이 일어나는 과정을 방금 동영상으로 관람했다면 그 영상을 뒤에서부터 거꾸로 재생한 현상도 어딘가에서 일어난다는 뜻이다.

물리학자들은 이와 관련해 '홀짝성 보존의 법칙law of parity conservation'이라는 말을 쓰곤 한다. 어떤 시스템을 전이할 때 공간 내의 좌표들만 고스란히 전이된다면 해당 시스템 안에 존재하는 체계와 원칙은 달라지지 않는다는 뜻이다. 물리학자들은 적어도 1958년까지는 바로 그 법칙에 따라 우주 전체가 돌아가고 있다고 믿었다. 그런데 1958년, 어떤 공간이 완전히 대칭을 이룬다 하더라도 그 안에 있는 입자 중 몇몇은 왼쪽으로 흐른다는 사실이 실험을 통해 입증되었다.

홀짝성의 원칙에 따른 한 가지 진리

당신이 지금 갈색 구두 한 짝과 검은색 구두 한 짝을 신고 있다는 말은 당신의 신발장 안에 똑같은 색상으로 이루어진 구두 한 쌍이 놓여 있다는 뜻이다.

한편, 아이들은 "엄지가 오른쪽에 있으면 그게 왼손이에요."라고 말한다. 단순하면서도 명쾌한 분류법이다. 하지만 무엇이 왼쪽이고 무엇이 오른쪽일까? 그 정의는 누가 결정하는 것일까? 이 질문에 대한 답을 찾으려면 절대적 의미에서 어디가 왼쪽이고 어디가 오른쪽인지를 증명해 내야 한다.

관련 학계에서는 좌우 구분에 관한 문제를 '오즈마 문제$^{Ozma-problem}$'라 부르기도 한다. 지금부터 오즈마 문제에 대해 얘기해보자. 다음은 오즈마 문제를 설명하기 위한 가상의 상황이다.

X라는 외계 행성에서 무선 신호가 감지되었다. 그런데 행성 X는 지구와는 너무 멀리 떨어져 있다. 따라서 행성 X의 주민과 지구인이 공동으로 관찰할 수 있는 천체는 단 하나도 없다. 그런데 행성 X의 주민은 좌우를 구분하기 위해 '우마'와 '좌마'라는 용어를 쓴다고 하는데, 그중 무엇이 왼쪽을 가리키고 무엇이 오른쪽을 가리키는지 우리는 알지 못한다. 또 X-행성인들은 회전 방향을 표시할 때 '서마 방향'과 '반사마 방향'이라는 말을 사용한다고 한다. 나아가 동서남북을 표시하는 '동마', '서마', '남마', '북마'라는 표현도 존재하지만, 그중 정확히 어떤 표현이 동이나 서, 남이나 북을 가리키는지는 알 수 없다. 그렇다면 이 상황에서 X-행성인들의 언어를 해석하는 방법, 즉 어떤 말이 어느 방향을 가리키는지 알아내는 방법은 무엇일까?

예를 들어 행성 X에서는 해가 '동마'에서 뜬다는 정보가 주어졌다 하더라도 큰 도움은 되지 않는다. 행성 X가 지구와는 다른 방향으로 자전할 수 있기 때문이다. 이 경우, '동마'는 동쪽이 아니라 서쪽이 된다. 행성 X에서는 '좌마'

쪽 손가락을 접으면 손가락이 '서마 방향'으로 접힌다는 정보 역시 무용지물에 가깝다. '좌마'가 왼쪽이 아니라 오른쪽을 의미할 수 있고, 이 경우 '서마 방향'은 우리가 알고 있는 시계방향이 아니라 반시계 방향이 되기 때문이다. X-행성인들이 어떤 그림을 전송해준다 하더라도 제대로 해석할 수 없다. 오른쪽부터 봐야 할지 왼쪽부터 봐야 좋을지를 알 수 없기 때문이다.

지금까지 얘기한 게 바로 오즈마 문제이다. 지금으로부터 약 50여 년 전만 하더라도 예컨대 X-행성인들에게 우리가 알고 있는 좌우 개념을 귀띔해줄 방법이나 그들의 생각을 엿볼 수 있는 길이 전혀 없었다. 그러다가 1958년, 홀짝성이 '붕괴'되었다. 그 과정은 다음과 같았다.

어떤 물리학자가 X-행성인에게 왼쪽으로 꺾이는 입자들을 이용해 전류를 발생시키는 방법을 설명해준다. 그런 다음, 한쪽 손을 손바닥이 위로 가게 편다(행성 X의 중심점과 반대되는 방향으로 펴는 것이다). 이제 그 손의 엄지를 들어 입자들이 흐르는 방향으로 향하게 한다. 이로써 문제는 해결된다!

수학에서 홀이냐 짝이냐 하는 문제는 그 무엇보다 중요하다. 한 가지 예를 들어보자. 친구에게 지갑 속에 들어 있는 동전 몇 개를 꺼내어 탁자 위에 올려 놓으라고 해보라. 이때 그림을 위로 가게 할지 수가 위로 가게 할지는 친구가 마음대로 정하도록 한다.

〈그림 25〉 홀짝성을 이용한 동전 마술.

친구가 동전의 방향을 결정하고 나면 탁자에서 등을 돌린 뒤 친구에게 원하는 만큼 동전을 뒤집으라고 한다. 이때 친구는 동전을 한 번 뒤집을 때마다 "뒤집을게!"라고 외친다. 그런 다음 친구는 탁자 위 동전 중 1개를 손으로 가린다. 이제 몸을 돌려 탁자 위를 잠시 살핀 뒤 친구가 손으로 가린 동전의 그림이 위를 보고 있는지 숫자가 위를 향하고 있는지 알아맞힌다.

동전을 이용한 이 마술은 홀짝성 보존의 법칙과 패리티 검사법$^{parity\ check}$을 이용한 것으로, 알아맞히는 비결은 다음과 같다.

우선 등을 돌리기 전에 탁자 위의 동전 중 그림이 위를 향하고 있는 동전의 개수를 재빨리 세고 그 수가 홀수인지 짝수인지를 확인한다. 다음으로 친구가 "뒤집을게!" 하고 외치는 횟수에 주목한다. 그 횟수가 짝수일 경우 친구가 어떤 동전을 몇 번 뒤집든 간에 그림이 위로 향해 있던 동전의 개수가 지닌 홀짝성, 즉 패리티parity는 유지된다. 반면 "뒤집을게!" 하고 외친 횟수가 홀수일 경우 홀짝성은 달라진다. 그렇게 해서 친구가 손으로 가린 동전 하나를 제외한 나머지 동전 중 그림이 위로 향하고 있는 동전의 개수를 세어보면 친구가 손으로 가린 동전의 어느 면이 위로 향하고 있는지를 알 수 있다. 마지막에 손으로 가리는 동전의 개수를 1개가 아닌 2개로 설정해도 된다. 그런 다음 그 두 동전이 서로 같은 면이 위를 향하고 있는지 서로 다른 면이 위를 향하고 있는지를 알아맞힌다.

패리티 검사는 이른바 '오류 검출 부호error-detecting code'라는 것을 이용할 수도 있다. 여기에서 말하는 부호code란 정보를 변환하여 전송하는 방식을 의미하는데, 대개 0과 1이 나열된 형태이다. 그런데 정보, 즉 0과 1로 이루어진 수의 고리는 전송되는 과정에서 오류가 발생할 수 있다. 0이 1로 전송되거나 1이 0으로 잘못 전달될 수 있다. 그러한 오류를 방지하기 위해 추가로 투입되는 것이 바로 '패리티 비트parity bit'이다. 예컨대 아래와 같은 데이터 비트가 있다고 가정해보자.

01100010100001100

그리고 맨 마지막에 패리티 비트 하나를 추가한다. 이때, 전송 대상 비트열 내에 1이 홀수 개만큼 있으면 패리티 비트를 1로, 1이 짝수 개만큼 있으면 패리티 비트를 0으로 설정한다. 다시 말해 원래의 데이터 비트와 추가된 패리티 비트를 합한 전체 비트열 안에 1이 언제나 짝수 개만큼 존재한다. 이제 데이터 비트와 패리티 비트를 전송한다. 전송 과정에서 오류가 없었다면 전체 비트열에서 1의 개수는 짝수가 되어야 한다('짝수 패리티'). 만약 1개의 비트가 잘못 전송되었다면(0 대신 1 혹은 1 대신 0) 전체 비트열 내에 포함된 1의 개수가 달라지고 1의 개수가 지니는 홀짝성도 달라진다. 결국 패리티의 변화를 보고 오류 여부를 판단하고, 오류가 발생했을 때는 정보를 재전송한다.

그런데 패리티 검사법은 결정적인 단점을 지니고 있다. 전송 과정에서 짝수 개의 오류가 발생했을 때는 오류가 발생하지 않은 것과 동일한 것으로 간주해 버린다. 그뿐만 아니라 오류가 발생한 지점도 알려 주지 않는다. 즉 일부 오류를 검출$^{error-detecting}$만 할 뿐 정정$^{error-correcting}$은 해주지 않는다.

미국의 수학자 리처드 해밍$^{1915~1998}$은 그러한 문제점을 해결하기 위해 한 가지 방법을 제안했다. '해밍부호$^{Hamming-code}$'['해밍 (7, 4) 부호'라고도 불림]가 바로 그 방법이다. 해밍부호에서는 수 0과 1, 4개로 조합된 *abcd* 블록과 임의로 선택한 패리티 비트 3개(예컨대 *uvw*)를 이용한다.

abcduvw

이렇게 7개의 비트를 이용해 오류를 검출하고, 오류 발생 위치를 추적하며, 나아가 오류 정정까지 한다. 그 과정을 이해하기 위해 우선 〈그림 26〉의 다이어그램을 관찰해보자.

오른쪽 다이어그램에서 a는 3개의 원이 모두 교차하는 지점에 놓여 있고, b와 c, d는 원 2개가 교차하는 위치에 놓여 있다. 패리티 비트 3개는 나머지 공간에 각기 하나씩 들어가 있다. 이때 패리티 비트 역시 0 혹은 1이 되는데, 아래의 공식을 만족시키는 수가 그 값이 된다.

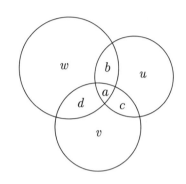

〈그림 26〉 해밍 (7, 4) 부호 내 패리티 비트의 구성.

1. $a+b+c+u=$ 짝수

2. $a+c+d+v=$ 짝수

3. $a+b+d+w=$ 짝수

수식 8

예를 들어 전송해야 할 데이터블록이 $a=0$, $b=1$, $c=0$, $d=1$이라면 아래 공식에 맞게 u와 v 그리고 w의 값이 정해져야 한다.

$$1 + u = \text{짝수}$$

$$1 + v = \text{짝수}$$

$$2 + w = \text{짝수}$$

계산은 간단하다. $u = 1$, $v = 1$, $w = 0$이 되어야 한다.

그런데 해밍부호가 어떻게 '오류 정정 부호$^{\text{error-correcting code}}$'로 작용한다는 것일까? 그 과정은 예컨대 다음과 같다.

$abcduvw$라는 비트열을 전송하다가 오류가 발생할 경우, 위 공식 3개 중 몇 개의 답은 짝수가 아닌 홀수가 된다. a에서 오류가 발생했을 경우, 3개 모두 홀수의 답이 나오고, b나 c 혹은 d에서 오류가 발생했을 경우 셋 중 2개의 공식에서 답이 짝수가 아닌 홀수가 된다(1번과 3번 공식에서 홀수 답이 나올 경우 b에서 오류가 발생한 것이고, 1번과 2번이 홀수라면 c에서, 2번과 3번이 홀수라면 d에서 오류가 발생한 것임). 하지만 u나 v 혹은 w에서 오류가 발생했을 때는 공식 3개 중 1개만이 홀수 결과가 나온다. u가 틀렸을 경우에는 1번 공식의 답이, v는 2번, w는 3번 공식의 답이 홀수가 된다. 이렇듯 해밍 (7, 4) 부호를 이용하면 개별 오류를 검출하고 오류가 발생한 지점도 정확히 확인할 수 있다. 게다가 오류가 감지될 경우, 해당 오류를 수정까지 해주니 그야말로 탁월한 발명이라 할 수 있다.

수학에서는 패리티라는 용어를 주로 홀수냐 짝수냐를 구분할 때에만 쓰지만, 교집합이 없는 2개의 사물 혹은 2개의 집합을 구분할 때에도 패리티라는 말을 쓸 수 있다. 예를 들어 수 2개(혹은 2개의 사물)가 있다고 가정할 때 둘 다 짝수이거나 홀수라면(두 사물 모두 집합 A 혹은 집합 B에 속한다면) 두 수(물건)는 패리티가 동일하다(짝수 패리티). 반대의 경우라면 그 수들(혹은 물건들)은 서로 다른 패리티를 지닌다(홀수 패리티). 이와 관련해 홀짝성의 원칙에 기반을 둔 게임 두 가지를 사례로 들어보겠다.

사례 1: 체스판 위의 '나이트^{knight}' 제1탄*

$n \times n$개의 칸으로 이루어진 체스판 위에 말들이 놓여 있다. 그런데 루크나 비숍, 퀸, 폰 등은 없고 모든 말이 '나이트'이다. 우리의 과제는 체스 규칙에 따라** 그 말들을 모두 이동하여 다시 모든 칸을 채운다. 그렇다면 n이 홀수일 때도 이 미션을 수행할 수 있을까?

지금부터 홀짝성의 원칙을 이용해 위 과제가 왜 '미션 임파서블'인지 단계적으로 증명해보자.

우선 n은 홀수이므로 $n = 2m + 1$이라고 쓸 수 있다. 이때 m은 0 또는 자연수이다. 그리고 n이 홀수라고 했으니 다음 공식에 의해 체스판 위의 칸 개수도 홀수가 된다.

---

* 제2탄은 21장 '모듈화의 원칙'에서 확인할 수 있음.

** 체스에서 나이트의 이동 방식은 장기의 마(馬)와 동일하다. 두 칸 전진한 뒤 전진한 방향에서 오른쪽이나 왼쪽으로 한 칸을 이동할 수도 있고, 좌나 우로 두 칸을 이동한 뒤 상하로 한 칸을 이동한다.

$$n^2 = (2m+1)^2 = 4m^2 + 4m + 1 = 2(2m^2 + 2m) + 1$$

이때 흰 칸의 개수와 검은 칸의 개수는 정확히 1개만큼 차이가 난다. 예컨대 〈그림 27〉과 같은 모양의 체스판이 나온다.

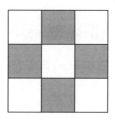

〈그림 27〉 흰 칸 개수와 검은 칸 개수 사이의 패리티가 동일하지 않음.

그런데 지금까지 알아낸 것이라고는 흰 칸과 검은 칸 개수 사이의 패리티가 서로 다르다는 것밖에 없다. 그것만으로는 도저히 문제를 해결할 수 없을 듯하다. 하지만 사실은 그렇지 않다. 이 아이디어를 조금만 변용하면 충분히 목적지에 도달할 수 있다. 그 이유는 나이트가 이동할 때마다 칸의 색이 달라진다는 특성 때문이다. 출발점이 흰 칸이었다면 도착점은 검은 칸이 되고, 출발점이 검은 칸이었다면 반대로 흰 칸에 도착하게 된다. 이에 따라 체스판 위에 놓인 모든 말을 주어진 행마법에 따라 이동해서 다시 모든 칸을 채우려면 흰 칸과 검은 칸 개수 사이의 패리티가 일치해야 한다. 하지만 위의 경우, n이 홀수이기 때문에 미션을 수행할 수 없다.

머리를 조금만 굴리면 수학은 이처럼 간단하면서도 아름다워질 수 있다. 위 사례에서도 패리티의 법칙을 이용해서 문제를 간단하게 해결해 냈지 않는가. 자, 기대하시라! 다음에 소개할 사례에서는 패리티의 법칙이 더 큰 위력을 발휘한다.

사례 2: 로이드의 '14-15 퍼즐'

정사각형 모양의 슬라이드 퍼즐에 〈그림 28〉과 같이 수가 배열되어 있다.

1	2	3	4
5	6	7	8
9	10	11	12
13	15	14	

〈그림 28〉 14-15 퍼즐의 초기 상태.

14와 15의 순서가 서로 뒤바뀌어 있다는 점만 빼면 모든 수가 차례로 상승한다. 오른쪽 맨 아래 칸은 퍼즐 조각이 없는 빈칸이다. 게임의 목표는 이 빈칸을 이용해 모든 수를 오름차순으로 배열하는 것이다. 즉 빈칸과 인접한 조각들을 움직여서 수의 배열을 올바르게 정리해야 한다. 모두 알고 있겠지만, 이 퍼즐은 슬라이드 방식이다. 다시 말해 각 조각을 빈칸의 위치에 따라 위 혹은 아래, 왼쪽 혹은 오른쪽으로 밀 수는 있지만 떼어냈다가 다시 갖다 붙일 수는 없다.

'14−15 퍼즐' 혹은 '15 퍼즐'로 불리는 이 퍼즐은 1878년 미국의 수학자 새뮤얼 로이드(=샘 로이드)가 고안하였다. 로이드는 체스와 관련된 문제에서 시작해 수학적 공식을 이용해야 하는 문제까지, 5천 개 이상의 수수께끼를 발명한 '퍼즐과 수수께끼의 대부'이다. 지금도 전 세계 수많은 사람이 로이드의 문제를 풀면서 짜릿함과 희열을 느낀다고 한다. 그런 의미에서 이 시점에서 로이드를 기리는 짧은 오마주^{homage} 하나를 소개한다.

> 우리 마을에 새로운 시장님이 부임하셨네.
> 새 시장님은 로이드의 열렬한 팬이셨지.
> 새 시장님은 로이드를 기리고 싶었다네.
> 그래서 모든 모음을 '오-이-으'로 바꾸라고 하셨지.
> 고리느 소림들, 조김드 고삐즈 온있느!(그러나 사람들, 조금도 기쁘지 않았네!)
>
> ― 크리스티안 헤세, 〈난센스 5행시 모음집〉 중에서

당시 로이드는 최초로 퍼즐을 푸는 이에게 1천 달러의 상금을 주겠다고 약속했고, 그 결과 로이드의 퍼즐은 전 세계적으로 공전의 히트를 기록했다. 길거리든 마차 안이든, 사무실에서든 상점에서든 모두 퍼즐 풀기에만 몰두했다. 그 물결은 심지어 독일제국의 의회까지 휩쓸었다. 그 장면을 우연히 목격한 수학자 지그문트 군터는 "백발의 제국의회 의원들이 손바닥 위에 놓인 자그

마한 틀에 온 신경을 집중하던 광경이 지금도 생생하다."고 진술했다. 그러한 국제적인 로이드 열풍은 1880년경에 최고조에 달했다가 이후 돌연히 멈췄다. 누군가가 이 문제를 수학적으로 정밀하게 검토한 결과, 절대 풀 수 없다고 선언한 것이다.

당시 수학적 분석의 바탕이 되었던 것이 바로 패리티 법칙이었다. 단, 이번에는 앞서 체스판 사례보다 좀 더 깊이 생각할 필요가 있다. 우선 빈칸^{field}이 위치한 행을 n_f, 수를 도치^{inversion}해야 하는 횟수를 n_i라고 가정하자. 여기에서 도치란 큰 수가 적힌 퍼즐이 작은 수 앞에 놓이게 되는 것을 의미한다(기본적으로는 왼쪽 맨 위칸부터 오른쪽으로 갈수록, 그리고 아래로 갈수록 수가 높아짐). 재미있는 사실은 퍼즐 조각을 이동할 때마다 $n=n_f+n_i$라는 패리티가 유지된다. 즉 n이 짝수일 경우에는 퍼즐 안에 수가 어떤 식으로 배열되어 있든 간에 조각을 움직인 뒤의 n도 짝수가 된다는 것인데, 거기에 대해서는 약간의 보충 설명이 필요할 듯하다.

첫째, 퍼즐 조각 1개를 수평 방향으로 이동한다고 가정하자. 이 경우, 빈칸이 위치한 행이나 퍼즐 조각을 도치한 총 횟수는 달라지지 않는다. 즉 n의 홀짝성이 그대로 유지된다. 여기까지는 비교적 간단하다.

둘째로 생각해야 할 문제는 조각을 수직 방향으로 움직였을 때이다. 조각이 아래나 위로 이동하면 상황이 어떻게 달라질까? a라는 조각이 빈칸 위에 있다고 가정해보자. 이때 b, c, d는 〈그림 29〉와 같이 배열되어 있다.

	a	b	c
d	빈칸		

<그림 29> 슬라이드 퍼즐 분석.

a 조각을 빈칸으로 밀어 내릴 경우, 빈칸이 속한 행의 패리티는 달라진다. 그렇다면 도치의 횟수는 어떻게 될까? a 조각을 이동시킴으로써 각 조각의 상대적 위치가 달라졌다. 하지만 한 쌍의 조각들이 지니는 상호관계에는 변화가 없다. 무슨 말인고 하니 (a, b), (a, c), (a, d) 사이에 도치가 일어나지 않았다면, 다시 말해 b, c, d가 a보다 크다면 a를 빈칸으로 미는 과정에서 3회 (홀수 회)의 도치가 발생한다는 뜻이다. 만약 b, c, d 중 하나의 수가 a보다 작다면 기본적으로 1회가 도치된 상태인데, a를 빈칸으로 미는 과정에서 b, c, d는 a에 대해 상대적으로 위치가 달라지고 그 과정에서 두 차례의 도치가 일어난다. 그런데 이때도 n_i가 1회, 즉 홀수 회만큼 바뀐다. 남은 두 가지 경우(b, c, d 중 2개나 3개가 a보다 작은 경우)에도 n_i는 홀수이다(-1 혹은 -3). 따라서 $n_f + n_i$는 늘 짝수로만 변동하고, $n = n_f + n_i$의 패리티는 조각을 어떤 식으로 밀든 변함없이 동일하다.

이것으로 우리가 원하는 소기의 목적은 달성되었다. 여기에서 더 확실하게 확인하고 싶다면 초기 상태에서 $n = 5$이고(위 그림의 경우 $n_f = 4$, $n_i = 1$이므로),

로이드가 출제한 문제를 풀려면 $n=4$가 되어야 한다($n_f=4$, $n_i=0$)는 것까지 알아내야 한다. 즉 처음의 n값과 마지막의 n 값이 서로 패리티가 일치하지 않는다. 따라서 정해진 규칙에 따라 처음의 상태를 로이드가 원하는 상태로 만드는 것은 불가능하다고 결론지을 수 있다.

자, 이렇게 해서 로이드의 14-15 퍼즐 역시 불가능한 미션이라는 사실을 확인했다. 이러한 확인 과정을 예술이라고 부를 수 있는 이유는 과정이 복잡해서가 아니다. 패리티 원칙, 즉 홀짝성의 원칙을 적절하게 이용했기 때문에 예술의 경지에 오른 것이다. 자, 다 같이 눈을 크게 떠보자. 수학은 눈을 크게 뜨는 자에게 어느 날 갑자기 기적을 보여준다!

4. 디리클레의 원칙

의자 빼앗기 놀이의 원칙

테살로니키*와의 경기에서

프랑크**가 계속 그렇게만 움직여주면

두세 명이 늘 프랑크를 따라다녀야 합니다.

파울이나 하면 모를까,

그게 아니라면 한 명으로는 도저히 마크가 안 되니까 말입니다.

그러면 나머지 애들한테 기회가 옵니다.

두 명이 프랑크한테 달라붙으면

수학적으로 봤을 때

누가 되든 한 명은 자유롭지 않겠어요?

— 바이에른 뮌헨 축구 클럽의 단장 울리 회네스와의 인터뷰,
〈쥐트도이체 차이퉁〉 2007년 12월 21일자

---

* 그리스의 축구 클럽 '아리스 테살로니키 FC'
** 프랑스의 축구 선수 '프랑크 리베리'

디리클레의 원칙

완전한 무질서는 불가능하다. $n+1$개의 물건을 임의로 n개의 서랍에 넣을 경우, 어느 서랍이 되든 서랍 1개에는 분명히 2개의 물건이 들어가 있을 수밖에 없다.

우리는 일상생활 속에서 무질서를 경험하곤 한다. 인간의 삶이란 원래 완벽한 질서와 완전한 무질서 사이의 줄타기라고도 할 수 있다.

철학자 스피노자에게 질서란 어떤 계^{system}에 소속된 객관적인 무언가가 아니라 주관적 범주였다. 아름다움의 기준이 주관적이듯 질서에 대한 느낌도 주관적이라는 뜻이다. 그럼에도 학자들은 질서 혹은 무질서의 정도를 측정하는 객관적 잣대를 개발했고, 이로써 질서라는 개념을 객관적 양^{quantity}의 개념으로 정의하고자 했다. 엔트로피^{entropy}라는 개념도 거기에서 비롯되었다.

엔트로피의 어원은 그리스어 엔트로피아^{entropia}이다. 여기에서 'en'은 내용물, 즉 알맹이를 의미하고 'tropi'는 전환을 의미한다. 학자들은 '엔트로피값'이라는 개념도 개발했다. 쉽게 말해 엔트로피값이란 낮아질수록 질서정연하고 높아질수록 중구난방 상태에 가까워진다고 보면 된다.

푸딩 복원하기

"셉티무스, 라이스 푸딩을 저으면 우주에서 별똥별이 퍼지듯 푸딩 위의 마말레이드도 붉은 자국을 남기며 퍼진다네. 하지만 그걸 거꾸로 젓는다고 해서 마말레이드가 원래의 모양으로 돌아가는 건 아니라네. 푸딩은 자네의 의도를 전혀 알아차리지 못한 채 그냥 계속 분홍색으로 남아 있을 걸세."

– 톰 스토파드의 《아카디아》 제1막 제1장 중에서

무질서의 한계는 어디까지일까? 이 질문에 대한 답을 수학적 관점에서 찾아보자. 그러기 위해 가장 먼저 살펴봐야 할 이론은 '램지 이론$^{Ramsey\ theory}$'이다. 램지 이론은 조합을 이용해 질서와 무질서의 관계를 파악하는 것으로, 사물이든 사람이든 대규모로 모이면(파티에 참석한 수많은 사람, 임의의 수들, 선분 위의 점들, 밤하늘의 별들 등) 그 안에는 반드시 고도로 규칙적인 패턴이 존재한다는 이론이다. 좀 더 쉬운 말로 표현하자면 램지 이론은 완전한 무질서는 존재하지 않는다는 이론이다. 스위스의 분석심리학자 C. G. 융[1875~1961]도 "모든 혼돈 속에 우주가 있고 모든 무질서 속에 은밀한 질서가 존재한다."고 말했다.

램지 이론을 좀 더 학문적 · 형식적으로 정의하자면, '충분히 큰 규모의 집단을 수많은 부분으로 분할할 경우 최소한 2개의 부분집단 사이에는 일정한 질서가 존재한다'이다. 어떤 대규모 집단이 제아무리 뒤죽박죽이거나 엉망진 창인 것처럼 보여도 내면을 자세히 들여다보면 그 안에는 필시 질서정연한 부분이 존재한다. 그렇다면 램지 이론 신봉자들의 최대 관심사는 무엇일까? 그것은 바로 어떤 집단의 최소 규모이다. 즉 어떤 집단 안에서 공통적인 특징이나 질서를 발견하려면 해당 집안이 '최소한' 얼마만큼의 크기를 지녀야 하는지를 연구하는 것이다.

램지 이론 추종자들은 이를테면 '어떤 모임에서 같은 날 태어난 사람(연도는 상관없음)이 최소한 두 명 있으려면 그 모임의 참석자는 최소한 몇 명이어야 하는가?'를 연구한다. 그 질문에 대한 답은 간단하다.

2월이 29일까지 있는 윤년을 감안할 때 1년은 최대 366일이고, 따라서 모임의 참석자가 367명이라면 그중 두 명은 필연코 생일이 같을 수밖에 없다. 참석자가 366명이라면 생일이 같은 사람이 없을 수도 있다. 물론 366명의 참석자가 모두 각기 다른 날 태어났을 확률은 극도로 희박하지만 적어도 이론적으로 불가능한 일은 아니다. 반면 참석자가 367명이라면 그중 두 명의 생일이 동일할 확률은 백 퍼센트다.

다음에 소개할 사례도 약간의 포장이 가미되어 있을 뿐, 램지 이론과 관련된 전형적인 문제에 속한다.

사례 1: 친구와 이방인

어느 나라, 어느 지역에 '신뢰 수준 & 오차범위'라는 이름의 집단농장이 있었다. 농장의 이름이 범상치 않은 것은 그 농장의 간부들이 모두 통계학에 심취해 있었기 때문이다. 어느 날 농장의 간부들은 일꾼 중 6명을 무작위로 선택한 뒤 서로 간의 친분관계를 조사했다. 그 결과, '3명은 서로 친하고 3명은 서로 얼굴도 모른다'는 결론에 도달하게 되었다. 이때 친분은 대칭적 관계로 간주했다. A가 B와 친하다면 B도 A와 반드시 친하다고 보았다.

여기까지는 사회학적 관점에서 보나 수학적 관점에서 보나 대단한 발견이라할 수 없다. 그저 구성원이 6명인 소그룹이 하나 존재하고, 그중 몇몇은 친분이 있고 몇몇은 서로 '소 닭 보듯' 대하는 관계라는 사실만 밝혀냈을 뿐이다.

이 그룹을 좀 더 일목요연하게 파악하기 위해 〈그림 30〉과 같이 도형으로 표현해보았다. 여기에서 각 꼭짓점(A, B, C, D, E, F)은 집단농장의 일꾼 1명을 의미한다. 그리고 검은 선은 서로 친한 관계를, 회색 선은 서로 안면만 있는 관계를 뜻한다. 예컨대 〈그림 30〉에서 A와 D는 회색 선으로 연결되어 있는데, 이는 A와 D가 직장만 같을 뿐 남남이나 다름없다는 뜻이다.

그룹에 속한 사람은 총 6명이다. 따라서 꼭짓점마다 5개의 모서리가 뻗어 나간다. $6 \times 5 = 30$, 총 30개의 모서리가 존재한다. 그런데 각각의 모서리는 1회가 아니라 2회 계산되었다. A에서 B로 뻗어 나간 선분과 B에서 A로 뻗어 나간 선분을 1개가 아니라 2개로 간주한 것이다. 따라서 위 그림 속 선분은

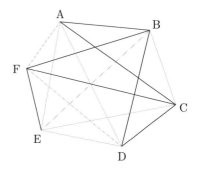

〈그림 30〉 6명의 관계에 관한 도해.

총 30개가 아니라 15개가 된다. 그중 어떤 선분은 검은색이고 어떤 선분은 회색이다. 따라서 누가 누구와 친하고 누가 누구와 남남인지를 결정짓는 조합은 총 215개가 된다. 그런데 이 집단농장의 간부들은 누가 누구와 친하든 간에 꼭짓점 3개를 이었을 때 똑같은 색상의 변 3개로 이루어진 삼각형 1개가 탄생한다는 법칙을 발견했다고 한다. 〈그림 30〉에서 △ADE가 거기에 해당한다. 그런데 농장의 간부들은 무슨 근거로 이 원칙이 늘 적용된다고 주장했을까?

그 답은 생각보다 쉽게 찾을 수 있다. 우선 P를 {A, B, C, D, E, F}로 구성된 집합의 한 원소, 즉 꼭짓점이라고 가정해보자. 이 경우, P와 이어진 모서리는 총 5개이고 그중 3개는 무조건 같은 색이어야 한다(예컨대 회색). 이 3개의 모서리는 다시 꼭짓점 Q와 R 그리고 S와 이어진다. 이때 QR, RS, QS 중 1개(예컨대 QR)가 회색이라면 이미 3변이 동일한 색상인 삼각형 1개가 탄생한다. △PQR이 바로 그것이다. QR, RS, QS가 모두 회색이 아니라 검은색이라 하더라도 각 변의 색상은 회색이 아니라 검은색이라는 차이점만 있을 뿐결과는 마찬가지이다.

어떤가, 간단하지 않은가? 얼핏 보기에는 증명하기 어려워 보였던 문제도 이렇듯 그림을 그려보면 간단하게 증명된다.

참고로 위 사례는 '친구냐 이방인이냐에 관한 정리theorem on friends and strangers'로도 불리며 얼핏 보기에는 무질서하게 보이는 어떤 거대한 집단도 그 안에는 분명히 질서를 지닌 일부가 존재한다는 사실을 증명할 때 자주 등장한다.

위 사례를 이용하여 게임을 만들 수도 있다. 미국의 암호학자 구스타브 시먼스가 개발한 심 게임$^{\text{SIM game}}$이 바로 그것이다.

심 게임은 두 명이 함께하는 게임으로, 예컨대 한 사람은 회색, 한 사람은 검은색이 되어서 게임을 진행한다. 게임판 위에는 6개의 점(꼭짓점)이 그려져 있고, 각 점은 서로 희미한 선으로 연결되어 있다. 게임 참가자 두 명은 각기 회색과 검은색 펜을 들고 번갈아가며 그 선들을 자신의 색으로 칠해 나간다. 이때 자신의 색으로 이루어진 삼각형이 나오지 않도록 주의를 기울여야 한다. 자신의 색으로 된 삼각형이 나오는 순간 패자가 되어버리기 때문이다.

그런데 앞서 우리가 고찰한 내용에 비추어볼 때 심 게임에서 무승부는 나올 수 없다. 캐나다 맥매스터 대학의 어니스트 미드 교수의 연구팀은 실수를 저지르지만 않는다면 나중에 시작하는 쪽이 늘 승자가 될 수 있다는 사실을 증명하기도 했다. 하지만 그 증명 과정은 꽤 복잡했다. 심 게임에 관한 한 아쉽게도 아직은 간단하고 기억하기 좋은 백전백승 전략이 개발되지 않은 듯하다.

이 시점에서 생각의 실타래를 거꾸로 몇 바퀴 되감아보자. 앞서 친구와 이방인에 관한 정리를 다루었고, 그에 앞서 생일이 중복되는 사례에 관해 이야기했다. 그 과정에서 우리도 모르게 한 가지 원칙을 이용했다. '$n+1$개의 어떤 물건을 임의로 n개의 서랍에 나누어 넣을 경우, 최소한 1개의 서랍에는 2개 이상의 물건이 들어갈 수밖에 없다'는 원칙이 바로 그것이다.

이 원칙을 좀 더 수학적으로 어렵게 정리하자면 '$k \times n$개 이상의 물건을 n개의 서랍에 넣을 경우, 최소한 1개의 서랍에는 k개 이상의 물건이 들어갈 수밖에 없다'가 된다.

이것이 바로 디리클레가 주장한 '서랍의 원칙^{principle of drawers}'이다. 원칙이라는 말 때문에 괜히 거창하게 들릴 수도 있겠지만, 알고 보면 생각할 필요나 설명을 들을 필요도 없을 만큼 간단한 원리이다. 하지만 푸비니의 정리가 그랬듯 디리클레의 정리 역시 초등학생도 금방 이해할 수 있을 정도로 쉽고, 매우 유용하기까지 하다.

친구와 이방인에 관한 정리는 서랍의 원칙을 약간 변형한 것으로 '꼭짓점 P에서 뻗어 나간 5개의 모서리 중 최소한 3개는 같은 색으로 이루어져 있다'는 것이다. 이때 $n=2$이고, $2n$은 2개의 서랍 대신 서로 다른 두 가지 색상을 의미한다. 나아가 색칠해야 할 모서리의 개수는 $5=2\times2+1$개인데, 이때 모서리는 각 서랍에 들어갈 물건을 뜻한다. 즉 최소한 한 가지 색상이 2회 이상 등장한다. 이 말을 서랍의 원칙에 맞게 다시 변형하자면 '최소한 1개의 서랍에는 2개 이상의 모서리가 들어간다'는 말이 된다.

다른 사례들도 쉽게 찾아낼 수 있다. 예를 들어 'n명으로 이루어진 모임에서 최소 2명은 동일한 수의 친구가 있다'는 명제에 대해 생각해보자. 언뜻 듣기에는 무슨 말인가 싶을 수도 있다. 하지만 이 문제 역시 서랍의 원칙을 이용해 쉽게 풀 수 있다.

혹은 역으로 생각해도 해답을 도출할 수 있다. n명으로 이루어진 모임 안에서 친구의 수가 사람마다 각기 다른 상황이 발생할 수 있는지를 생각해보자. 이 경우 1명은 친구가 $n-1$명이고 1명은 친구가 0명이어야 하는데, 동일한 모임 내에서 두 가지 사항 모두가 충족될 수는 없다. 이로써 문제는 해결되었다!

앞서도 말했지만, 서랍의 원칙은 너무나 간단해서 쓰임새가 없을 것 같아 보인다. '3명이 모여 있다면 그중 2명은 성별이 같다', '10명이 9개의 의자를 두고 다투면 1명은 탈락할 수밖에 없다'와 같은 진술은 누가 들어도 학술적 이론과는 거리가 먼 듯하다. 하지만 누차 강조했듯 서랍의 원칙은 간단하지만 유용하다. 때로는 이 원칙을 활용한 사람조차 깜짝 놀랄 만큼 대단한 결과를 보여주기도 한다.

실제로 서랍의 원칙이라는 생각의 도구를 활용하기 위해서는 두 가지 작업이 전제되어야 한다.

첫째, 대상물을 규명해야 한다. 즉 어떤 그룹에 대해 그중 최소 몇 개(혹은 몇 명)가 동일한 특징을 지닌다는 것을 증명하고 싶은지를 정해야 한다.

둘째, '서랍'이 무엇인지 정의를 내려야 한다. 다시 말해 카테고리를 정해야 한다. 물론 이때 같은 범주에 속한 물건들은 동일한 특징을 지니고, 그룹 내 모든 사물(혹은 사람)은 최소한 1개의 카테고리에 속해야 한다.

대상물과 카테고리(서랍)가 결정되었다면 다음 단계는 각각의 개수를 파악해야 한다. 카테고리의 개수보다 전체 대상물의 개수가 더 많다면 최소한 1개의 카테고리에는 2개 이상의 대상물이 들어가게 된다. 다시 말해 최소 2개(혹은 2명)는 동일한 특징을 지닌다는 뜻이다.

대단한 발견이 아닌 것처럼 들리겠지만, 적재적소에 제대로 활용하면 반드시 흥미로운 결과를 얻을 수 있다. 간결하고도 유용하며 심오하기까지 한 디리클레의 정리에 대한 얘기는 이쯤 해두고 다음 원칙으로 넘어가보자.

5. 포함-배제의 원칙

사랑한다, 사랑하지 않는다…

이 기계는 '부분집합'도 인식합니다.*

　　　　　　　　　　– 베를린 시내 어느 슈퍼마켓의 공병 자동 수거기에 붙어 있는 안내문

―――――――――――

* '부분집합'은 깨진 병조각을 뜻함.

포함-배제의 원칙

복잡한 형태의 어떤 집합을 좀 더 단순한 형태의 부분집합으로 쪼개어 각각의 크기를 파악하고, 이를 통해 원래 집합에 속하는 대상(원소)의 개수를 파악할 수 있을까?

형식적 사고^{formal thinking}에서 특정 조건을 만족시키는 사물의 개수를 어떻게 하면 효율적으로 세느냐 하는 문제는 매우 중요하다. 예를 들어 밤하늘에 빛나는 별의 개수를 셀 때에도 수학적 사고를 동원하면 손가락으로 일일이 가리키며 세는 것보다 훨씬 더 시간을 절약할 수 있다.

수학에서는 어떤 집합^{set}에 속하는 원소의 개수를 '크기^{cardinality}'라는 말로 표현한다. 그렇다면 집합이란 무엇일까?

독일의 수학자 게오르크 칸토어^{1845~1918}는 집합을 "우리의 생각이나 직관의 대상 중 특정한 속성을 지닌 개체들(이 개체들을 '집합의 원소'라 부른다)을 하나로 모아놓은 것"이라 정의했다. 그런데 어떤 집합의 원소가 몇 개인지 항상 알 수 있는 것은 아니다. 예를 들어 M(독일어로 집합은 Menge이어서 M)이라는 집합의 원소가 여러 개이고, 그 원소들이 여러 가지 조건(E_1, E_2, E_3, $\cdots$, E_n) 중 최소 한 가지 조건을 만족시킨다고 가정해보자(독일어로 Eigenschaft는 '조건'이어서 E). 이때, E_i라는 조건을 만족시키는 원소들로 구성된 M의 부분집합을 A_i라고 가정하면, A_i를 모두 합한 집합의 크기는 아래 공식과 같다.

$$|A_1 \cup A_2 \cup \cdots \cup A_n|$$

여기에서 $\cup$라는 기호는 합집합^{union}을, $|A|$는 집합 A의 크기를 의미한다.

그런데 전체 집합 M의 원소 개수를 곧바로 파악하기는 어렵지만, M의 원소 가운데 주어진 조건에서 최소한 한 가지 조건을 만족시키는 원소가 몇 개인지(그 개수를 $|A_i|$라고 해두자), 최소한 두 가지 조건을 동시에 만족시키는 원소는 몇 개인지(그 개수는 $|A_i \cap A_j|$가 된다), 최소한 세 가지 조건을 동시에 만족시키는 원소는 몇 개인지(그 개수는 $|A_i \cap A_j \cap A_k|$가 된다) 등을 알아내기는 상대적으로 쉬울 때가 있다. 여기에서 $\cap$라는 기호는 교집합^{intersection}을 의미한다.

그런 다음 M의 원소 중 최소한 한 가지 조건을 만족시키는 원소의 개수와 최소한 첫 번째 조건(혹은 최소한 두 번째 조건, 혹은 최소한 세 번째 조건, 혹은 그중 몇 가지 조건)을 만족시키는 원소 개수 사이의 연관성을 파악해 나간다.

한편 주어진 조건(E_1, E_2, E_3, $\cdots$, E_n) 중 단 한 가지도 만족시키지 않는 원소 개수를 파악해야 할 때도 있다. 이를 공식으로 표현하면 다음과 같다.

$$|\not{A}_1 \cap \not{A}_2 \cap \cdots \cap \not{A}_n| = |M - (A_1 \cup A_2 \cup \cdots \cup A_n)|$$
$$= |M| - |A_1 \cup A_2 \cup \cdots \cup A_n|$$

여기에서 '$\not{A}$'는 Ac, 즉 A의 여집합^{complement}을 뜻한다. A의 여집합이란 전체 집합 중 집합 A에 속하지 않는 나머지 원소들의 집합을 말한다. A−B는 차집합^{difference}을 뜻한다. A에는 속하지만 B에는 속하지 않는 원소들의 집합 이다.

집합의 크기와 관련해서 매우 기본적인 원칙들이 있는데 그중 두 가지만 소 개하면 다음과 같다.

- M이 어떤 원소들로 이루어진 집합이든 간에 그 집합의 크기, 즉 원소의 개수는 |M|으로 나타낼 수 있다.
- M=A∪B이고 A와 B 사이에 중복되는 원소가 없다면 |M|=|A|+|B| 이다.

첫 번째 원칙은 개수 파악에 관한 것이고 두 번째 원칙은 어떤 집합의 개수 를 셀 때 전체를 여러 개의 그룹으로 나누어서 각 그룹의 개수를 따로 센 뒤 그 결과를 합산할 수 있다는 것을 의미한다. 집합의 개수 역시 '분할하여 통치 하라$^{divide\ et\ impera}$'의 원칙, 즉 모듈화의 원칙에 따라 집합의 개수를 셀 수 있다. 모듈화의 원칙에 대해서는 나중에 자세히 다루기로 하고, 다음 이야기로 넘어가보자.

칸토어는 여러 개의 대상물을 하나로 묶은 것을 집합이라 했다. 거기에 딱히 이의를 제기할 사람은 없을 듯하다. 그런데 잠깐! 어쩌면 혹시 별문제가 없어 보이는 이 정의에 모종의 함정이 숨어 있지 않을까? 자세히 파헤쳐보면 고정관념을 완전히 뒤엎는 새로운 지평이 열리지 않을까?

잘 생각해보라! 만약 집합이 어떤 대상물들을 하나로 묶어놓은 것이라면 집합 자체도 하나의 대상물이라 할 수 있다. 그리고 그 대상물들을 모아 다시 한 개의 더 큰 집합을 만들 수도 있다. 그렇다면 세상 모든 집합을 한 자리에 모아서 집합 중의 집합, 다시 말해 '모든 집합의 집합'도 만들 수 있어야 하지 않을까?

답부터 말하자면, '그렇지 않다'이다. '모든 집합의 집합'이라는 말은 그 자체로 모순이다. 왜 그럴까?

먼저 그런 집합이 존재한다는 가정하에 이야기를 시작해보자. 그 집합을 K라고 가정했을 때, K 역시 자기 자신의 원소가 된다. 물론 그렇지 않은 집합들, 즉 자기 자신을 원소로 삼지 않는 집합들(우리가 흔히 '집합'이라는 말을 들으면 떠올리는 일반적 집합들)도 존재한다. 예컨대 '짝수들의 집합'이 그런 집합에 속한다. 자기 자신을 원소로 포함하지 않는 집합을 전부 모아 새로운 집합을 하나 만든다고 가정하고, 그 집합을 N이라고 하자. 자, 지금까지 우리는 K라는 집합도 존재하고 N이라는 집합도 존재한다고 가정했다. 그 가정이 옳다면 N은 K의 부분집합이다. 달리 말해 N은 K의 원소 중 하나이다.

이쯤에서 결정적인 질문 하나가 제기된다. 'N은 자기 자신을 원소로 포함할까, 아닐까?' 하는 것이다! 'N은 자기 자신을 원소로 포함한다'에 찬성하는 사람은 오른손, 'N은 자기 자신을 원소로 포함하지 않는다'가 옳다는 사람은 왼손을 번쩍 들기 바란다.

만약 첫 번째 진술이 옳다 하더라도 N은 그 자신의 원소가 될 수 없다. 그 이유는 앞서 N을 그렇게 정의했기 때문이다. 몇 줄만 거슬러 올라가보라. 거기에서 우리는 N이 '자기 자신을 원소로 포함하지 않는 집합들의 집합'이라고 했다. 다시 말해 모순이다! 따라서 'N은 자기 자신을 원소로 삼는다'라는 진술은 결국 성립하지 않는다.

'N은 자기 자신을 원소로 삼지 않는다'라는 두 번째 진술 역시 말이 되지 않는다. 앞서 나온 정의에 의하면 N은 자기 자신을 원소로 포함하지 않는 집합들의 집합이라고 했고, 이에 따라 N에 N이 포함되어야 하기 때문이다. 결국 두 번째 진술도 성립하지 않는다는 결론 이외의 다른 결론은 있을 수 없다.

그렇다! 우리는 '모든 집합의 집합'을 만들어 내는 과정에서 모순에 봉착했다. 러셀은 그 과정을 '이율배반^{antinomy}'이라는 말로 설명했다.

러셀은 일상과 밀접한 분야에서도 이율배반의 사례를 찾았다. 러셀이 제시한 명제는 '어느 마을의 이발사는 스스로 면도하지 않는 남성 모두를 면도한다'는 것이었다. 여기에서 문제는 '그 이발사는 대체 누가 면도를 해주느냐?' 하는 것이다. 집합 분야에서는 이미 이발사의 역설에 관한 이 수수께끼가 '고질적 문제'에 속할 정도로 유명하다.

베리의 역설

유한대의 모든 수를 유한대의 글자들로 나타낼 수 있다는 사실은 그다지 놀라운 일이 아니다. 예컨대 수 19는 '십구' 혹은 '십오 더하기 사' 혹은 '이십보다 작은 소수 중 가장 큰 수' 등으로 표현할 수 있고, '천의 천 제곱의 천 제곱'이라는 엄청나게 큰 수도 단 아홉 글자만으로 간결하게 표현할 수 있다(공백 제외).

그렇다면 이런 건 어떨까? 예를 들어 '서른 글자 이하로는 도저히 표현할 수 없는 수 중 가장 작은 수'를 n이라고 가정해보자. 그런데 잠깐! 설명을 자세히 보면 알겠지만, 우리는 스물다섯 글자(공백 제외)만으로 n을 설명해 냈다. 위에서 말한 n의 정의에 어긋나는 것이다.

여기에서 모순과 역설이 발생한다. '정의할 수 있는 것'과 '정의할 수 없는 것' 사이에서, 다시 말해 언어의 모호성 사이에서 역설이 발생했다.

그 때문에 이 역설을 '정의할 수 없는 것에 관한 역설'이라 부르기도 한다. 혹은 '베리의 역설Berry paradox'이라고도 불리는데, 옥스퍼드 대학의 사서였던 G. G. 베리가 처음 제안했다고 해서 그런 이름이 붙었다. 베리는 이 문제를 수학자이자 철학자인 버트런드 러셀에게 상의했고, 러셀은 이 문제를 자신의 책에 비중 있게 다루었다.

이를 통해 러셀과 베리는 전통적 집합론이 안고 있는 기본적인 취약점 중 하나를 정확히 꼬집었다. 집합이라는 개념을 순진하게만naive 정의하려고 했다가는 논리적인 모순에 봉착하기 쉽다는 사실, 다시 말해 집합론을 얕봤다가는 '큰코다치기 십상'이라는 사실을 분명하게 지적하였다!

그런가 하면 '스스로 홍보할 수 없는 모든 책자를 홍보해주는 책자'에 관한 역설도 있다. 그 책자는 스스로를 홍보할 수 있을까, 홍보하지 못할까?

이렇게 해서 집합에 관한 칸토어의 정의는 결국 역설에 봉착하고 말았다. 그렇다고 수학 전체가 모순투성이라고 낙인찍을 수는 없다. 모순으로 점철된 수학 따위의 학문은 때려치우고 우리 모두 심오한 철학에나 몰두하자고 목청을 높이기에도 아직 때가 이르다. 왜냐고? '공리적 집합론$^{axiomatic\ set\ theory}$'이라는 게 있기 때문이다! 공리적 집합론에서는 칸토어와는 다른 방식으로 집합을 정의한다.

공리적 집합론이란 몇 가지 기본 공리에서 집합에 관한 일반적인 규칙을 추출해 내는 방식인데, 여기에서는 '자기 자신을 원소로 포함하지 않는 모든 집합의 집합'처럼 논리적으로 모순되는 내용은 배제된다.

일상 속 '교집합'

"한때 나는 감기를 달고 살았다. 심지어 두 개의 감기가 서로 교집합을 이룰 정도였다. 이제 막 떨어지려고 하는 감기의 최후 증상들이 다음에 다가올 감기의 전령사들과 서로 중첩된 것이다."

– 막스 골트*:《생각 뛰어넘기(Mind-boggling)》중에서

---

* 독일 출신의 음악가이자 저술가.

물건의 개수나 확률을 계산하는 것이 늘 쉬운 일은 아니다. 당장 로또만 해도 그렇다. 1부터 49까지의 수 중 6개의 수를 고르는 방법은 총 몇 가지가 있을까? 혹은 6개의 당첨번호 중 최소한 1개 이상을 알아맞힐 확률은 얼마나 될까? 실생활과 밀접한 문제인 만큼 해결책도 간단하면 얼마나 좋으련만 실상은 정반대이다. 만약 그렇지 않았다면 우리 모두 억만장자가 되어 있거나 로또라는 게임이 아예 등장하지 않았을 것이다.

수 연산, 개수 세기 그리고 확률 계산은 가히 예술이라 불러도 좋을 만큼 복잡하고 아름다운 미학을 내포하고 있다. 그러한 미학을 가장 잘 보여주는 수학 분야 중 하나가 바로 조합론combinatorics이다. 조합론의 목표는 복잡하기 짝이 없는 셈하기 작업을 되도록 일반적이면서도 세련된 전략으로 완수해 내는 것이다. 그런 전략 중에는 이루 말할 수 없이 간단한 것도 있고 설명하기 어려울 정도로 복잡한 것도 있다. 그뿐만 아니라 개중에는 '별로 셈을 한 것 같지 않은데도 이미 셈이 끝나 버렸다'는 느낌이 들게 하는 전략들도 있다.

그런 전략 중 하나는 관점을 뒤집어보는 것이다. 다시 말해 어떤 집합의 원소 중 E라는 조건을 만족시키는 원소들의 개수를 파악하기가 여의치 않다면, 반대로 E라는 조건을 만족시키지 않는 원소들의 개수를 세어본다. 지금 우리가 풀고 있는 문제, 즉 '당첨번호와 최소한 1개 이상의 수가 일치하는 로또번호는 총 몇 개나 될까?'라는 문제도 그 전략이 적용되는 사례에 속한다. 원래는 당첨번호와 수가 단 1개만 일치하는 경우, 2개만 일치하는 경우 등을 차례로 파악한 뒤 합산해야 하지만, 그렇게 하지 않고 당첨번호와 수가 하나도 일치하지 않는 응모번호의 개수를 파악한다. 전체 경우의 수에서 수가 하나도 일치하지 않는 경우의 수를 빼기만 하면 원래 원하던 답을 알아낼 수 있으니 이렇게 하는 편이 시간이 훨씬 더 절약된다.

조합론의 또 다른 기본 원칙 중 하나는 '2개의 작은 행위로 구성된 어떤 행위를 실행하는 방법의 총 개수는 첫 번째 작은 행위를 실행하는 방법의 개수를 구한 뒤 첫 번째 작은 행위가 종료되고 나서 두 번째 작은 행위를 실행하는 방법의 총 개수를 곱해서 구할 수 있다'라는 것이다. 다시 말해 n개의 작은 행위를 단계적으로 실행할 경우, 단계별 경우의 수를 서로 곱하면 전체 경우의 수를 구할 수 있다. 수학에서는 이를 '곱셈의 법칙$^{\text{product rule}}$'이라 부른다.

그런가 하면 조합론에서는 앞서 잠깐 언급했던 원칙, 즉 '분할하여 통치하라'는 모듈화의 원칙을 활용하기도 한다. 세어야 할 대상들을 서로 중첩되지 않게 간단한 기준에 의해 분할한 뒤 마지막에 부분별 경우의 수를 모두 합하는 방법인데, 이 방법은 '덧셈의 법칙$^{\text{sum rule}}$'이라 부른다.

〈그림 31〉는 집합 A의 개수를 세고 싶을 때 A를 서로 중첩되지 않는 3개의 부분집합(A$_1$, A$_2$, A$_3$)으로 나눈 뒤 그 값을 합하면 된다는 내용을 벤다이어그램으로 나타낸 것이다. 이때 집합 A의 크기는 다음과 같다.

$$|A| = |A_1| + |A_2| + |A_3|$$

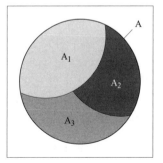

〈그림 31〉 교집합이 없는 3개의 부분집합으로 이루어진 집합 A.

자, 지금부터 풀어야 할 문제의 해결 과정은 활용도가 매우 높으니 특히 더 주의를 기울여주기 바란다. 먼저 m개의 원소를 가진 어떤 집합이 있다고 가정하자. 순서를 무시하고 봤을 때 그중 k개의 원소들을 추출해 내는 방법은 총 몇 가지일까? 여기에서 '순서를 무시한다'는 말은 예컨대 한 번은 e_1, e_2, e_3, …, e_k라는 원소를 선택했고 한 번은 e_2, e_1, e_3, …, e_k라는 원소를 선택했다고 가정할 때 둘 사이에 차이가 전혀 없다고 본다는 뜻이다. 맨 처음에 나왔던 문제, 즉 49개의 수 중 6개의 당첨번호를 고르는 로또 문제가 바로 이런 경우에 해당된다. 그 경우 $n=49$, $k=6$이다. 수 로또에서 순서는 중요하지 않다. 추첨할 때 어떤 번호가 적혀 있는 공이 먼저 튀어나오는지도 중요하지 않고, 응모자가 어떤 번호에 먼저 색칠을 했는지도 중요하지 않다. 중요한 것은 어떤 수를 최종적으로 선택했느냐 하는 것뿐이다.

이제 e_1, e_2, e_3, …, e_k라는 원소를 택할 수 있는 경우의 수가 총 몇 개인지 알아보자. 이때 e_i는 원소의 개수가 m인 집합 M의 원소 중 임의의 원소 1개를 의미하고, 앞서도 말했듯이 원소들을 선택하는 순서는 아무런 의미가 없다.

우선 m개의 원소 중 k개를 '순서대로' 골라내어 수열을 만드는 방법부터 살펴보자. 맨 먼저 할 일은 e_1의 '잠재적 후보'가 몇 개인지를 파악하는 것인데, 그 경우의 수가 m이라는 것은 쉽게 알 수 있다. e_1가 $m-1$개의 경우의 수를 갖는다는 것 역시 별도의 설명이 필요치 않다. 그렇게 계속 가다 보면 결국 e_k가 몇 개의 경우의 수를 지니는지도 쉽게 알 수 있다. 즉 $m-k+1$개이다. 이때 그 모든 상황이 차례로 일어나기 때문에 앞서 나왔던 곱셈의 법칙에 따라 m개의 원소 중 k개를 추출해 내는 방법에 대해 아래의 공식이 성립된다.

$$m \times (m-1) \times (m-2) \times \cdots \times (m-k+1)$$

하지만 이 결과는 어디까지나 M의 원소 m개 중 '순서대로' k개를 골라 냈을 때에만 적용된다. 풀이의 첫 단계를 잘 마무리하기는 했지만, 아직 우리가 원하는 답과는 거리가 멀다. '순서대로' 수를 조합하는 과정에서 우리는 너무나 많은 수를 추출해버렸다. k개의 원소들은 배열순서에 상관없이 결국 단 한 가지일 뿐인데 그 모든 것을 개별적인 것으로 합산해버렸다. 그래도 괜찮다. 지금까지는 어쩔 수 없었다고 치면 된다. 어차피 절대 돌이킬 수 없을 만큼 대단한 문제가 발생한 것도 아니다. 이중, 삼중 혹은 다중으로 합산된 부분은 지금부터 찬찬히 수정해 나가면 된다.

그러자면 k개의 원소들을 서로 다르게 배열하는 방법이 총 몇 가지인지 알아야 한다. k개의 원소에 각기 번호를 매긴다고 가정했을 때 첫 번째 원소가 차지할 수 있는 위치는 k개가 된다. 두 번째 원소는 $k-1$개가 되고, 그렇게 계속하면 k번째 원소가 차지할 수 있는 자리는 결국 하나만 남게 된다. 이번 상황 역시 곱셈의 법칙을 적용할 수 있으므로 결국 k개의 원소를 순서가 매번 다르게 정렬하는 방법의 총 개수는 $k \times (k-1) \times (k-2) \times \cdots \times 2 \times 1$이 된다. 이를 축약해서 표현하면 $k!$이 된다(표기할 때에는 느낌표를 써서 '$k!$'이라고 쓰고, 읽을 때에는 'k 팩토리얼'이라고 읽는다). 즉 $k!$은 1부터 k까지의 연속된 자연수를 차례로 곱한 값이라는 뜻이다.

그런데 지금 우리가 풀고 있는 문제에서 $k!$은 결국 모두 동일하다. 순서는 중요하지 않다고 했기 때문에 $k!$은 결국 단 한 번만 계산되어야 한다. 이에 따라 다음 공식이 도출된다.

$$\frac{m \times (m-1) \times (m-2) \times \cdots \times (m-k-1)}{k \times (k-1) \times (k-2) \times \cdots \times 1}$$

그리고 이 공식을 $(m-k)!$을 이용하여 다음과 같이 간단하게 줄일 수 있다.

$$\frac{m!}{k! \times (m-k)!}$$

이번에는 위 공식에 $B(m, k)$를 적용해보자. $B(m, k)$라는 값은 m개의 서로 다른 대상 중 k개를 순서에 상관없이 골라 낼 수 있는 경우의 수를 의미한다. '이항계수$^{\text{binomial coefficient}}$'라고 부르는 이 값은 이항공식$^{\text{binomial formula}}$ 등 수학의 다양한 분야에서 매우 중요한 요소로 취급된다. 이 공식을 이용하면 예컨대 '임의의 수 x와 y를 모두 곱해서 임의의 자연수 m을 얻을 수 있다'는 말은 $(x+y)^m$이라고 표현할 수 있다. 그렇게 되는 과정은 다음과 같다.

$$(x+y)^m = (x+y) \times (x+y) \times (x+y) \times \cdots \times (x+y)$$

그런데 우변을 만들 때 m개의 $(x+y)$에서 x와 y 중 하나만 선택해야 한다. 예컨대 x를 k회 선택했다면 y는 $(m-k)$회만큼 선택해야 하고, 이에 따라 우변은 $xkym-k$가 된다. 다시 말해 $xkym-k$는 x와 y를 차례대로 모두 곱했을 때 정확히 B(m, k)회 나와야 하고, 이는 0과 m 사이의 모든 k에 적용된다.

이 말을 공식으로 나타내면 다음과 같다.

$$(x+y)^m$$
$$=\mathrm{B}(m, 0) \times x^0 y^m + \mathrm{B}(m, 1) \times x^1 y^{m-1} + \cdots + \mathrm{B}(m, m) \times x^m y^0$$

그런데 위 공식에 $x=-1$, $y=1$을 대입하면 놀라운 결과가 도출된다. 그 결과가 바로 아래 공식이다. 이항계수를 이용한 이 방정식은 앞으로도 쓰임새가 많을 예정이니 유심히 보아두기 바란다.

$$\mathrm{B}(m, 0) - \mathrm{B}(m, 1) + \mathrm{B}(m, 2) - \mathrm{B}(m, 2) + \cdots$$
$$+ (-1)^m \mathrm{B}(m, m) = 0^m = 0 \,(m=1, 2, 3, \cdots 인\ 모든\ 경우에\ 대하여) \quad \text{수식 9}$$

여기에 $x=1$, $y=1$을 대입하면 아래와 같은 결과가 나오는데, 이 공식 역시 [수식 9]에 못지않게 유용하다.

$$\mathrm{B}(m, 0) + \mathrm{B}(m, 1) + \mathrm{B}(m, 2) + \cdots + \mathrm{B}(m, m) = 2^m \quad \text{수식 10}$$

K씨의 입원일수와 이항계수

이항계수 얘기가 나온 김에 앞서 나왔던 [수식 1]을 $1^3+2^3+\cdots$ $n^3=(1+2+\cdots+n)^3$을 독특한 방법으로 증명해볼까 한다. 의학과 관련된 사례에 빗대어서 그 과정을 증명하려는 것이다.

지금부터 독자들에게 들려줄 얘기는 분명히 우리 시대 최고의 작가가 쓴 최고의 단편소설은 아니다. 하지만 수학적 재미와 재치가 다분히 깃들어 있고, 그것만으로도 한 번쯤 읽어둘 가치가 충분하다고 본다.

K씨가 $(n+1)$일만큼 입원해야 하는 상황이 일어났다. 4건의 검진을 받기 위해서이다. 그 검진들을 각기 A, B, C, D라고 해두자. 그런데 A는 나머지 3건의 검진, 즉 B, C, D보다 무조건 앞서서 진행되어야 하고, 검진 A를 받는 데 온종일 소요된다고 한다. B, C, D에 대해서는 딱히 어떻게 해야 한다는 전제 조건이 제시되어 있지 않다. 어떤 순서로 검사를 받아도 상관없고, 하루에 3건 모두 끝내버릴 수도 있으며, 며칠에 나누어서 검사를 받아도 괜찮다. 그렇다면 A부터 D까지의 검진 모두를 진행하는 데 총 몇 가지 방법이 있을까?

우선 A를 실행할 날짜부터 정하는 게 올바른 순서인 듯하다. 예컨대 입원한 지 k번째 되는 날 A 검진을 받는다고 가정하자. 그렇다면 나머지 검사들에 대한 경우의 수는 $(n+1-k)^3$개가 된다. 이때 k는 1부터 n 사이의 임의의 수이고, 이에 따라 다음과 같은 공식이 성립한다.

$$(n+1-1)^3+(n+1-2)^3+(n+1-3)^3+\cdots+1^3=1^3+2^3+3^3+\cdots+n^3$$

혹은 '이중으로 셈하기 기법'(푸비니의 원칙 적용)에 따라 경우의 수의 합을 다음과 같이 계산할 수도 있다. 먼저 서로 중첩되지 않는 세 가지 경우를 선택한다. 첫째, B, C, D 검진일을 A 검진일 이후의 날들, 즉 각기 서로 다른 날들로 정한다. 거기에는 총 $3! \times B(n+1, 4)$개의 경우의 수가 존재한다. 둘째, B, C, D 중 2건을 같은 날로 정한다. 거기에는 총 $2 \times 3 \times B(n+1, 3)$개의 방법이 존재한다. 셋째, B, C, D 모두를 하루에 다 끝내기로 한다. 거기에는 총 $B(n+1, 2)$가지 방법이 존재한다. 이 모든 경우를 합한 경우의 수는 다음 공식으로 구할 수 있다.

$$3! \times B(n+1, 4) + 6 \times B(n+1, 3) + B(n+1, 2) = \left[\frac{n(n+1)}{2} \right]^2$$

이제 카를 프리드리히 가우스로 '빙의'해야 할 때가 왔다! 가우스의 후예가 되어 위의 공식을 정리해보면 결국 $\frac{n(n+1)}{2} = 1 + 2 + \cdots + n$ 이 나온다. 즉 $(1+2+\cdots+n)^2$개의 경우의 수가 있다는 결론이 나온다. 둘 중 어떤 방법으로 계산하든 답은 같고, 그것이 바로 우리가 원하는 답이다.

인생이 만만하다면 얼마나 좋으련만 현실은 그렇지 않다. 원소의 개수를 구하는 문제도 마찬가지이다. 덧셈의 법칙에 따라 전체 집합 A를 여러 개의 부분집합으로 나누고, 각 부분집합의 원소 개수를 구한 다음 그 결과들을 더하기만 하면 얼마나 편리하겠느냐만 그렇지 않을 때도 있다. 부분집합들이 서로 겹칠 때가 바로 그런 경우이다. 다행히 그중에 비교적 편한 상황도 있다. 부분집합 간에 겹치는 부분이 단 한 군데밖에 없는 경우이다. 〈그림 32〉는 그러한 상황을 벤다이어그램으로 나타낸 것이다.

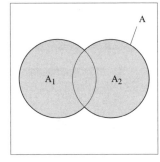

〈그림 32〉 전체 집합 A 및 A 부분집합들의 교집합.

교집합이 있다면 당연히 그 부분을 계산에 넣어야 한다. 하지만 〈그림 32〉처럼 단순한 경우라면 사실 골치 아플 일도 없다. 부분집합인 A_1과 A_2의 원소 개수를 따로 구하고, A_1과 A_2의 교집합 크기를 구한 뒤 다음 공식에 따라 연산만 하면 되기 때문이다.

$$|A_1 \cup A_2| = |A_1| + |A_2| - |A_1 \cap A_2|$$

이번 장의 주제가 '포함-배제의 원칙principle of inclusion and exclusion'인데 그 이야기가 왜 아직 나오지 않을까 궁금해하는 독자들이 적지 않으리라고 짐작된다. 이제부터 그 얘기가 본격적으로 시작된다.

위 등식에서 우리는 우선 A_1과 A_2의 원소 개수를 더했다. 실제로는 $|A_1 \cup A_2|$보다 $|A_1| + |A_2|$이 더 크지만 이를 무시하고 둘을 합산해버렸다(포함의 원칙). 문제는 $|A_1 \cap A_2|$이 이중으로 계산되었다는 것이다. 따라서 그 부분을 다시 빼주어야 한다(배제의 원칙). 이 경우, 교집합이 1개뿐이기 때문에 $|A_1 \cup A_2|$에서 $|A_1 \cap A_2|$를 빼는 것으로 셈은 끝난다. 이보다 더 간단할 수는 없다!

몇 번이 적절할까?

저명한 극작가인 아이나르 슐레프는 어느 날 헤센 라디오방송국의 '방송극' 부서에 출연하여 자신의 희곡 일부를 직접 낭독했다. 그런데 슐레프가 쓴 극본에는 '그짓을 했다'는 표현이 13차례나 등장했다. 그 자리에 있던 음향기술자가 슐레프의 대본을 듣고 극도로 분노했고, 그 사실을 상부에 보고했다. 그러자 헤센 라디오방송사 간부들은 슐레프를 불러 진지한 대화를 나누었다. 13차례나 등장하는 '그짓'이라는 단어를 얼마나 포함할 것인지 혹은 얼마나 배제할 것인지에 대해 일종의 협상을 벌이는 자리였다.

결과는 7:6으로 슐레프가 아슬아슬하게 승리했다. 간부들이 대중의 도덕관과 예술적 관점을 고려해 6차례의 '그짓'을 배제하기로 결정한 것이다. 결과적으로 '그짓'은 7번 포함되고 6번 배제되었다.

– 알렉산더 트로프, 〈인생이 우리에게 안겨 주는 쓴맛〉

앞서 집합의 크기를 파악하는 과정을 인생에 빗대어 말했다. 우리네 인생사만큼이나 원소의 개수를 파악하는 일도 복잡하게 꼬일 때가 많다는 얘기였다. 수학에 관심이 없는 이들은 어떻게 생각할지 모르겠지만, 집합의 크기를 알아내는 것은 분명히 중요한 문제이다. 그리고 그 중요한 문제가 녹록지 않을 때도 매우 많다. 지금부터 그 녹록지 않은 작업을 정복해볼까 한다. 하지만 걱정이나 우려는 접어두어도 좋다. 2라운드는 1라운드보다 살짝 더 복잡한 정도이다. 1라운드에서는 교집합이 단 1개뿐이었다. 2라운드에서는 어떨까?

〈그림 33〉에서 전체 집합 A는 A_1, A_2, A_3이 모여서 이루어진 것이다. A_1, A_2, A_3 중 어떤 2개를 선택하든 그 둘의 교집합은 공집합이 아니다. 교집합이 1개였던 앞선 사례에서도 그랬지만, 이번에는 단순히 부분집합들의 크기를 합하는 것만으로는 결코 전체 집합의 올바른 크기를 구할 수 없다. 그렇게 계산할 경우,

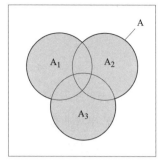

〈그림 33〉 3개의 교집합과 교집합들의 교집합.

$A_1 \cap A_2$, $A_1 \cap A_3$, $A_2 \cap A_3$이 이중으로 계산되기 때문이다. 심지어 $A_1 \cap A_2 \cap A_3$은 삼중으로 합산된다. 문제가 이만저만이 아닌 듯하다. 갑자기 앞이 보이지 않는 막다른 길에 봉착한 것 같은 느낌도 든다. 하지만 실망은 이른 법! 다행히 여기에서 우리는 다음과 같은 공식을 도출해 낼 수 있다.

$$|A| = |A_1 \cup A_2 \cup A_3| \leq |A_1| + |A_2| + |A_3|$$

위 공식을 해석하면 A_1, A_2, A_3의 크기를 단순히 합산한 값을 이번에도 '하향조정'해야 한다는 뜻이다. 문제는 얼마만큼 깎아내리느냐 하는 것인데, 도저히 못 풀 만큼 어려운 문제는 아니다. 이중 혹은 삼중으로 계산된 부분만 감산해주면 된다. 그러기 위해 몇 가지 단계를 밟아보자.

자, $|A_1| + |A_2| + |A_3|$에서 부분집합 2개의 교집합에 해당하는 개수들을 각기 빼면 어떤 결과가 나올까? 그 과정을 공식으로 표현하면 다음과 같다.

$$| A_1 | + | A_2 | + | A_3 | - | A_1 \cap A_2 | - | A_1 \cap A_3 | - | A_2 \cap A_3 |$$ 수식 11

이제 [수식 11]이 무엇을 의미하는지 〈그림 34〉을 보면서 풀어보자.

〈그림 34〉에서 밝은 회색으로 표시된 부분은 한 번씩만 합산되었다. 그 부분에서만큼은 이미 올바르게 합산된 것이다.

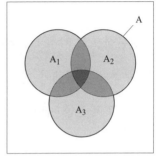

문제는 $| A_1 | + | A_2 | + | A_3 |$을 합산하는 과정에서 약간 어두운 회색 부분이 이중으로 계산되었다는 것이다. 하지만 그것도 이미 해결되었다. [수식 11]에서 각 부분집합 사이의 교집합을 모

〈그림 34〉 3개의 부분집합으로 이루어진 전체집합 A에 적용되는 포함-배제의 원칙.

두 감산해주었기 때문에 약간 어두운 회색으로 표시된 부분 역시 결국에는 한 번씩만 합산된 결과가 되었다. 여기까지는 아무도 이의를 제기하지 않을 듯하고, 누구나 쉽게 이해했을 듯하다. 하지만 아직 해결되지 않은 골치 아픈 문제가 한 가지 남아 있다. 그 문제란 바로 $A_1 \cap A_2 \cap A_3$의 개수, 즉 〈그림 34〉에서 짙은 회색으로 표시된 부분이다. 앞서도 말했지만 맨 처음 합산 과정에서 $| A_1 \cap A_2 \cap A_3 |$은 삼중으로 계산되었다. A_1과 A_2 그리고 A_3 모두에 포함되는 원소이기 때문이다. 그런데 $| A_1 \cap A_2 \cap A_3 |$은 그 이후의 감산 과정에서도 삼중으로 계산되었다. 결과론적으로 볼 때 [수식 11]에서 $| A_1 \cap A_2 \cap A_3 |$은 아예 등장하지 않은 것과 다름없다고 할 수 있다. 즉 [수식 11]에 따라 계산할 경우, 집합 A의 실제 크기보다 더 작은 값이 나온다. 따라서 [수식 11]을 다음과 같이

변형할 수 있다.

$$|A| \geq |A_1| + |A_2| + |A_3| - |A_1 \cap A_2| - |A_1 \cap A_3| - |A_2 \cap A_3|$$

결론적으로 [수식 11] 역시 하향조정이 필요해졌다고 할 수 있고, 정확히 어느 부분을 감산해야 하는지도 명확해졌다. $|A_1 \cap A_2 \cap A_3|$을 더해주기만 하면 된다. 그 과정을 나타낸 것이 바로 [수식 12]이다.

$$
\begin{aligned}
|A| &= |A_1 \cup A_2 \cup A_3| \\
&= |A_1| + |A_2| + |A_3| - |A_1 \cap A_2| - |A_1 \cap A_3| - |A_2 \cap A_3| \\
&\quad + |A_1 \cap A_2 \cap A_3|
\end{aligned}
$$

<수식 12>

〈그림 34〉의 벤다이어그램은 지금까지의 과정을 종합적으로 나타낸 것이다. 지금까지의 계산 결과와 집합 A의 최종적인 원소 개수를 나타낸 것이다. 여기에서 말하는 '지금까지의 계산 결과'란 임의의 교집합을 갖는 부분집합 3개의 크기를 구하고 포함-배제의 원칙에 따라 각 집합의 크기를 단계적으로 수정함으로써 결국 전체 집합 A의 크기를 구했다는 뜻이다.

포함-배제의 원칙을 단계적으로 적용하는 방식은 집합의 크기를 구할 때 매우 유용하다. 특히 전체 집합을 적당하게 분할하여 부분집합을 만들 수 있고, 각 부분집합의 크기 및 이중 혹은 다중 교집합의 크기를 비교적 쉽게 파악할 수 있을 때라면 이 방법은 더욱 유용하다. 이 원칙을 다방면으로 활용하기 위한 기본적인 발판, 다시 말해 포함-배제의 원칙을 일반화할 수 있는 밑거름은 이미 [수식 12]를 통해 마련되었다.

그런 의미에서 이제 다음 라운드이자 마지막 라운드인 문제에 도전해보자. 이번 문제에서는 $n=3$이라는 전제 조건마저 사라진다. 부분집합의 개수가 3개가 아니라 n개까지 늘어날 수 있다(이때 n은 자연수). 하지만 A_1, A_2, A_3 $\cdots$, A_n에 대해서도 포함-배제의 원칙을 적용할 수 있다. 물론 이중 혹은 다중으로 계산된 부분을 조정하는 과정은 조금 더 복잡해지고, 그 때문에 조정 과정 역시 더 많은 단계를 거쳐야 한다. 그럼에도 포함-배제의 원칙이 다양한 분야에서 활용할 수 있는 무기라는 결론에는 변함이 없다.

자, 지금 우리 앞에 주어진 상황은 $n=3$이 아니라 $n=n$이다. 하지만 지금까지 늘 그래 왔듯 $n=3$일 때 제시했던 아이디어를 조금만 더 증폭시키면 이번 문제도 충분히 풀 수 있다. 아래 공식은 이번 문제를 풀기 위한 첫걸음이다.

$$
\begin{aligned}
|A_1 \cup A_2 \cup \cdots \cup A_n| = & |A_1| + |A_2| + \cdots + |A_n| \\
& - |A_1 \cap A_2| - |A_1 \cap A_3| - \cdots - |A_1 \cap A_n| \\
& - |A_2 \cap A_3| - \cdots - |A_2 \cap A_n| - \cdots - |A_{n-1} \cap A_n| \\
& + |A_1 \cap A_2 \cap A_3| + |A_1 \cap A_2 \cap A_4| + \cdots + \\
& |A_{n-2} \cap A_{n-1} \cap A_n| \\
& \vdots \\
& (-1)^{n+1} |A_1 \cap A_2 \cdots \cap A_n|
\end{aligned}
$$

수식 13

앞서 나온 공식들과 비교하자면 이번 공식은 분명히 진일보, 아니 '진일반화'되었다고 할 수 있다. 그러나 '이 공식이면 어떤 문제든 만사형통'이라고 하기에는 아직 많이 부족하다. 어떻게 하면 이 공식을 어디에서나 늘 통하는 '속담 정도의 수준'으로 끌어올릴 수 있을까? 어떻게 하면 위 공식이 일반적인 경우에도 성립한다는 것을 증명할 수 있을까?

[수식 13]은 여러 개의 집합과 각 집합의 크기를 정밀하게 조합해놓은 일종의 도면이라 할 수 있다. 몇 마디 되지 않는 말들로 건물 전체의 구성과 총면적을 요약해놓은 것이다. 지금부터 그 도면을 이용해 건물의 총면적을 구해보자.

[수식 13]에서는 우선 각 부분(각각의 부분집합 A_i)의 면적을 무조건 합산했다. 그런 다음 어떤 한 부분과 다른 부분이 서로 겹치는 부분, 즉 $A_i \cap A_j$에 해당하는 부분을 배제(감산)했다. 하지만 앞서 보았듯 이런 식으로는 올바른 답이 나오지 않는다. 애통하고도 애석한 일이다. 하지만 다행히 안타까운 일을 즐거운 일로 반전시킬 기회가 있다. 그러기 위해 우리가 가장 먼저 취해야 할 행동은 $n=3$이었던 상황에서도 그랬듯 삼중으로 계산된 부분, 즉 $|A_i \cap A_j \cap A_k|$을 다시 더해준다. 하지만 그러고 나면 전체 집합의 크기를 넘어서는 결과가 나온다. 그 결과를 바로잡으려면 4개의 부분집합 모두에 포함되는 원소들의 개수만큼 다시 빼주어야 한다. 그렇게 계속해서 모든 부분집합 A_i의 크기가 나올 때까지 수정하고 교정해야 한다.

그렇다! 한 번 수정하고, 그 결과물을 다시 수정하고, 거기에서 나온 결과물을 재수정해야 한다. 하지만 그렇게 계속하다 보면 언젠가는 원하는 결과를 얻을 수 있을 것 같은 느낌이 들지 않는가?

물론 아직은 '그럴 것 같다'는 느낌뿐이며, '그렇다'는 결론이 나온 것은 아니다. 그런 의미에서 고삐를 한 번 더 바싹 죄어보자. 어떻게 하면 모든 부분집합 A_i의 원소들이 합산 과정에서 한 번씩만 반영되게 할 수 있을까? 각 부분집합의 원소들을 한 번만 반영하여 합산한 결과란 곧 전체 집합의 크기를 의미하고, 우리가 원하는 답이 바로 그것이다.

그 목표에 도달하게 해주는 중요한 디딤판 중 하나가 바로 이항계수이다. n개의 부분집합(A_1, $\cdots$, A_n) 중 a라는 원소를 포함하는 부분집합의 개수가 정확히 m개라고 가정해보자. 이 경우, [수식 13]의 우변에서 a가 몇 번이나 중복 계산되었을까? 그 답은 다음 공식이 말해준다.

$$m - \mathrm{B}(m, 2) + \mathrm{B}(m, 3) - \cdots (-1)^{m+1} \mathrm{B}(m, m)$$

수식 14

이렇게 되는 이유는 간단하다. 위 공식의 첫 번째 항은 $|A_i|$에서 비롯된 것이고, 두 번째 항인 $\mathrm{B}(m, 2)$는 부분집합을 2개씩 묶어서 각각의 교집합 크기만큼 뺀 것이다. a라는 원소가 A_1, $\cdots$, A_n까지의 부분집합 중 정확히 m개의 부분집합에 포함된다고 했고, 이에 따라 a를 포함하는 부분집합들을 2개씩 묶었을 때 각 교집합 속에 원소 a가 포함된 절대 빈도는 결국 a를 포함하고 있는 m개의 부분집합 중 2개의 부분집합을 순서에 상관없이 선택할 수 있는 모든 경우의 수의 합과 동일하다. 그 수가 바로 $\mathrm{B}(m, 2)$이다. 그 뒤를 따르는

B$(m, 3)$ 등의 요소에 대해서도 같은 원리가 적용된다. 한편, m개의 부분집합들의 교집합 이외의 교집합들에는 a가 포함되지 않는다.

[수식 14]까지 생각해 냈다는 것은 원하는 목표에 한 발짝 더 다가갔다는 뜻이다. 이제 남은 작업은 이 모든 공식이 결국 수 1을 가리키고 있다는 사실을 간파하는 것이다. 그리고 그 사실은 [수식 9]를 통해서 알 수 있고, [수식 9]의 결과를 대입하면 [수식 14]를 다음과 같이 바꾸어 쓸 수 있다.

$$1-[1-m+\mathrm{B}(m, 2)-\mathrm{B}(m, 3)+\cdots(-1)^{m+1}\mathrm{B}(m, m)]$$
$$=1-[\mathrm{B}(m, 0)-\mathrm{B}(m, 1)+\mathrm{B}(m, 2)-\cdots(-1)^{m+1}\mathrm{B}(m, m)]$$
$$=1-0=1$$

이로써 포함-배제의 원칙이 증명되었다.

이제 깊은 숨을 한 번 내쉬고 지금까지 고생한 우리의 뇌에 휴식의 시간을 부여해주자. 충분히 쉬었다는 생각이 들 때까지 머리를 완전히 비우기 바란다. 그런 다음 방금 공부한 원칙이 적용되는 사례를 맞이하기 위해 다시금 깊은 숨을 한 번 들이쉬자. 자, 준비가 끝났다면 이제 이론과 실제와의 거리를 좁히고, 새롭게 습득한 지식을 완전히 내 것으로 만들어보자.

사례 1: 어느 학급의 수강신청 현황과 학생 수의 상관관계

어떤 학급의 학생 모두 3과목(수학, 종이접기, 꽃꽂이) 중 최소한 1과목에 등록하였다. 그 현황은 다음과 같다. 이때 해당 학급의 전체 학생 수 N은 얼마일까?

 - 수학^{maths} 과목을 신청한 학생은 30명이다(M=30).
 - 종이접기^{origami} 강좌를 신청한 학생은 40명이다(O=40).
 - 꽃꽂이^{ikebana} 수업을 신청한 학생은 100명이다(I=100).
 - 수학과 종이접기를 신청한 학생은 10명이다(MO=10).
 - 수학과 꽃꽂이를 신청한 학생은 20명이다(MI=20).
 - 3과목 모두 신청한 학생은 5명이다(MOI=5).

이 문제에서는 처음부터 포함－배제의 원칙을 적용할 수 있다. 해결 과정은 다음과 같다.

$$N=M+O+I-MO-MI-OI+MOI$$
$$=30+40+100-10-20-20+5$$
$$=125$$

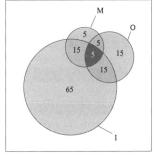

포함－배제의 원칙을 가슴속에 깊이 새긴다는 의미에서 한 가지 사례를 더 살펴보기로 하자. 이번 사례는 남성들을 위한 건강 전문 잡지 〈맨

〈그림 35〉 학생들의 수강신청 현황과 포함－배제의 원칙.

즈 헬스$^{\text{Men's Health}}$〉에 실린 기사로, 복잡하게만 보이는 셈하기가 뜻밖에 간단하게 끝날 수도 있다는 것을 분명히 보여준다.

사례 2: 술값 내기와 카드 그리고 이항계수의 상관관계

〈맨즈 헬스〉의 편집장 그레그 굿펠드는 친구에게 술값을 내게 하는 기발한 아이디어 하나를 소개했다. "친구에게 카드 두 벌을 각기 잘 섞은 다음 두 세트를 나란히 엎어놓으라고 한다. 그런 다음 각 무더기에서 한 장씩 위에서부터 순서대로 뒤집을 것이고, 그러다 보면 언젠가는 서로 무늬와 수가 같은 카드가 나올 것이라고 호언장담하라."는 내용이었다. 만약 똑같은 카드가 나오면 친구가 술값을 내야 하고, 그렇지 않을 경우 내가 두 사람 몫을 계산해야 하는 게임이다.

얼핏 생각하면 내게 불리한 게임 같다. 골고루 잘 섞은 두 무더기의 카드 중 똑같은 순서에 똑같은 카드가 놓여 있을 확률이 높아봤자 얼마나 높겠는가? 하지만 결론을 내리기 전에 수학적 계산부터 해보자.

우선 문제를 살짝 바꾸어서 풀이 과정을 간소화해보겠다. 물론 관점만 조금 바뀌었을 뿐, 게임 속에 포함된 논리는 그대로 유지된다. 먼저 종이에 1부터 52까지의 수를 가로 방향으로 나란히 적은 다음 그 아랫줄에 1부터 52까지 무작위 순으로 하나씩 적어보자. 예를 들어 52장의 쪽지에 1부터 52까지의 수를 한 개씩 적어서 잘 접은 다음 모자에 담고, 하나씩 뽑아서 그 순서대로 두 번째 줄을 써넣어 간다. 그런 다음 윗줄과 아랫줄에 적힌 수 중 서로 겹치는 부분이 있는지 확인하자. 만약 단 한 쌍의 수도 서로 겹치지 않는다면 해당 순열은 고정점$^{fixed\,point}$이 없는 순열이라고 할 수 있다.

자, 한 가지 사실은 이미 확실하다. 모자에 담긴 수들을 뽑아서 나올 수 있는 순열의 총합이 52!개라는 것이다. 그렇다면 그중 고정점을 지니지 않는 순열은 과연 몇 개나 될까?

이제 포함−배제의 원칙을 활용해야 할 때가 왔다. 말하자면 포함−배제의 원칙은 이 문제를 푸는 데 반드시 필요한 '밑천'이라고 할 수 있다.

자, M이라는 집합이 있고, 그 집합의 크기는 |M|이며, M의 원소 중 E_1, E_2, ⋯, E_n이라는 조건 중에서 최소한 i개의 조건을 만족시키는 대상의 개수를 m_i개라고 가정해보자. 그렇다면 앞서 공부한 포함−배제의 원칙에 따라 E_1, E_2, ⋯, E_n이라는 조건 중 하나도 만족시키지 않는 대상의 개수는 다음과 같이 표현할 수 있다.

$$|\mathrm{M}|-m_1+m_2-m_3+\cdots(-1)^n m_n$$

지금부터는 이 공식을 k라는 조건들(E_k)에 대입해보려 한다. 그러기 위해 우선 1부터 52까지의 수를 이용한 순열을 함수 f로도 나타낼 수 있다는 점을 떠올려 보자. 이때 $f(k)$는 k라는 수가 순열 내에서 k번째 위치를 차지한다는 뜻이 된다. 그런데 고정점이 없는 순열이라는 말은 모든 k(1부터 52까지의 모든 수)에 대해 $f(k) \neq k$라는 뜻이다. 우리는 그 특징을 역으로 이용하려는 것이다. 즉 $f(k)=k$인 경우, 해당 순열은 E_k라는 조건을 만족시킨다고 본다.

우리 앞에 놓인 원래 과제는 m_i가 몇인지를 알아내는 것이다. 이를 위해 앞서 나왔던 이항계수에 관한 아이디어들을 이용해야 한다. 우리는 이미 k라는 조건들, 즉 E_k를 선택했다. 이 경우 $f(k)=k$라는 것을 쉽게 알 수 있다. 1부터 52까지의 수 중 위 조건[$f(k)=k$]을 만족시키는 k의 개수가 i개라는 것이다. 나머지 위치들, 즉 $(52-i)$개의 위치에 대해서는 남아 있는 값 중 임의의 값을 함수 f에 대입하면 된다. 그리고 그렇게 하면 총 $(52-i)!$개의 순열이 나온다. 그런데 우리의 목적은 최소한 i개의 고정점을 지니는 순열들이 몇 개인지 알아내는 것이다. 그러한 순열의 개수 m_i는 총 52개의 위치 중 i개의 다양한 위치를 고를 수 있는 경우의 수에 $(52-i)!$을 곱하기만 하면 쉽게 구할 수 있다. 그것이 바로 $B(52, i)$라는 이항계수이다.

지금까지의 풀이 과정을 하나의 공식으로 요약하자면 다음과 같다.

$$m = (52-i)! \times B(52, i) = \frac{(52-i) \times 52!}{i! \times (52-i)!} = \frac{52!}{i!}$$

이로써 목표 지점까지 가기 위한 중요한 중간 단계 하나를 정복했다. 이제 위 공식에 수를 대입하기만 하면 고정점이 없는 순열, 즉 E_1, E_2, $\cdots$, E_{52}의 조건을 하나도 만족시키지 않는 순열의 개수를 알아낼 수 있다. [수식 15]는 그 과정을 나타낸 것이다.

$$52! - \frac{52!}{1!} + \frac{52!}{2!} - \frac{52!}{3!} + \cdots + \frac{52!}{52!}$$

$$= 52! \times \left(1 - \frac{1}{1!} + \frac{1}{2!} - \frac{1}{3!} + \cdots + \frac{1}{52!}\right) \qquad \text{수식 15}$$

마지막으로, [수식 15]에서 괄호 안의 내용이 수 e의 역수에 대해 아래 무한대 공식의 53번째까지 항으로 구성된다는 사실을 알아야 한다(이때 e는 오일러 상수인 2.7182…).

$$\sum_{i=0}^{\infty} \frac{(-1)^i}{i!} = e^{-1} \qquad \text{수식 16}$$

그런데 이때 괄호 안의 값을 $e-1$의 근삿값으로 활용하는 것은 사실 근삿값의 오류를 범하는 행위이다. 하지만 여기서의 근사오차는 그다음에 이어지는 항, 즉 $\frac{1}{53!}$보다는 작다. 따라서 [수식 15]에서 괄호 안의 내용은 e^{-1}의 근삿값으로 활용하기에 적절하다고 할 수 있고($e^{-1} = 0.36787946$), 이에 따라 고정점을 지니지 않는 순열의 개수는 $\frac{52!}{e^{-1}}$개이며, 모든 순열 중 그러한 순열이 차지하는 비율은 전체 중의 $\frac{1}{52!}$, 즉 e^{-1}이라고 할 수 있다. 따라서 적어도 1개의 고정점을 지니는 순열의 개수는 $1 - e^{-1} = 0.6321 \approx \frac{2}{3}$가 된다.

느낌상 승산이 제로에 가까울 것 같던 게임이 정작 계산해보았더니 놀랍게도 내게 오히려 유리한 게임으로 전환되었다. 그리고 그 놀라운 드라마를 이끌어 낸 주역은 포함-배제의 원칙이었다. 그런데 이 이야기에는 주연보다 더 빛나는 조연이 있었다. 이항계수가 바로 그것이다.

수학 덕후인지 아닌지를 판단하는 10가지 기준

- 알파벳 e를 보면 글자라는 느낌보다는 수라는 느낌이 더 든다.

- 웬만한 그리스어 자모는 꿰고 있지만 그리스어는 한 마디도 못한다.

- 이진수와 손가락을 이용해 1,023까지 셀 수 있다.

- 반증에 의한 증명으로 자신의 주장을 관철한 적이 있다(주차 위반 딱지를 떼려는 경찰에게 내 차가 주차 위반 구역에 주차되어 있지 않다는 사실을 증명할 때 등).

- 황색 잡지에 실린 미인들의 사진보다 수학 전문 잡지에 나오는 프랙털 도형들이 더 아름다워 보인다.

- 유한등비급수와 무한등비급수는 구분할 수 있지만 내 몸이 소화할 수 있는 청바지 사이즈가 어디까지인지는 구분하지 못한다.

- '나눔'이라는 말을 들었을 때 '기부'보다는 '÷'가 먼저 떠오른다.

- '노수학자는 죽지 않는다. 다만 기능^{function}이 약간 사라질 뿐이다.'라고 생각한다.

- 때로는 복잡한 과정을 거칠수록 문제가 더 간단해진다고 느낀다.

- 위 항목들이 왜 웃긴지 모르겠다.

6. 반대의 원칙(귀류법)

반대되는 것들이여, 영원하라!

유클리드가 그토록 사랑한 귀류법^{reductio ad absurdum} 은
수학이 지닌 최고의 무기에 속한다.
귀류법은 체스를 두다가 갑자기 만나게 되는
그 어떤 묘수보다 사람을 더 움찔하게 한다.
체스를 두는 사람은 다음 수를 위해 폰^{pawn}이나
그보다 더 귀중한 말도 희생하지만 수학자들은 '모 아니면 도'라는 식이다.
그야말로 한꺼번에 모든 것을 건다!

– G. H. 하디(영국의 수학자)

오늘의 특별 메뉴-아이스크림은 없습니다!^{Special today-no ice cream!}*

– 스위스 산악 지대의 어느 식당 앞 광고판

"길거리엔 아무도 보이지 않는데요?" 앨리스가 말했다.
그러자 왕이 조바심을 내며 말했다.
"나도 그런 눈이 있었으면 얼마나 좋을까.
아무도 보이지 않는 그런 눈 말이야!
그것도 이렇게 먼 거리에서도 말이지!
난 이 정도 불빛 아래에선 진짜 사람조차 겨우 알아볼걸!"
– 루이스 캐럴, 《이상한 나라의 앨리스》

'당신이 틀리지 않았다면 당신이 옳을 거예요.^{If you ain't wrong, you're right.}

– 서니 스카일라의 노래, 〈이것 아니면 저것이어야 해(Gotta be this or that)〉

5초 만에 생길 수 있는 오류:

나는 생각하지 않는다. 따라서 나는 존재하지도 않는다.

---

*원래 전달하고 싶었던 메시지는 '오늘은 특별히 아이스크림이 동이 났다'였음.

  귀류법(라틴어로는 'reductio ad absurdum', '반대되는 것으로 돌아감'이라는 뜻)은 논증의 한 방법으로, 어떤 명제를 거짓이라 가정할 경우 그 명제가 성립되지 않는다는 것을 보여줌으로써 원래의 명제를 증명하는 방식이다. 즉 만약 해당 명제가 거짓이라면 그 안에서 논리적 모순이 발생하거나 일반적 사실에 모순된다는 것을 보여줌으로써 원래의 명제가 참임을 증명하는 방식인 것이다.

  이 방법은 특히 간접증명법에서 자주 활용된다. 간접증명법은 모순을 통한 증명법으로, 증명 대상인 명제 A를 직접 건드리는 대신 그것과 정반대되는 것, 즉 A에 반대되는 것을 귀류를 통해 증명하는 방식이다. A와 모순되는 것이 참이라면 해당 명제는 성립할 수 없다는 아이디어, 나아가 모든 명제는 참 또는 거짓이라는 양분법에 따라 반대되는 명제가 거짓임을 증명하면 원래의 명제가 참이 된다는 아이디어에 기반을 둔 증명 방식이다. 거기에 제3의 가능성$^{Tertium\,datur}$, 즉 참도 아니고 거짓도 아닌 어정쩡한 결론은 존재하지 않는다.

어느 강의실에서 일어난 제3의 가능성

"자네가 말하는 것은 옳지 않네. 하지만 그렇다고 틀린 것도 아닐세."

– 저명한 물리학자 볼프강 파울리가 제자에게 한 말

A라는 명제에 반대되는 명제, 즉 'A가 아니다'라는 명제를 이용하여 의외의^{absurd} 결론을 이끌어 내는 것을 '보조적 연역법'이라 부른다. 보조적 연역법은 상황에 따라 매우 광범위하고 복잡해질 수도 있다. 보조적 연역법에 따른 추론을 통해 의외의 결론에 도달하는 경우는 세 가지이다.

첫 번째는 'A가 아니다'라는 가설에 대해 정확히 반대되는 결론이 도출되는 경우이다. 즉 'A가 아니다'에서 'A이다'를 추론한다. 두 번째는 추론 자체가 모순적인 경우이고, 세 번째는 추론이 명백한 거짓 진술인 경우이다.

한편, 모순을 이용한 증명은 대개 다음과 같은 논리적 구조를 따른다.

(1) 'A이다'라는 주장(보조적 연역)

(2) 'A가 아니다'라는 전제 조건(가설)

(3) 추론(모순이 드러나지 않음)

(4) 추론(명백히 모순적임)

(5) 'A이다'라는 주장에 대한 최종 결론

지금부터는 논리적 추론에 대해 알아보자. 본디 논리라는 것은 조금만 부주의해도 무너지기 십상이다. 그런 의미에서 지금부터는 세심하게, 주의를 기울여서 논리적 추론 및 그 유효성에 대해 접근해보도록 하자.

추론이란 어떤 주장에 대한 근거를 이해하고 납득시키는 과정이다. 구조적으로 볼 때 추론은 1개 이상의 '전제premise'와 '결론conclusion'으로 구성된다. 즉 여러 개의 문장의 묶음이라 할 수 있다. 이때 전제와 결론은 모두 명제여야 한다. 아리스토텔레스가 주장한 것처럼 참인지 거짓인지를 구분할 수 있는 문장만이 명제에 속한다.

예컨대 아래 문장들은 명제에 속한다.

"나는 베를린 사람입니다."

"그 후로 그들은 행복하게 오래오래 살았답니다."

"이 문잔에는 오류가 3개 잇다."(오타가 2개밖에 없으니 이 진술은 거짓이라
고 생각하기 쉽다. 하지만 내용상의 오류까지 합하면 결국 이 진술은 참이다.)

"비둘기는 멍청한 동물이다."

반면에 다음 문장들은 명제라 할 수 없다.

"파크 가街까지 쭉 직진하세요."

"자신을 너무 과대평가하진 마세요."

"네 결심이 정 그렇다면 행운을 빌어줄게."

"이 문장이 말하는 것은 거짓이다."

"페널티킥!"

"$\frac{1}{0}=2$이다."(수학적으로 $\frac{1}{0}$을 정의할 수 없기 때문에 이 문장은 명제가 될 수 없다.)

"대체 이게 언제쯤 끝이 나려나!"

추론의 특징은 결론을 유도해 나간다는 것이고, 추론의 유효 여부를 판단하는 과정은 '만약 …이라면if-then'이라는 관계에 근거한다. 어떤 추론의 전제들이 모두 참이라면 결론은 참일 수밖에 없다. 즉 전제의 참 혹은 거짓 여부가 결론의 참 혹은 거짓 여부로 이전된다. 반대로 어떤 추론이 유효할 경우, 참이라는 결론이 나오려면 전제들도 모두 참이어야 한다. 유효한 추론의 전제들이 모두 참이라면 그 결론 역시 참으로 받아들여져야 한다.

그런데 중요한 것은 추론이 유효하지 않은 경우는 단 한 가지밖에 없다. 모든 전제가 참인데 결론이 거짓인 경우가 바로 그 경우이다. 전제나 결론과 관련된 그 외의 모든 상황은 유효한 추론으로 이어질 수 있다. 예컨대 전제 중 단 하나만 거짓이라 하더라도 결론이 거짓이 될 수 있고, 이에 따라 해당 추론은 유효한 것이 된다. 물론 반대의 경우도 마찬가지이다. 전제와 결론이 참이라 해서 해당 추론이 반드시 유효하지는 않다는 뜻이다. 그 이유는 각 명제의 참 혹은 거짓 여부와 추론의 유효성이 서로 다른 문제이기 때문이다. 이와 관련된 몇 가지 예를 들어보겠다.

사례 a: 1개의 전제 및 결론은 거짓이지만 유효한 추론

전제 1: 모든 포유동물은 날 수 있다.

전제 2: 모든 말^{馬}은 포유동물이다.

결론: 모든 말은 날 수 있다.

사례 b: 전제들과 결론은 참이지만 유효하지 않은 추론

전제 1: 모든 포유동물은 언젠가는 죽는다.

전제 2: 모든 말은 언젠가는 죽는다.

결론: 모든 말은 포유동물이다.

마지막으로 '현실적' 추론에 관한 유머 하나를 소개하겠다.

셜록 홈스와 왓슨이 어느 날 캠핑을 떠났다.

두 사람은 숲 속 빈터에 텐트를 치고 깊은 잠에 빠졌다.

그런데 한밤중에 홈스가 왓슨을 깨우더니 이렇게 물었다.

"여보게, 왓슨! 하늘을 한번 바라보게. 그리고 뭐가 보이는지 말해주게."

왓슨은 "수백만 개의 별이 보이는군."이라고 대답했다.

그러자 홈스가 다시 물었다.

"거기에서 자네가 내린 결론은 무엇인가?"

왓슨은 잠깐 생각하다가 이렇게 답했다.

"천문학적으로는 수백만 개의 은하수와 수십억 개의 별이 있다는 걸 알 수 있지. 점성학적으로는 토성이 현재 사자자리에 놓여 있다는 것을 알 수 있고, 시간상으로는 지금이 3시 15분쯤 되었다는 걸 알 수 있네. 신학적으로는 전지전능한 신에 비하자면 우리 모두 너무나 보잘것없는 존재라는 걸 알 수 있지. 기상학적으로는 내일이 아마도 화창한 날이 될 거라는 걸 알 수 있고 말일세. 홈스, 자네의 결론은 무엇인가?"

홈스는 한동안 침묵하더니 이렇게 대답했다.

"왓슨, 자넨 정말 바보야. 그건 누군가 우리 텐트를 훔쳐갔다는 걸 의미한다네."*

---

* 영국과학진흥협회(British Association for the Advancement of Science)는 '세계 최고의 유머'가 무엇인지에 관해 3개월 동안 인터넷 투표를 진행했다. 그 결과, 10만 명에 가까운 70개국의 네티즌(전체의 47%)이 1천 건의 유머 중 위 이야기를 가장 재미있다고 꼽았다. 그런데 필자는 사실 이 이야기가 왜 그렇게 많은 표를 얻었는지 이해가 안 간다. 세계 최고의 유머를 기대했는데 위 이야기가 1등이라는 소식은 마치 세계 최고의 F1 레이서와 만나기로 약속했는데 막상 약속 장소에 나갔더니 자동차보험사 직원이 나와 있을 때와 비슷한 느낌이다.

다시 원래 주제로 돌아가자. 어떤 명제가 참이라는 사실은 그 명제와 정확히 반대되는 명제가 거짓임을 보여줌으로써 증명할 수 있다. 유효한 추론을 통해 반론이 있을 수 없다는 것 혹은 반론은 모두 거짓임을 보여줘야 한다. 이 추론법은 수학과 철학 분야에서 매우 오래전부터, 그러니까 고대 그리스 시대부터 활용해왔다.

귀류법의 대표적 사례 중 하나는 무거운 물체가 가벼운 물체보다 더 빨리 낙하한다는 아리스토텔레스의 이론을 갈릴레이가 반박한 것이다.

갈릴레이는 《두 개의 신과학新科學에 관한 수학적 논증과 증명Discorsi e dimonstrazioni mathematiche intorno a due nuove scienze attenenti alla meccanica》에서 "만약 무거운 물체의 낙하 속도가 실제로 가벼운 물체보다 빠르다면 그 둘을 합한 물체, 즉 예컨대 무거운 물체에다가 가벼운 실을 감은 물체는 중간쯤 되는 속도로 낙하해야 마땅하다. 무거운 물체는 가벼운 물체를 빨리 떨어뜨리려고 할 테고, 반대로 가벼운 물체는 무거운 물체를 더 느리게 떨어뜨리려 할 테니 말이다. 하지만 곰곰이 생각해보면 두 물체를 합한 물체의 무게는 처음의 무거운 물체보다 더 무겁기 때문에 원래 속도보다 더 빨리 떨어져야 마땅하다. 여기에서 모순이 발생한다. 따라서 애초의 가정은 틀렸다. 두 물체 중 어떤 것도 더 빨리 떨어지지 않는다. 두 물체의 낙하 속도가 동일해야 모순이 비로소 사라진다."라고 서술했다.

낙하에 관한 자연의 법칙을 실험 없이 생각과 논리만으로 이렇게 탁월하게 풀어 냈다는 사실에 마음 깊은 곳에서 우러나오는 경의를 표하는 바이다!

게르트 크루제의 결론

게르트 크루제라는 농부가 있었다. 어느 날 그는 자신이 낸 신청서를 거절한 조합에 앙심을 품고 조합원의 절반은 멍청이라고 공공연하게 비난했다. 조합 측에서는 크루제를 명예훼손죄로 고발했고, 법정은 크루제에게 기존의 발언을 철회할 것을 명했다. 이에 크루제는 해당 지역 신문에 사과문을 게재했다. 그 내용은 다음과 같았다.

"본인은 본 사과문을 통해 '조합원의 절반이 멍청이다'라는 발언을 철회하고, 해당 발언을 '조합원의 절반은 멍청이가 아니다'라는 발언으로 대체하는 바이다."

귀류법에 관해 한 가지 예를 더 들어보자. 어느 컴퓨터 프로그래머가 완벽한 체스 프로그램을 개발했다고 한다. 프로그래머의 주장에 따르면 플레이어가 백색 말을 선택하든 흑색 말을 선택하든, 나아가 어떤 상대를 만나든 백전백승이라고 했다. 프로그래머는 자신의 주장을 수학적으로 증명할 수도 있다고 장담했다. 과연 그의 논리는 참일까?

결론부터 말하자면 논리를 따져볼 것도 없이 프로그래머의 주장은 참이 될 수 없다. 그 과정을 이해하기 위해 우선 어떤 상대와 맞붙어도 늘 승리하는 프로그램이 있다고 가정해보자. 만약 해당 프로그램을 2대의 컴퓨터에 각기 설치한 뒤 서로 맞붙게 하면 결과는 어떻게 될까? 프로그래머의 주장대로라면 두 프로그램 모두 승자가 되어야 하는데, 체스에서 그런 경우는 나오지 않는다. '완벽한 체스 프로그램'이라는 처음의 가설은 어불성설이 되고 만다. 이에 따라 처음의 가설은 거짓으로 판명되었다. 해당 프로그램을 실제로 가동해보지도 않았지만, 이미 논리적으로 불가능하다는 점이 입증된 셈이다.

이제 눈길을 분수의 세계로 돌려보자. 여기에서 우리의 관심사는 양수 중에서 가장 작은 분수가 존재하는지이다. 즉 아래와 같은 간단한 형태, 즉 양수이면서 최소인 분수를 찾아보자는 것이다. 이때 a와 b는 양의 정수이다.

$$\frac{a}{b}$$

반대의 원칙, 즉 귀류법을 이용하면 어떤 명제가 불가능하다는 사실을 증명하는 과정이 얼마나 간단한지를 알 수 있다. 우선 양의 정수로 이루어진 가장 작은 분수$\left(\frac{a^*}{b^*}\right)$가 존재한다고 가정한 다음 아래 공식을 보라.

$$\frac{a^*}{2b^*}$$

위 공식은 첫째, 분수이어야 한다는 조건에 부합되고, 둘째, 양수이고, 셋째, $\frac{a^*}{b^*}$보다 작은 수이다. 따라서 $\frac{a^*}{b^*}$는 양수로 이루어진 가장 작은 분수가 될 수 없고, 이로써 이미 모순이 발생했다. 결론은 논리적 모순에 따라 양의 정수로 이루어진 최소의 분수는 존재하지 않는다.

- K씨의 철학: 세상만사가 다 재미있다.

- 특별 케이스(자신의 특별 관심 분야에 따라 K씨가 제시한 명제): 모든 자연수는 재미있다.

- 모순을 통한 증명: 위 명제가 사실이 아니라고 가정해보자. 그렇다면 분명히 자연수 중 재미있지 않은 수들이 있고, 그중 가장 작은 수가 존재할 것이다. 하지만 그 수가 어찌 재미없다고 할 수 있겠는가? 따라서 그 수가 재미없다는 말은 어불성설에 지나지 않는다. 본 반증을 통해 맨 처음의 가정, 즉 모든 자연수가 재미없을 수도 있다는 가정은 틀린 것으로 판명되었다. 이로써 증명도 완료되었다!

- K씨 아내의 반론(자신의 특별 무관심 분야에 따라 K씨의 아내가 제시한 반명제): 모든 자연수는 따분하다.

- 모순을 통한 증명: 재미있는 자연수 중 가장 작은 수가 m이라고 가정하자. 그런들 아닌들 어쩌라고! 누가 그따위에 관심이 있겠는가! 증명 끝!

유클리드[기원전 323~283]는 이미 2천 년도 더 전에 귀류법이라는 탁월한 증명 방식을 활용했고, 이를 통해 소수[prime number]의 개수가 무한대라는 사실도 증명했다. 수학 역사상 최고의 작품으로 손꼽히는 유클리드의 《원론[The Elements]》 제9권 제20정리에서 유클리드는 "소수의 개수는 주어진 수의 개수보다 더 많다."는 말을 통해 소수의 개수가 무한하다는 사실을 주장했다.

소수는 약수가 자기 자신과 1밖에 없는 수이다. 엄밀히 따지자면 약수가 없다고도 할 수 있다. 더 이상 나눌 수 없다는 의미에서 볼 때 소수는 '수 세계의 원자'쯤이라 해도 무방하다.

이 사실을 증명하기 위해 유클리드는 위 명제에 정확히 반대되는 명제, 즉 '소수의 개수는 유한하다'라는 가정하에 아래의 명제를 제시했다.

p_1은 p_2보다 작고, p_2는 p_3보다 작고, $\cdots$, p_r보다 작다

이후 유클리드는 r이 얼마가 되든 p_r보다 더 큰 소수가 존재한다는 것을

밝히고 싶어 했고, 이에 따라 아래의 공식이 도출되었다.

$$P = p_1 \times p_2 \times p_3 \times \cdots \times p_r + 1$$ 수식 17

이때 P는 어떤 수일까? P는 분명히 소수 중 가장 큰 수인 p_r보다 더 큰 수이고, 그 말은 곧 위에서 가정한 가장 큰 소수보다 P가 더 큰 수라는 뜻이다. 따라서 P 자신은 소수가 될 수 없다. 단, P가 소수들의 곱일 수는 있다. 다시 말해 어떤 소수 p(소인수)로 나누어떨어져야 한다. 하지만 맨 마지막 항인 '+1' 때문에 p_1이나 p_2, p_3 혹은 p_r로 나누어떨어지지 않는다. 소인수가 하나도 없다.

이로써 모순이 발생했다. 여기에서 우리는 다음과 같은 결론을 내릴 수 있다. 지금까지 추론해온 과정에서는 아무런 논리적 결함이 없었으니, 결국 맨 처음 가정에서 모순을 찾을 수밖에 없다. 즉 '소수의 개수가 유한하다'는 가정 자체가 거짓이고, 그 반대되는 경우가 참이다. 이에 따라 처음의 가정은 '소수의 개수는 무한하다'로 바뀌어야 한다!

개인적인 의견이지만, 이 정도로 아름다운 증명은 세계문화유산으로 지정되어야 마땅하다. 그게 안 된다면 최소한 '증명계의 불사조'라는 별명 정도는 붙여줘야 마땅하다!

유클리드 이론의 유효성에 관하여

텔아비브 대학의 수학과 교수인 노가 알론이 어느 날 이스라엘 라디오 방송에 출연해 소수에 대해 이야기했다. 알론은 유클리드가 지금으로부터 무려 2,300년 전에 소수의 개수가 무한하다는 사실을 입증했다며 감탄했다. 그러자 프로그램 진행자가 이렇게 물었다. "그래서 그다음엔 어떻게 되었나요? 지금도 그 사실이 유효한가요?"

소수의 개수가 무한하다는 사실과 관련해 반드시 언급해야 할 내용이 있다. 바로 '쌍둥이 소수$^{\text{twin prime}}$'인데, 쌍둥이 소수란 3과 5, 17과 19 등 두 수의 차가 2인 소수 쌍을 의미한다. 그렇다면 '쌍둥이 소수의 개수도 무한할까?'

이 문제는 사실 당장 해결할 수 있는 것은 아니다. 지금까지(2019년 현재) 그 어떤 수학 천재도 이 질문에 대해 명쾌한 답변을 제시하지 못했다. 소수의 개수에 대한 질문이 처음 제기된 지 무려 2천 년 이상 흘렀지만, 그리고 그간 수많은 학자가 각자 다양한 방법으로 해답을 찾기 위해 노력했지만, 아쉽게도 쌍둥이 소수의 유한성 혹은 무한성에 관한 확실한 해답은 아직 나오지 않았다.

지식에 관한 럼즈펠드와 공자의 정의

미국의 언론인 H. 실리는 온라인 시사 잡지 〈슬레이트Slate〉에 전前 국방 장관 도널드 럼즈펠드에 관한 기사 한 편을 기고했다. 그 기사에는 실리가 럼즈펠드의 말을 인용하여 엮은 시구詩句들도 실려 있었다. 그중 한 편만 엿보면 다음과 같다.

"우리도 알고 있듯, 우리가 알고 있다는 걸 우리 스스로 알고 있는 일들이 있습니다. 하지만 우리는 또 우리가 알 수 없는 일들이 존재한다는 것도 알고 있습니다. 물론 우리가 모르는 일들이 존재한다는 것도 우리는 알고 있고, 그와 동시에 우리 스스로 우리가 모른다는 것을 모르는 일들도 있습니다."

위 '시구'는 2002년 2월 12일, 오사마 빈 라덴의 거처와 관련된 질문에 대한 럼즈펠드의 답변이었다.

럼즈펠드는 아는 것과 모르는 것을 상세하게 설명했고, 이 업적 덕분에 어쩌면 지식에 관해 탁월한 정의를 내린 사람으로 역사에 기록될지도 모른다.

한편, 공자기원전 551~479는 럼즈펠드보다 좀 더 간단한 말로 지식을 정리했다고 한다. 그의 가르침은 "무엇을 알고 무엇을 모르는지를 아는 것이 아는 것이다."라는 것이었다.

7. 귀납의 원칙

귀납 중에서는 모름지기 '완전 귀납'이 최고!

수학자들은 하나의 문제를 해결한 뒤
또 다른 문제를 해결하기 위해
영원히 문제를 풀 사람들이다.

– 어느 콘크리트벽에 적힌 스프레이 낙서

일반적인 것에서 특수라는 결론을 얻어 내는 추론 방식을 '연역법^{deduction}'이라 부른다. 물론 비연역적인 논리 전개 방식도 존재한다. '귀납법^{induction}'과 '가추법^{abduction}('상정논법'으로도 불림)이 그 방식들이다. 연역법과 귀납법, 가추법은 서로 어떻게 다를까? 그 차이를 사례를 통해 살펴보자.

귀납법은 개별적 사례와 결과에서 원리와 법칙을 추론해 내는 방법이다.

사례: 이 콩들은 이 주머니에서 나왔다.

결과: 이 콩들은 하얗다.

법칙: 이 주머니에 든 콩들은 모두 하얗다.

귀납적 추리는 주변 세계에서 관찰된 일정한 패턴과 원칙을 바탕으로 관찰되지 않은 미지의 것에 대한 결론을 도출해 내는 방식이다. 그런데 그 결론이 늘 참인 것은 아니다. 어떤 전제premise(이 콩들은 이 주머니에서 나왔다)가 주어졌을 때의 결론conclusion(이 주머니에 든 콩들은 모두 하얗다)이 참일 수도 있고 그렇지 않을 수도 있다. 다시 말해 귀납법 속에는 진리를 확대할 수 있는 잠재력이 내포되어 있다고 할 수 있다.

귀납법은 일상생활 속에서도 흔히 활용된다. 하지만 회의론적 철학자 중에는 귀납법을 탐탁지 않게 바라보는 이들도 적지 않다. 귀납법이라는 게 본디 개별적 사례에서 일반적 원리를 추론해 내는 방식인데, 아직 고려되지 않은 사례들이 있을 수 있으므로 일반화하기에는 무리가 있다는 것이다. 그렇게 볼 때 귀납법에 따른 결론은 형식논리학적으로는 허용되지 않는다고 할 수 있겠다.

확률론에 따른 논리적 판단

자동차 도둑의 10%는 왼손잡이이다. 북극곰들은 모두 왼손잡이이다.
만약 당신이 차를 도난당했다면 그 범인이 북극곰일 확률은 10%이다!

– J. 채프먼-켈리*

---

* 영국 출신의 자유기고가이자 칼럼니스트.

귀납법에 대한 철학적 논쟁은 예나 지금이나 활발하게 진행되고 있다. 귀납법에 따라 내린 결론이 위험할 수 있기 때문인데, 한 가지 사례를 통해 그 말의 의미를 살펴보자. 이 사례는 원래 미국의 철학자 넬슨 굿맨이 제안한 것으로, 여기에서는 MIT 출신의 과학 전문 기고가 윌리엄 파운드스톤의 버전을 소개하기로 한다.

어느 보석상이 에메랄드 하나를 감정한다. 그는 '흠, 이 에메랄드도 초록색이군. 벌써 몇 년째 수천 개의 에메랄드를 감정해왔는데 모두 다 초록색이었어.'라고 생각하고, 거기에서 모든 에메랄드는 초록색이라는 가설을 설정한다. 귀납법에 따라 그러한 결론을 내린 것이다. 이 보석상의 결정은 합리적인 것으로 보인다.

그런데 그 가게 맞은편에 또 다른 보석가게가 하나 있다. 그 가게의 주인 역시 무수히 많은 에메랄드를 감정해본 전문가이다. 그 보석상은 촉타우^{Choctaw}라는 인디언 부족 출신이어서 촉타우 말밖에 할 줄 모른다. 그런데 촉타우 말에는 초록과 파랑의 구분이 없다고 한다. 초록색과 파랑색에 대해 똑같은 단어를 쓰는 것이다. 대신 촉타우 부족은 '옥차말리^{okchamali}'와 '옥차코^{okchakko}'를 구분해서 표현한다. 옥차말리는 짙은 초록 혹은 짙은 파랑을 가리키는 말이고, 옥차코는 옅은 초록 혹은 옅은 파랑을 가리키는 말이다. 촉타우 부족 출신의 그 보석상은 "모든 에메랄드는 옥차말리야."라고 말한다. 그 보석상 역시 수천 개의 에메랄드를 감정한 경험에 따라, 다시 말해 귀납법에 따라 모든 에메랄드는 옥차말리색이라는 결론을 내린 것이다.

같은 거리에 또 다른 유능한 보석감정사가 살고 있다. 그가 구사할 줄 아는 언어라고는 '초랑파록어^{Gruebleen}'밖에 없다. 초랑파록어는 일종의 희귀 언어이다. 그런데 독일어나 촉타우어가 그렇듯 초랑파록어에도 색상을 가리키는 고유한 말들이 존재한다. 하지만 촉타우어에는 초록색이나 파랑색이라는 말은 없고, 대신 초랑색^{grue}과 파록색^{bleen}이라는 말이 있다고 한다(굿맨이 green과 blue를 혼합해 인위적으로 만들어 낸 신조어). 초랑색을 띤 물건들의 특징은 2019년 12월 31일 자정까지는 초록색이다가 그 이후 파랑색으로 변한다. 반대로 파록색 물건들은 2019년 12월 31일 자정까지는 파랑색이다가 이후 초록색으로 변한다. 초랑파록어 사용자에게 초록색의 의미를 가르쳐주고 싶다면 2019년 12월 31일 자정 이전까지는 초랑색이다가 파록색으로 변하는 것이라고 설명해주면 된다. 물론 초랑색과 파록색이라는 말에 익숙한 초랑파록어 사용자로서는 '초록색'이라는 말이 억지로 조합해 낸 신조어처럼 느껴질 것이다. 하지만 어쨌든 그는 2019년 12월 31일 자정이라는 시점을 기준으로 초록색과 파랑색의 차이가 무엇인지 생각해보게 될 것이다.

독일어 사용자 입장에서도 초랑색과 파록색을 구분하는 기준은 2019년 12월 31일 자정이 된다. 다시 말해 초록과 파랑, 초랑과 파록에 대한 두 사람의 구분 기준이 정확히 대칭을 이룬다. 이에 따라 둘 중 어떤 언어가 더 근본적이라거나 합리적이라는 식의 판단은 내릴 수 없다. 어쨌든 세 번째 보석상, 즉 초랑파록어밖에 할 줄 모르는 보석상은 모든 에메랄드는 초랑색이라는 결론을 내리게 될 것이다.

만약 위의 세 보석상에게 동시에 에메랄드를 보여주면서 2020년에는 이 에메랄드가 무슨 색을 띠게 될지를 물어보면 어떤 답변이 나올까? 아마도 세 명 모두 오랫동안 해당 직업에 종사하면서 수많은 에메랄드를 보아왔지만 시간이 지난다고 해서 색상이 바뀌는 에메랄드는 본 적이 없다고 대답할 것이다. 독일인 보석상, 즉 첫 번째 보석상은 눈앞에 보이는 에메랄드가 2020년에도 당연히 초록색일 것이라 대답하고, 촉타우족 보석상은 옥차말리라 대답할 것이다.

잠깐! 그런데 2020년도에 에메랄드가 초랑색이라는 말은 독일말로 하자면 파랑색이라는 뜻이 된다! 세 보석상 모두가 에메랄드에 대해서라면 누구보다 잘 알고 있고 모두 같은 방식으로 귀납법을 사용했는데 초랑파록어를 사용하는 보석상의 예측이 독일어를 쓰는 보석상의 예측과 일치하지 않으니 역설이 발생했다! 2020년 1월 1일이 되면 적어도 셋 중 한 명의 예측이 틀린 것이 되어버리기 때문이다.

연역법은 어떤 법칙을 개별적 사례에 적용함으로써 결과를 얻어 내는 방법이다.

법칙: 이 주머니에 든 콩들은 모두 하얗다.

사례: 이 콩들은 이 주머니에서 나왔다.

결과: 이 콩들은 하얗다.

연역 추론에 따른 결론은 필연적^{apodictic}이다. '반드시 참'이다. 연역법에 따른 결론은 형식논리학적으로도 유효하다. 수학에서도 많은 부분이 연역적 추론에만 의지한다. 하지만 연역적 논리에 따른 결론은 지식의 양을 증대시키지 못한다. 이미 알고 있는 사실을 약간 다른 방식으로 표현해줄 뿐이다.

가추법은 어떤 원칙과 결과들에 따라 개별적 사례를 추론해 내는 방법이다.

법칙: 이 주머니에 든 콩들은 모두 하얗다.

결과: 이 콩들은 하얗다.

사례: 이 콩들은 이 주머니에서 나왔다.

제시된 법칙과 결과에 따라 추론한 사례가 참일 가능성이 매우 큰 경우도 더러 있지만 반드시 참이 되지는 않는다. 자세히 들여다보면 가추법은 사실 논리적으로 빈약하기 짝이 없다. 추론된 결과가 너무나 불안하다. 어쩌다가 우연히 참이 되는 경우도 있겠지만 가추법의 효능은 아직 입증되지 않았고, 귀납법과 가추법 사이에는 양적인 차이뿐 아니라 질적인 차이도 존재한다.

가추적 추론은 사실 어떤 근거에 따라 결론을 '점치는^{speculate}' 방식이다. 관찰 결과에 따라 최선의 설명을 도출해 낸다. 물론 그 결론 역시 참이 될 수 있고, 그래서 가추법에도 진리를 발견하는 잠재력이 내포되어 있다고 할 수 있다.

일상생활 속에서도 가추적 결론을 내릴 때가 더러 있다. 특히 가추법은 그 속에 내포된 고유한 특징 때문에 형사가 용의자를 체포하고 싶을 때 혹은 의

사가 특정 증상을 보고 환자에 대한 진단을 내릴 때 애용되곤 한다.

지금까지 세 가지 추론 방식의 차이점에 대해 알아봤다. 이제 '완전 귀납법 complete induction'('수학적 귀납법'이라고도 불림)이라는 생각의 도구를 소개할 차례이다. 완전 귀납법이 새로운 이론으로 자리 잡기까지 가장 크게 공헌한 인물은 파스칼이었다. 당시 파스칼은 두 단계만으로도 수없이 많은 명제를 증명해 낼 수 있는 원칙을 발견했다고 주장했다. 실제로 파스칼이 제시한 원칙은 순서대로 나열할 수 있는 명제이면서 앞선 명제와 뒤따르는 명제 사이에 일정한 관계가 성립하는 명제들에 늘 적용할 수 있다.

수학 분야에서 완전 귀납법은 모든 자연수 n에 대해 어떤 명제가 성립한다는 것을 증명할 때 주로 활용되곤 한다. 예컨대 $A(n)$라는 명제가 모든 자연수 n에 대해 참이라는 것을 증명하고 싶다면(독일어로 명제는 Aussage이기 때문에 A라는 약어를 씀. 뒤에 나오는 M과 m은 독일어로 집합이 Menge이기 때문에 사용한 약어) $A(m)$라는 명제를 충족하는 자연수를 m이라 하고 그 수들의 집합을 M이라고 가정한다. 다음으로는 집합 M의 원소가 모든 자연수(1, 2, 3, …)라는 점을 떠올려야 한다. 여기까지 끝났다면 이제 $A(n)$의 성립 여부를 두 단계로 나누어 증명하면 된다. 첫째, $A(1)$가 참이라는 사실을 증명하고, 둘째, $A(m)$가 참이라고 가정할 때 $A(m+1)$에 대해서도 해당 명제가 성립한다는 사실을 증명해 나간다.

설명만으로는 위 과정이 너무 모호하게 들릴 수 있으니 지금부터는 완전 귀납법의 기본 구조를 좀 더 구체적으로 살펴보겠다.

모든 자연수 n과 관련된 어떤 명제(예: $2^0+2^1+2^2+\cdots+2^n=2^{n-1}-1$)가 첫째, $n=1$일 때 참이고(기본 단계, basis step), 둘째, 임의의 자연수 m에 대해서는 $n=m$이라 가정할 때 $n=m+1$도 성립한다고 추론할 수 있다면(귀납 단계, inductive step), 이에 따라 해당 명제는 모든 자연수 n에 대해 성립한다고 할 수 있다. 이때, 2개의 논증 단계 모두 중요하다. 기본 단계 혹은 귀납 단계 하나만으로는 불완전하므로 모든 자연수 n과 관련된 어떤 명제를 증명해 낼 수 없기 때문이다.

계단을 올라가는 상황을 떠올려보면 완전 귀납법이 좀 더 명쾌하게 이해된다. 계단의 꼭대기에 오르려면 첫째, 첫 번째 칸에 올라서는 방법을 찾아내야 하고 둘째, 처음 칸에서 다음 칸으로 이동하는 방법을 찾아내야 한다. 이 두 가지 방법만 찾아냈다면 첫 계단을 오른 뒤 두 번째 칸으로 이동할 수 있고, 둘째 칸에서 다시 셋째 칸으로 등 계단의 개수가 총 몇 칸이든 꼭대기까지 오를 수 있다. 하지만 첫 번째 방법을 찾아내지 못했다면 걸음조차 떼지 못하고, 두 번째 방법을 모를 경우 거기에서 계단 오르기는 '올스톱'이 되어버린다.

수학자들은 귀납의 원리가 얼마나 유용한지 뼛속 깊이 알고 있고, 귀납의 원리를 이용해서 문제 푸는 것을 즐긴다. 진정한 수학자들은 귀납과 관련된 문제들의 '냄새'를 본능적으로 맡고 야수처럼 달려든다.

물론 귀납법의 유용성을 의심하는 이들도 있다. 그들은 증명해야 할 대상이 이미 귀납 단계의 전제로 주어졌지 않느냐고 따진다. 하지만 그것은 사실이 아니다. 귀납 단계에서 증명하는 대상은 엄밀히 따지자면 조건적 명제이다. 즉 '만약 증명해야 할 명제가 어떤 상황에서 성립된다면 그 명제는 그다음에 올 상황에 대해서도 성립한다$^{if-then}$'는 것을 증명한다. 이때 맨 처음에 해당 명제가 성립하는 상황을 한 건도 찾지 못한다면 그다음에 올 상황과의 관계는 논리적으로 무의미해진다. 이것이 바로 조건적 추론의 핵심 아이디어이다.

그런데 조건적 추론에는 함정도 숨어 있다. 잠시 그 함정에 대해 생각해보자.

우리 주변에는 조건적 추론을 어려워하거나 조건문을 제대로 활용하지 못하는 이들이 꽤 많다고 한다. 사실 기본 원리는 간단하다. 조건문이란 쉽게 말해 2개의 문장을 이어놓은 문장이다. P라는 문장과 Q라는 문장을 '만일 P이면 Q이다'라는 식으로 합친 것이다. 예를 들어 '어떤 사람이 만약 여행을 다녀왔다면, 그 사람은 할 얘기가 많을 것이다', '만약 그들이 죽지 않았다면, 지금도 잘살고 있을 것이다' 등이 조건문에 속한다.

형식논리학에서는 조건문을 약간 변형시켜 '전건긍정$^{modus\ ponens}$'('긍정 논법'이라고도 부름)이라는 추론 방식을 활용하곤 한다. 'P이면 Q이다'라는 문장이 성립하고 P가 참일 경우 Q도 참이라고 추론한다. 다시 말해 전건긍정법은 전제('어떤 사람이 여행을 다녀왔다')가 참이라는 것에서 결과('그 사람은 할 얘기가 많다')를 이끌어 내는 것이다.

전건긍정법은 조건적 추론 방식 중 단순한 형태에 속한다. 따라서 독자들도 지금까지의 내용 중에서 이해되지 않는 부분은 없으리라 믿고 다음 이야기로 넘어가겠다.

그보다 조금 어려운 형태의 조건적 추론 방식도 있다. '후건부정^{modus} $_{tollens}$'('부정논법'이라고도 부름)이 바로 그것인데, 후건부정법은 'P이면 Q이다'가 성립되고 Q의 반대가 참이라고 가정했을 때 P의 반대도 참이라는 결론을 얻어 내는 방식이다. 즉 결과의 무효성('어떤 사람이 할 얘기가 하나도 없다')에서 전제의 무효성('그 사람은 여행을 다녀오지 않았다')을 추론해 낸다.

앞서도 말했지만 전건긍정법은 아이들도 쉽게 이해할 수 있을 만큼 간단하다. 하지만 후건부정법은 어른 중에서도 헷갈려 하는 이들이 많다. 'P이면 Q이다'가 성립하고 Q가 참이면 P도 참이라고 착각해버린다. 하지만 그 결론은 틀렸다. 하고 싶은 얘기가 많은 사람이라 해서 반드시 여행을 다녀온 것은 아니기 때문이다. 여행 이외에도 사실 대화의 주제는 무궁무진하다.

'P이면 Q이다'가 성립하므로 'P가 아니면 Q도 아니다' 역시 성립한다는 식의 추론도 논리적으로 유효하지 않다. 앞선 사례를 다시 예로 들자면 '어떤 사람이 여행을 한 번도 다녀오지 않았다면, 그 사람은 할 얘기가 하나도 없을 것이다'가 되어버리기 때문이다. 여행을 한 번도 안 다녀온 사람 중에도 할 말이 많은 이들이 얼마나 많은가!

후건부정법과 관련해 많은 이들이 겪는 곤란에 대해 알아보기 위해 1960년대에 피터 웨이슨이 제안한 사례 한 가지를 예로 들겠다.

웨이슨은 피실험자에게 카드 4장을 제시했다. 각 카드의 앞면에는 알파벳이 적혀 있고 뒷면에는 숫자가 적혀 있었다. 웨이슨은 실험참가자들에게 카드에 적힌 알파벳이 모음이라면 뒷면에는 짝수가 적혀 있을 것이라고 말해주었다.

이어, 만약 그 가설이 틀렸음을 증명하려면 다음 4장의 카드 중 어떤 카드를 뒤집어야 하는지 물어보았다. 웨이슨이 펼쳐놓은 카드의 모양은 아래와 같다.

〈그림 36〉 웨이슨이 제시한 카드 선택에 관한 문제.

웨이슨의 실험에 참가한 사람들의 답변을 정리하면 아래와 같다.

답변	응답률
A와 4	46%
A	33%
A와 4와 7	7%
A와 7	4%
기타	10%

여기에서 P는 '카드의 한 면에 모음이 적혀 있다'이고 Q는 '카드의 한 면에 숫자가 적혀 있다'라고 가정할 경우, 'P이면 Q이다'라는 기본 원칙이 성립한다. 이때 알파벳 A가 적힌 카드는 전건긍정법에 따라 추리해야 하고(전제 P가 참인 경우에 해당), 숫자 7이 적힌 카드는 후건부정법에 따라 추리해야 한다(결

과 Q가 거짓인 경우에 해당). 즉 웨이슨이 제시한 문제를 풀려면 전건긍정법과 후건부정법 둘 다 활용해야 한다. 그러기 위해서는 A와 7을 뒤집어야 한다. 나머지 두 장, 즉 D와 4는 각기 P와 Q가 거짓이라는 내용에 해당하는데, 이 카드들로는 웨이슨의 문제를 풀 수 없다. D와 4의 뒷면에 어떤 숫자, 어떤 알파벳이 적혀 있는지는 중요하지 않다.

실험 결과, 웨이슨은 의외로 많은 이들이 전건긍정법에 대해서는 잘 이해하고 있지만(A를 선택한 이들의 비율이 높았음) 후건부정법을 적재적소에 활용할 줄 아는 이는 드물다는 사실을 발견했다.

후건부정법 활용에 곤란을 겪는 이유는 결과를 보고 원인을 추리하기 때문이다. 하지만 원인은 결과가 발생했을 때 비로소 개연성이 좀 더 높아질 뿐이다.

많은 이들이 후건부정법 활용에 실패하는 또 다른 이유는 인간이 본능적으로 비연역적 추론을 선호하기 때문이다. 다시 말해 '자, 내가 P라는 가설을 설정했고, 거기에 따라 Q라는 사건이 발생할 수 있다고 가정하자. 그런데 현재 상태에서는 Q가 실제로 일어날 가능성이 매우 낮다. 그렇다면 내가 세운 가설 P는 Q라는 사건이 일어났을 때 비로소 개연성을 지니게 되는 것이다'라고 추론해버린다. 그러다가 우연히 Q가 실제로 일어난다면 우리의 머릿속 생각은 다음과 같이 바뀐다. '자, Q가 실제로 일어났다. 그런데 만약 P가 참이라면 Q는 당연히 참이 되겠지? 다시 말해 Q가 일어났으니 P가 참이라고 할 수 있는 거야!' 즉, 가추법에 따라 가설 P의 개연성이 높아졌다고 결론을 내린다.

이러한 추론 방식은 어디까지나 '가능성 주장^{plausibility arguments}'일 뿐, 논리적 추론은 아니다. 하지만 엄밀히 따지자면 'P이면 Q이고, Q는 참이다'에서 논리적으로 추론할 수 있는 사실은 아무것도 없다. 모든 것이 오직 개연성에 따른 추론일 뿐이다.

그럼에도 가추법은 일상 속에서 알게 모르게 자주 활용되고 학문 분야에서도 중요한 위치를 차지한다. 예컨대 인공지능 관련 분야에서도 자주 활용되는데, 그 이유는 가추법이 '인간의 건전한 상식'에 따른 추론법이기 때문이다.

인공지능 이외의 분야에서도 가추법은 학술 연구의 패러다임을 제시한다.

예를 들어 어느 학자가 P라는 가설(혹은 이론)에 따라 Q라는 예측을 제시했다고 가정해보자. 그런데 실제로 Q가 일어난다면 그 학자가 제시한 가설에 무한한 힘이 실린다.

가추법은 가설(혹은 이론)이 여러 개일 때도 적용할 수 있다. 각 가설에 대해 결론을 설정한 뒤 실험을 통해 그중 어느 결론이 도출되느냐를 관찰한다. 예를 들어 그중 어떤 결론이 실제로 도출된다면 해당 가설은 분명히 힘을 얻게 된다. 하지만 그것으로 그 가설이 완전히 입증된 것은 아니다. 게다가 만약 처음의 가설과 완전히 반대되는 결과가 도출된다면, 해당 가설은 힘을 잃거나 아예 백지화되어버린다.

본 장의 서두에서도 밝혔듯 일반적으로 귀납법이라 함은 특수한 것에서 일반적인 사실을 이끌어 내는 방식을 일컫는다. 완전 귀납법(=수학적 귀납법) 역시 특수한 것에서 일반적인 결론을 도출해 내는 방식이다. 그럼에도 완전 귀납법은 이름과는 달리 귀납보다는 연역에 가깝다. 더 정확히 말하자면 연역적 방식으로 귀납적 명제를 증명한다. 완전 귀납법에서는 모든 개별 사례를 수학적으로 파악하며 완성해 나간다. 즉 단순한 초기 사실들에 따라 설정된 명제를 증명할 때, 단 하나의 사례를 증명한 뒤 그 사실을 모든 사례로 확대해 나간다. 이 정도 설명이면 독자들도 아마 완전 귀납법이 논리적 추론 방식의 세계 속에서 어떤 틈새를 공략하고 있는지 조금은 짐작이 가리라 믿어본다.

지금까지 제시한 완전 귀납법의 사례들에서는 자연수가 모두 차례로 상승했다. 물론 자연수들이 다른 방식으로 배열되어 있을 수도 있다. n 다음에 $n+1$이 오는 게 아니라 예컨대 $2n$이 오는 것이다. 이 경우, 거기에서 필연적으로 발생하는 빈틈에 대해서는 n이 참일 때 $n-1$도 참임을 증명함으로써 추론해 나간다. 이른바 '전진-후진-귀납법$^{forward-backward-induction}$'을 활용한다. 반면에 $1, 2, \cdots, m$으로 진행되는 수들에 대한 명제를 입증할 때에는 귀납 단계를 거꾸로 활용해서 n에 대한 결론을 $n-1$에 적용할 수 있다(후진 귀납법). 이때 기본 단계는 $n=m$에 대한 명제가 된다.

위 내용을 이해하기 위해 학창시절에 배운 기하학에 대한 기억을 한번 되살려보자.

사례 1: 어느 '흑백 화가'의 작품

K씨는 오로지 검은색과 흰색만 사용해서 그림을 그린다. K씨는 포스트모

더니즘 계열의 화가이고, 이에 따라 K씨의 작품은 우리가 '그림'이라는 말을 들었을 때 떠올리는 것과는 상당한 차이가 있다. K씨의 작품은 오로지 직선들로만 구성되어 있고, 선과 선이 만나면서 생겨난 면들은 검은색 혹은 흰색으로 색칠되어 있다.

그런데 지금까지 수많은 그림을 그려본 결과, K씨는 몇 개의 직선을 어떤 식으로 긋든 간에 서로 인접한 면(직선 1개를 사이에 둔 2개의 면)의 색상은 서로 다르다는 사실을 깨달았다. 예컨대 직선 4개를 이용해 그림을 그리면, 다음과 같은 작품이 나올 수 있다.

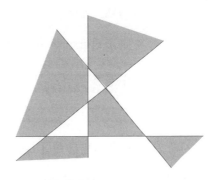

〈그림 37〉 '흑백 화가' K씨의 작품.

이제 위 문제를 좀 더 일반적인 경우, 다시 말해 직선의 개수가 n개인 경우에 적용해보자. 이 경우에도 과연 인접한 면들을 모두 각기 다른 색으로 칠할 수 있을까?

완전 귀납법이 추구하는 방식에 따라 우선 직선의 개수가 1개일 때부터 살펴보자. 그 직선으로 인해 전체 면이 2개로 분할된다. 그 2개의 면을 각기 다른 색으로 칠하는 것은 어렵지 않다. 다음으로 n개의 직선으로 인해 분할된 면들을 화가가 말한 방식으로 색칠할 수 있다고 가정해보자. 그런 다음 G라는 직선 1개를 더 긋는다(독일어로 직선은 Gerade이어서 G). 이때 직선 G는 임의의 방식으로 긋되 지금까지 그은 직선들과 교차하지 않아야 한다. 그렇게 직선 1개를 추가할 경우, 직선 G로 인해 이미 색칠된 면들이 다시금 분할되기도 한다. 그런데 그것과 상관없이 직선 G만 기준으로 삼았을 때 전체 면적은 직선의 왼쪽과 오른쪽으로 분할된다. 그 상태에서 왼쪽 면들의 색상을 바꾸어 칠하자. 이때 G와 맞닿아 있는 면들뿐 아니라 멀리 떨어져 있는 면들(G와 접해 있지 않지만 G의 왼쪽에 있는 면들)도 색상을 바꾸어준다. G의 오른쪽에 있는 면들은 이미 인접한 면들끼리 색상이 서로 다르기 때문에 왼쪽 면을 바꾸어 칠하고 나면 모든 면의 색상이 화가가 말한 방식에 부합되고, 이로써 증명이 완료된다.

사례 2: n명 중 k명을 뽑아 그룹을 구성하는 방법은 총 몇 가지일까?

완전 귀납법에 대한 이해를 돕기 위해 한 가지 사례를 더 들어보자. 이번 사례는 이항계수와 2제곱과의 관계에 관한 것이다. 아래의 [수식 18]을 살펴보자.

$$\mathrm{B}(n, 1) + 2\mathrm{B}(n, 2) + 3\mathrm{B}(n, 3) + \cdots + n\mathrm{B}(n, n) = n2^{n-1} \quad \boxed{\text{수식 18}}$$

이제 위 공식이 모든 자연수 n에 대해 성립하는지를 완전 귀납법에 따라 확인해보자.

1. 기본 단계^{basis step}

$$n = 1 : \mathrm{B}(1, 1) = \frac{1!}{1! \times 0!} = 1 = 1 \times 2^0$$

2. 귀납 단계^{inductive step}

우선 아래와 같이 $n=k$일 경우 [수식 18]이 성립된다고 가정한다.

$$\mathrm{B}(k, 1)+2\mathrm{B}(k, 2)+3\mathrm{B}(k, 3)+\cdots+k\mathrm{B}(k, k)=k2^{k-1}$$

위 수식을 좀 더 간단하게 정리하기 위해 좌변을 $\mathrm{S}(k)$라고 가정하면, 아래
와 같은 공식이 나온다.

$$\mathrm{S}(k+1)=\mathrm{B}(k+1, 1)+2\mathrm{B}(k+1, 2)+3\mathrm{B}(k+1, 3)+\cdots+$$
$$(k+1)\mathrm{B}(k+1,\ k+1)$$

여기에서 매우 중요한 아이디어 하나를 활용해야 한다. 분배의 법칙을 이용
해 공식을 다시 다음과 같이 정리해야 한다.

$$\mathrm{B}(n, k)=\mathrm{B}(n-1, k)+\mathrm{B}(n-1, k-1)$$

이후 두 가지 계수법을 비교해봄으로써 공식 성립하는지를 확인할 수 있다.
그런데 여기에서도 푸비니의 정리가 활용된다. 이때 이항계수는 전체를 n명
이라고 했을 때 그중 k명으로 구성된 1개의 그룹(k-그룹)을 구성할 수 있는
방법이 몇 가지인지를 뜻한다.

위 공식에서는 좌변이 그런 의미를 지니고 있다. 예를 들어 우변은 임의의 1

명(P)을 선택했다고 가정하자. 이 경우 $B(n-1, k)$는 P를 제외한 상태에서 k-그룹을 구성할 수 있는 방법의 개수를 의미하고, $B(n-1, k-1)$는 P를 포함해서 k-그룹을 구성하는 방법의 개수를 뜻한다. 그 둘의 합이 곧 총 n명의 사람 중 k-그룹을 구성하는 방식의 개수가 된다.

위 계산법에 따라 이제 아래와 같이 공식을 써 내려갈 수 있다.

$$S(k+1) = [B(k, 0) + B(k, 1)] + 2[B(k, 1) + B(k, 2)] + \cdots$$
$$+ k[B(k, k-1) + B(k, k)] + (k+1)B(k, k)$$
$$= B(k, 0) + 3B(k, 1) + 5B(k, 2) + \cdots + (2k+1)B(k, k)$$
$$= [B(k, 0) + B(k, 1) + B(k, 2) + \cdots + B(k, k)] + 2Sk$$
$$= 2^k + 2k \times 2^{k-1}$$
$$= (k+1) \times 2^k$$

위 공식 중 끝에서 세 번째 단계의 대괄호 안쪽 부분은 앞서 나온 [수식 10]을 적용한 것이다.

이로써 완벽한 증명이 이루어졌다. 하지만 이 주제에 대해 조금만 더 생각해보자. 위 문제를 푸는 과정에서 우리는 푸비니의 원칙을 성공적으로 활용했다. 그 사실만으로도 이미 커다란 발전을 이루어 냈다고 할 수 있다. 하지만 위와 유사한 사례를 통해 복잡한 [수식 18]을 한 번 더 증명해보면 어떨까? 그러고 나면 아마도 완전 귀납법 공부에 마침표를 찍을 수 있을 것이다.

사례 3: 전체 n명 중 회장 1명이 포함된 k-그룹을 구성할 수 있는 방법은 총 몇 가지일까?

위 제목을 보면 알겠지만 이번 사례는 사례 2를 조금 변형시킨 것이다. 총 n명 중에서 k명을 뽑아서 그룹을 구성한다는 점은 앞선 사례와 동일하지만, 이번에는 k명 중 1명이 회장이 되어야 한다. 이때 k-그룹은 1~n명의 구성원을 지닐 수 있고, k-그룹 구성원이라면 누구나 회장이 될 수 있다.

풀이 k-그룹을 조직하는 방법은 총 $B(n, k)$개이고, 그룹마다 회장을 선발할 가능성은 k가지이다. 즉 곱셈의 법칙에 따라 $kB(n, k)$개의 다양한 방식이 존재한다. 그런데 k는 1과 n 사이의 어떤 수이다. 그 두 가지 사실을 합하면 '$kB(n, K)$, k는 1부터 n 사이'가 답이 된다. 이렇게 해서 [수식 18]의 좌변이 나왔다. 여기까지만 해도 매우 고무적이다. 그런데 우변은 어떻게 정리해야 할까? 간단하다. 방식을 조금만 바꾸면 되기 때문이다. 다시 말해 n명 중에서 우선 회장부터 뽑는다. 회장은 1명이므로 회장을 선발할 가능성도 총 n개가 된다. 이제 남아 있는 사람, 즉 $n-1$명 중에서 k-그룹의 구성원들을 선발하면 된다. 이때 $n-1$명에 속하는 사람들은 k-그룹의 구성원이 될 수도 있고 아닐 수도 있다. 즉 1인당 두 가지 가능성이 존재한다. 다시금 곱셈의 법칙을 활용하면 $n-1$명에 대해서는 2^{n-1}개의 가능성이 존재하고, 다시 한 번 더 같은 법칙을 적용함으로써 총 $n2^{n-1}$개의 가능성이 존재한다는 것을 알 수 있다. 자, 이렇게 해서 우리는 이번에도 [수식 18]을 훌륭하게 증명해 냈다.

[수식 18]은 그 외에도 다양한 방식으로 증명할 수 있다. 개중에는 매우 기발한 접근 방식도 있고, 미학적 완성도를 지니고 있다고 할 수 있는 것들도 있다. 예를 들어 '$\frac{S(n)}{2^n}$'을 이용하는 것도 아름다운 방식에 속한다. $\frac{S(n)}{2^n}$ 은 n개의 원소를 가진 집합($\{1, 2, 3, \cdots, n\}$)에서 부분집합들의 평균 크기이다. 그렇게 되는 이유는 k개의 원소를 지닌 부분집합의 개수가 정확히 $B(n, k)$개이기 때문이다. 2^n은 부분집합의 총 개수를 의미한다. 그 이유는 자명하다. n개의 원소 모두 각기 2개의 가능성을 지니고 있기 때문이다. 즉 부분집합의 원소가 되거나 아니거나 둘 중 하나이다.

물론 어떤 부분집합이든 자신의 여집합과 결합하여 쌍을 이룰 수 있다. 그 두 집합의 원소 개수를 합하면 n이 된다. 즉 평균적으로는 각기 $\frac{n}{2}$개의 원소를 갖게 된다. 다시 말해 결합한 집합들 모두 평균적으로는 원소 개수가 $\frac{n}{2}$이므로 아래의 공식이 성립한다.

$$\frac{S(n)}{2^n} = \frac{n}{2}$$

위 공식은 내용 면에서도 [수식 18]과 정확히 일치한다. 보기엔 훨씬 간단하지만 그 안에 심오한 뜻이 모두 담겨 있다!

8. 일반화의 원칙

일반화를 통해 쉬운 길을 찾다!

'당신은 나의 단 하나뿐이자 유일한 발렌타인이에요'라는
문구가 새겨진 카드를 현재 묶음 판매 중이오니
많은 이용 바랍니다.

- 미국의 어느 체인점 광고

일반적인 명제는 특수한 명제보다 더 '강력'하기 때문에 증명하기도 더 어렵다. 그런데 신기하게도 때로는 그 반대 현상이 일어나곤 한다. 헝가리 출신으로 프린스턴 대학의 교수를 역임한 위대한 수학자 조지 폴리아는 이러한 현상을 '발명가의 역설inventor's paradox'이라는 말로 설명했다. 탐구심이 더 많이 요구되는 거창한 과제일수록 놀랍게도 성공 확률이 더 높아진다는 내용이었다.

불가능을 가능으로 바꾸는 수학의 힘

수학을 공부하지 않은 사람들 대부분에게는 불가능해 보이는 일들이 있다.

– 아르키메데스

발명가의 역설과 관련된 한 가지 사례를 살펴
보자. 세계 유수의 대학에 속하는 미국의 매사
추세츠 공대^{MIT}는 2004년, 컴퓨터공학 연구관
으로 쓰일 건물 하나를 신축했다. '스타타 센터
$^{Stata\ Center}$'로 불리는 그 건물의 설계자는 세계적
인 건축가 프랭크 O. 게리였다.

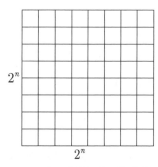

〈그림 38〉 면적이 $2^n \times 2^n$ 인 정
사각형 모양의 광장.

초기 설계 단계에서 게리는 스타타 센터 앞쪽에 면
적이 $2^n \times 2^n$인 정사각형 모양의 커다란 광장을 배치
하기로 했다.

또한 게리는 그 건물을 지을 수 있게 거액을 기부한

〈그림 39〉 바닥 마감에 사용
될 석판의 모양.

레이 스타타와 마리아 스타타의 동상을 광장 중앙(중
심부의 4칸 중 1칸)에 세우기로 했다. 그러면서 나머지
칸들은 L자 모양의 석판으로만 마감해야 한다고 주장
했다. 본디 독특하고 기발한 건물을 설계하기로 정평
이 나 있던 건축가였다는 점을 감안하면 그다지 놀랄
일도 아니었다.

〈그림 40〉 면적이 2×2인
광장 바닥을 마감한 모양
(S는 동상의 위치).

과연 그렇게 해서 바닥을 마감할 수 있었을까? $n = 1$
인 경우에는 〈그림 40〉처럼 간단히 해결할 수 있다.

$n = 2$인 경우에도 총 16칸으로 구성된 바닥 전체를
〈그림 41〉처럼 마감할 수 있다.

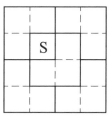

〈그림 41〉 면적이 $2^n \times 2^n$
인 광장 바닥을 마감한
모양.

이때 L자 모양의 석판 5개가 투입되었다(1개당 3칸씩 차지).

이쯤 되면 눈치 빠른 독자들은 다음에 어떤 질문이 나올지 이미 알고 있을 듯하다. 그렇다! n이 어떤 자연수이든 간에 게리가 원하는 방식으로 광장 바닥을 마감할 수 있느냐 하는 것이다. 눈치에다가 실력까지 겸비한 독자라면 이 문제를 증명하는 방법 역시 이미 짐작했을 것이다.

그렇다. 완전 귀납법이 바로 해답이다! 그 방법 외에 또 뭐가 있겠는가! 사실 이 문제는 완전 귀납법을 활용하라고 일부러 만들어 냈다고 해도 좋을 정도로 완전 귀납법에 안성맞춤인 문제이다. 자, 이제 문제 해결에 착수해보자!

사실 앞서 제시한 2개의 사례, 즉 $n=1$일 때와 $n=2$인 경우는 귀납의 기본 단계라 할 수 있다. 따라서 이제 귀납 단계만 해결하면 된다. 먼저 바닥의 모양이 $2^n \times 2^n$일 경우 게리가 원했던 방식으로 바닥을 마감할 수 있다고 가정해보자. 그렇다면 다음 질문은 '바닥의 모양이 만약 $2^{n+1} \times 2^{n+1}$이라면 어떻게 될까?' 하는 것이다. 이 경우에도 게리가 원하는 방식으로 바닥을 마감할 수 있을까?

여기서 갑자기 극복할 수 없는 장애물을 만났다는 느낌이 든다. 그리고 그 느낌은 점점 더 확신으로 변해 간다. $2^n \times 2^n$ 모양의 바닥을 게리의 방식대로 마감할 수 있다는 사실을 어떻게 응용해야 $2^{n+1} \times 2^{n+1}$인 경우에도 가능하다는 것을 증명할 수 있을까? 아무리 고민해도 도무지 묘수가 떠오르지 않는다. 이 모든 게 석판의 모양 때문이다! '그놈의' L자 모양만 아니었더라도 완전 귀납법이라는 배만 타면 목적지에 순식간에 안착할 수 있었는데, 이젠 일찍 도착하는 것은 고사하고 도달하기도 전에 좌초할 것만 같다.

그 배는 결국 '희망 고문'만 하다가 우리를 차가운 바닷물 속으로 내던져버리지 않을까? 혹은 애초에 배를 잘못 탄 건 아닐까? 어떻게 해야 귀납 단계에서 마주친 이 난관을 현명하게 극복할 수 있을까? 전지전능하신 신만이 그 답을 알고 계신 것일까!

하지만 우리에게도 오기란 게 있다. 해보기도 전에 포기할 순 없다! 일단은 완전 귀납법에 더 매달려볼 것이다. 포기는 정말로 아무런 방법도 남아 있지 않을 때 해도 늦지 않다. 좀 더 솔직해지자면 지금으로서는 전략을 약간 수정하는 방법 외에는 달리 뾰족한 방법도 없다. 여기에서 말하는 전략 수정이란 귀납적 가설을 조금 다듬는 것을 의미한다. 즉 원래 주어진 명제보다 명제를 더 강력하게 수정한 뒤 이를 증명하는 것이다. 가뜩이나 머리 아파 죽겠는데 대체 왜 문제를 더 복잡하게 만드느냐며 원망하는 독자들도 있겠지만 일단 한 번 믿고 따라와 주길 바란다.

비유적으로 말하자면 지금의 상황은 이제 막 개인 최고 기록을 달성한 높이뛰기 선수가 조금 전의 성공에 도취하여 2차 시기에서 가로대의 높이를 훌쩍 더 올려버리는 것쯤 되겠다. 뭐, 가끔은 그런 만용을 부려도 좋지 않을까? 우리도 '2차 시기'에서는 $2^n \times 2^n$ 모양의 바닥에서 동상을 '어느 곳에 세우든 간에'(중앙의 4칸 중 1칸이 아니라 전체 바닥 중 임의의 장소에 동상을 세움) 나머지 바닥을 L자형 석판으로 채울 수 있다는 사실을 증명해보자!

그게 바로 '일반화의 휴리스틱', 즉 '일반화의 원칙$^{principle\ of\ generalization}$'이다.

쉽게 말해 허를 찔러보자는 것인데, 이런 시도를 해보는 이유는 때로는 더 강력한(일반적인) 명제가 보다 약한(특수한) 명제보다 더 증명하기 쉽다는 믿음 때문이다. 참고로 이러한 방식은 특히 귀납 단계, 즉 n에 대한 명제가 $n+1$에 대해서도 성립한다는 사실을 귀납적으로 증명할 때 특히 유용한 돌파구가 되어준다. 이 방식은 말하자면 발명가의 역설을 약간 변형한 것으로, 이때의 슬로건은 '어떤 명제를 증명하고 실행에 옮길 수 없다면 명제를 더 거창하게 바꾸어보라. 그 편이 더 쉬울 수도 있다!'가 되겠다.

사설은 이쯤에서 접고 다시 본론으로 돌아가보자. 이번 문제는 2^{2n}개($2^n \times 2^n$개)의 칸으로 이루어진 광장에서 동상을 어느 곳에 세우든 나머지 칸들을 L자 모양의 석판으로 마감할 수 있느냐 하는 것이었다. $n=1$일 때 이 경우에도 쉽게 증명할 수 있다.

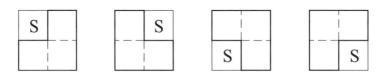

〈그림 42〉 기본 단계 증명 완료.

문제는 다음부터이다. 귀납 단계는 어떻게 증명해야 좋을까? 달라진 조건하에서도 $2^{n+1} \times 2^{n+1}$개의 칸으로 된 바닥을 L자 모양의 석판으로 마감할 수 있을까? 어디에 동상을 세우든 상관없을까?

이 질문에 대한 답변을 얻기 위한 비장한 트릭은 바로 $2^{n+1} \times 2^{n+1}$ 모양의 광장을 우선 $2^n \times 2^n$ 모양으로 가정하고 그 광장을 총 4칸으로 분할한다(〈그림 43〉 참조). 간단하면서도 값진 아이디어를 발동시킨 것이다.

〈그림 43〉에서 볼 수 있듯이 우선 임의의 위치에 S를 배치했고, 나머지 세 칸에는 가상의 S*를 배치했다. 즉 우리가 풀어야 할 과제를 그림으로 나타냈다.

이제 각 칸에는 S 혹은 S*가 있을 수도 있고 없을 수도 있게 되었는데, 이로써 모든 칸은 L자형의 석판으로 마감할 수 있게 되었다. 게다가 S*가 포함된 3칸은

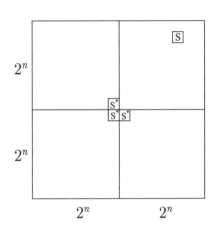

〈그림 43〉 광장 바닥의 가상적 분할.

어차피 L자 모양이니 L자형 석판으로 당연히 마감할 수 있다.

이로써 문제는 해결되었다. 증명이 완료된 것이다. 게다가 방금 우리가 증명한 명제는 원래 증명해야 할 명제보다 더욱 광범위하다. 따라서 원래의 명제, 즉 동상이 광장 중앙부에 있어야 한다는 조건은 당연히 충족된다. '해피엔드'이다! 증명의 놀라운 세계를 체험한 소중한 기회였다.

위 사례는 우리에게 중요한 가르침을 제시한다. '완전 귀납법 호'를 타고 항해하던 중 암초를 만나면 당황하지 말고 침착하게 우회 항로를 찾으라는 것이다. 그뿐만 아니라 위 사례는 일반화의 효과를 제대로 보여주고 있기도 하다. 완전 귀납법에서는 기본적으로 $\{A(n)\}$라는 집합에 대해 어떤 명제가 성립한다는 사실을 증명할 때, 우선 해당 명제가 $A(1)$에 대해 참이라는 사실을 확

인하고, 뒤이어 임의의 수 n에 대해 A(n)일 경우 A($n+1$)도 성립한다는 사실을 증명한다. 그 과정을 기호를 이용하여 축약하면 'A(n)→A($n+1$)'가 된다. 그런데 우리는 앞서 A(n)→A($n+1$)라는 사실을 증명하는 과정에서 적잖은 어려움을 겪었다. 그러나 다행히 우리 능력의 한계를 시인하기 전에 새로운 항로를 개척했다. 독일의 철학자 오도 마르크바르트는 이런 능력을 가리켜 '무능함을 상쇄하는 능력competence in compensating for incompetence'이라 표현했다. 우리는 막힌 길을 뚫기 위해 명제의 대상을 A(n)에서 B(n)로 수정했다. 더 일반적이고 더 강력하고 더 거창한 명제를 증명하겠다고 덤빈 것이다. 그 이유는 A(n)→A($n+1$)보다는 B(n)→B($n+1$)가 더 증명하기가 쉽기 때문이다. 좀 더 극단적으로 말하자면, 전자는 증명할 수 없고 후자는 가능하다. 우리도 그런 이유 때문에 증명의 범위를 확대하였다.

B($n+1$)는 분명히 A($n+1$)보다 강력한 명제이기 때문에 증명하기가 더 어려울 것 같지만, B(n)가 성립한다는 전제에서 출발하자 A(n)에서 출발하는 것보다 더 많은 옵션이 주어졌고, 이를 통해 '문제를 더 어렵게 만듦으로써 더 쉽게 해결할 수 있다!'는 결론을 확인할 수 있었다.

사실 논리적으로만 따지자면 일반적인 명제가 특수 명제보다 증명하기가 더 쉬운지 더 어려운지 혹은 아예 증명이 불가능한지는 판단할 수 없다. 거기까지 가는 생각의 과정이 직선적이지 않기 때문이다. 쉬운 단계에서 어려운 단계를 향해 점진적으로 흘러가는 것도, 특수한 것에서 일반적인 것으로 점차 흘러가는 것도 아니다. 하지만 특수한 문제를 해결하는 데 특수한 해답만이 정답이라는 법은 없다. 바꿔 말하면 특수한 해답보다 일반적인 해답을 더 쉽고 간단하게 얻을 수도 있다. 소프트웨어 개발자라면 이 말이 무슨 뜻인지 충분히 이해할 것이다.

주어진 과제를 더 어렵고 야심 찬 방법을 통해 더 쉽게 해결할 수 있는 경우는 분명히 존재한다. 문제는 더 어렵게 보이지만 해결책은 더 간단하다는 그 명제를 어떻게 찾아내느냐 하는 것이다. 예컨대 앞서 우리가 말한 $B(n)$처럼 적절하면서도 예리한 귀납적 가설을 찾아내는 작업은 솔직히 말하자면 예술의 경지라고 할 수 있다.

이제부터 귀납적 가설을 찾아내는 예술 관련 대표 사례들을 소개할까 한다.

사례 1: $60^{\frac{1}{3}}$과 $2+7^{\frac{1}{3}}$ 중에서 더 큰 수는?

'무슨 이런 쉬운 문제를!'이라며 계산기부터 찾는 독자들도 많겠지만, 잠깐 동작을 멈추시길! 우선은 보조도구 없이 문제를 풀어보자. 굳이 계산기를 쓰겠다고 고집한다면 문제를 '$7,999,999,999,996^{\frac{1}{3}}$과 $10,000+999,999,999,999^{\frac{1}{3}}$ 중에서 더 큰 수는?'으로 바꾸어버릴 수도 있다!

독자들이 계산기를 잡지 않는다는 가정하에 규모가 작고 덜 복잡한 문제, 즉 원래의 문제에 집중해보겠다. 독자들 스스로 '보조도구 없는 언플러그드 수학'을 실현한다는 굳은 믿음에 따른 결정임을 다시 한 번 명심해주시기 바란다!

두 수를 지금 상태 그대로 비교할 수는 없다. $\frac{1}{3}$승 부분을 어떻게든 합쳐보고 싶은 마음이야 굴뚝같겠지만, 그 경우 $\frac{2}{3}$ 승이라는 곱지 않은 손님이 등장하고, 그 역시 불편하기 짝이 없다. 다시금 막다른 길에 봉착한 것일까?

하지만 하늘이 무너져도 솟아날 구멍은 있다고 했다. 두 번째 수, 즉 $2+7^{\frac{1}{3}}$ 을 $8^{\frac{1}{3}}+7^{\frac{1}{3}}$ 로 변환할 수 있다는 게 바로 그 구원의 구멍이다. 첫 번째 수도 그와 같은 방식으로 변환하면 $[4(8+7)]^{\frac{1}{3}}$ 이 된다. 여기에서 원래의 주제, 즉 일반화라는 주제로 돌아가서 이 문제를 원래보다 훨씬 더 일반적인 문제로 바꾸어보자. 원래 제시되었던 문제를 'x와 y가 음수가 아닐 경우 $[4(x+y)]^{\frac{1}{3}}$ 과 $x^{\frac{1}{3}}+y^{\frac{1}{3}}$ 중 더 큰 수는?'으로 바꾸어버리는 것이다.

이로써 우리는 자랑스럽게도 원래의 문제를 훨씬 더 복잡하게 만들었다! 이제 한 쌍의 수가 아니라 무수히 많은 수를 비교해야 한다. 그런데 만약 $x=a^3$, $y=b^3$ 이라고 가정한다면 어떨까? 그래도 우리의 업적이 비난을 받아야만 할까?

절대 그렇지 않다. 방금 제시한 아이디어에 따라 비교 작업이 확연히 쉬워졌다. 이제 $[4(x+y)]^{\frac{1}{3}}$ 과 $x^{\frac{1}{3}}+y^{\frac{1}{3}}$ 을 비교하는 대신 $4(x+y)^{\frac{1}{3}}$ 과 $x^{\frac{1}{3}}+y^{\frac{1}{3}}$ 만 비교하면 되기 때문이다. 여기에서 괄호마저 풀어버리면 남는 것은 $4a^3+4b^3$ 와 $a^3+3a^2b+3ab^2+b^3$ 뿐이다.

이쯤 되면 나머지 과정들은 굳이 수학에 통달한 사람이 아니라도 풀 수 있다. 모든 양의 정수 a와 b에 대해 $(a+b)(a-b)^2 \geq 0$ 이 성립하고, 이는 곧 $a^3+b^3 \geq ab(a+b)$ 도 성립한다는 것을 의미한다. 이에 따라 우리에게 필요한 것, 즉 $4a^3+4b^3 \geq a^3+3a^2b+3ab^2+b^3$ 도 성립한다. $a=b$ 일 때에는 위 부등식의 좌변과 우변이 같아지기까지 한다. 이는 결국, 그러니까 다시 원래의 문제로 돌아가면 $60^{\frac{1}{3}}$이 $2+7^{\frac{1}{3}}$보다 크다는 말이 되고, 이로써 문제가 해결되었다. 예리하고도 명석하게 우리 앞에 주어진 문제를 해결해 낸 것이다!

사례 2(조금 더 복잡한 형태의 부등식): **모든 자연수 n에 대해 아래의 공식이 성립한다는 것을 증명하라.**

$$\frac{1}{1^2} + \frac{1}{2^2} + \frac{1}{3^2} + \cdots + \frac{1}{n^2} \leq 2 \qquad \boxed{\text{수식 19}}$$

앞선 장의 주제를 재활용하는 의미에서 이번에도 완전 귀납법과 관련된 아이디어를 적용해볼 생각이다. 그 아이디어를 실행하기 위해 우선 [수식 19]의 좌변을 '$a(n)$'로 축약해보자. 그렇게 할 경우 $a(1)=1\leq 2$가 되고, 이로써 귀납의 기본 단계가 완성된다.

다음으로 $n=k$일 때 $a(n)\leq 2$가 참이라는 가정하에 $n=k+1$에 대해 다음과 같은 공식을 만들 수 있다.

$$a(k+1) = a(k) + \frac{1}{(k+1)^2} \qquad \boxed{\text{수식 20}}$$

이제 우변이 2 이하라는 사실을 증명해야 하는데 그 작업은 불가능해 보인다. $a(n)\leq 2$라는 사실에서 $a(n+1)\leq 2$도 성립한다는 사실을 추론해 낼 수 있는 방도가 도무지 없어 보인다. 이토록 목적지가 멀게만 느껴진 적은 지금까지 없었다. 완전 귀납법이 이토록 무용지물처럼 느껴진 적도 없었다. 그 이유는 무엇일까? 자세히 들여다보면 알겠지만, 그 이유는 $a(n)$는 n이라는 미지수 때문에 '동적'인 반면 [수식 19]의 부등식은 '정적'이기 때문이다. 따라서 문제를 해결하려면 이 상황에 변화를 주어야 한다. 완전 귀납법을 통해 증명할 수 있는 여지를 만들어 내기 위해서는 [수식 19]의 우변을 '통제할 수 있는' 상태로 바꾸어야 한다. 이때 우변을 동적으로 바꾸는 방법은 여러 가지가 있다. 간단한 방법 중 하나는 상수^{constant}인 2를 n과 관련된 함수인 '$2 - \frac{1}{n}$'으로 대체하는 것이다. 그렇게 할 경우, 당연히 해당 부등식은 더 복잡해지고, 우리가 풀어야 할 과제도 내용 면에서 더 어려워진다. 우리 앞에 놓인 문제가 더 거대해지는 것이다. 물론 귀납 단계에서 해결해야 할 가설의 범위도 더 넓어진다. 하지만 그 덕분에 우리는 더 많은 '총알'을 갖게 되었고, 결국 그 덕분에 목표물을 공략할 수도 있게 될 것이다!

왜 그런지는 지금부터 찬찬히 살펴보자. 우선 모든 자연수 n에 대해 다음 명제가 성립한다는 것을 증명하는 것에서부터 시작해보자.

$$a(n) \leq 2 - \frac{1}{n}$$

수식 21

목표에 도달하기 위한 첫 단계는 $a(1) = 1 \leq 2 - \frac{1}{1} = 1$ 이라는 것을 확인하는 것인데, 다행히 그 사실은 쉽게 참인 것으로 밝혀진다.

두 번째 단계에서는 먼저 $a(k) = 1 \leq 2 - \dfrac{1}{k}$ 가 참이라는 것을 가정해야 하고, 이 경우 다음과 같이 계산할 수 있다.

$$
\begin{aligned}
a(k+1) &= a(k) + \frac{1}{(k+1)^2} \\
&\leq 2 - \frac{1}{k} + \frac{1}{(k+1)^2} \\
&\leq 2 - \frac{1}{k} + \frac{1}{k(k+1)} \\
&= 2 - \frac{1}{k} \times \left(1 - \frac{1}{k+1}\right) \\
&= 2 - \frac{1}{k} \times \frac{k}{k+1} \\
&= 2 - \frac{1}{k+1}
\end{aligned}
$$

이를 통해 $n = k+1$에 대한 [명제 21]이 증명되었다!

보다 광범위한 [명제 21]이 증명되었으니 그보다 범위가 좁은 [명제 20]는 당연히 입증된 것으로 간주할 수 있다. 나아가 문제를 더 어렵게 만듦으로써 풀이를 더 간단하게 만들 수 있다는 것, 다시 말해 일반화를 통해 풀이 과정을 더 간소화할 수 있다는 것도 증명되었다. 이쯤 되면 독자들도 일반화의 위력이 얼마나 큰지 감을 잡을 수 있을 듯하지만, 박차를 가하는 의미에서 한 가지 사례만 더 들어보겠다.

사례 3(제곱근으로 되돌아가기 혹은 루트 풀기에 관한 문제)**: 모든 자연수 m에 대해 아래의 부등식이 성립된다는 것을 증명하라.**

$$\sqrt{2 \times \sqrt{3 \times \sqrt{4 \times \cdots \sqrt{(m-1) \times \sqrt{m}}}}} < 3$$

위 명제는 쉽게 일반화할 수 있다. 상수인 2를 변수인 m(2와 m 사이의 수)으로 대체하기만 하면 된다. 그런 다음, 아래 공식이 성립하는지를 증명해야 한다.

$$\sqrt{n \times \sqrt{(n+1) \times \sqrt{\cdots \times \sqrt{m}}}} < \sqrt{n \times (n+2)} < n+1 \qquad \boxed{\text{수식 22}}$$

그런 다음 $n=2$로 특수화하면 원하는 결과를 얻을 수 있다. 이때 우리가 사용할 도구는 '역진 귀납법$^{\text{regressive induction}}$'이다. $n=m$일 때 [명제 22]이 성립한다는 것부터 공략한다. 고맙게도 $n=m$일 때 [수식 22]이라는 간단한 부등식으로 전환할 수 있고, 더 고마운 것은 이 부등식이 모든 자연수 m에 대해 성립한다는 것이다.

나아가 $n=k+1\leq m$일 때 [수식 22]이 성립한다면 아래 수식도 성립한다.

$$\sqrt{(k+1) \times \sqrt{(k+2) \times \sqrt{\cdots \times \sqrt{m}}}} < k+2$$

$k(k+2)<(k+1)^2$ 또는 $k^2+2k<k^2+2k+1$에 따라 아래 수식도 성립한다.

$$\sqrt{k \times \sqrt{(k+1) \times \sqrt{\cdots \times \sqrt{m}}}} < k+1$$

자세히 살펴보면 알겠지만 위 부등식은 사실 [수식 22]와 다를 바가 없다. $n=k$일 때 위 부등식이 성립한다. 이로써 역진적 귀납 단계가 완성되었다. 그런데 사실 이 과정은 원래 풀어야 할 문제와 비교하자면 '과잉증명'에 해당한다. 방금 우리가 증명한 내용은 $n=2, 3, \cdots, m$일 때에 [수식 22]이 성립한다는 것인데, 이로써 원래 문제보다 더 광범위한 대상을 증명한 셈이다.

9. 특수화의 원칙

특수한 경우에 괜찮은 것이라면 모든 경우에도 괜찮은 것!

미용사가 해야 할 일은 미용사들만이 할 수 있다.

– 언젠가 미용사협회에서 내걸었던 광고 문구

특수화의 원칙

특수한 사례를 자세히 관찰하여 해결책을 얻은 뒤 그 해결책을 일반적인 사례에도 적용할 수 있을까?

퍼즐에 관한 사례 한 가지부터 소개하겠다. 지금으로부터 약 2,200년 전, 시라쿠사 출신인 고대 그리스 최고의 수학자 겸 물리학자 겸 공학자인 아르키메데스가 《스토마키온^{Stomachion}》이라는 제목의 책을 썼다. 그런데 다른 작품들과는 달리 이 작품은 나온 지 얼마 되지 않아 자취를 감추었고 사람들의 기억에서도 멀어졌다. 하지만 20세기 초반, 이스탄불의 한 수도원 도서관

〈그림 44〉
아르키메데스의 《스토마키온》.

에서 이 책을 발견한 덴마크의 수학자 요한 루트비히 하이베르크는 놀라움에 입을 다물 수 없었다고 한다.

그 책의 내용을 접한 전문가들 역시 (다른 이유에서) 놀라움을 금치 못했다. 아무리 봐도 중국식 칠교놀이 혹은 아동용 퍼즐 정도로밖에 보이지 않았던 것이다. 모두 도대체 왜 아르키메데스가, 늘 획기적이고 위대한 이론만 제시해 왔던 그 위대한 아르키메데스가 아이들 장난에 불과해 보이는 그런 놀이를 연구하느라 귀중한 시간을 허비했는지 의아해했다.

이 책에서 아르키메데스는 14조각으로 분할된 정사각형 하나를 제시했다. 그 그림은 다음과 같았다.

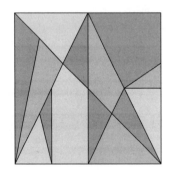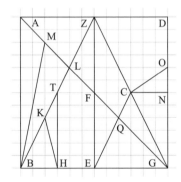

〈그림 45〉 분할식 퍼즐 '스토마키온'과 그 제작 과정.

아르키메데스는 자신의 다른 저서를 통해 스토마키온의 제작 과정도 밝혀 놓았다. 그 내용은 다음과 같았다.

"우선 ABCD라는 정사각형 하나를 만든 뒤, E라는 점을 통해 BG를 반으로 나눈다. 그런 다음 BG에 수직으로 떨어지는 선분 EZ를 긋고, AG, BZ, AG라는 대각선들도 그린다. 다음으로 H를 통해 BE를 절반으로 나누고, BE에 수직으로 떨어지는 선분 HT를 긋고, 그다음에는 H에서 A를 향해 HK를 긋는다. 이후 AL의 절반 지점에 M을 설정한 다음 BM을 긋는다. 이렇게 해서 직사각형 ABEZ가 7조각으로 나누어졌다. 이제 GD의 중간 지점에 점 N을 찍고, 대각선 ZG의 중간에는 점 C를 찍고, E와 C를 연결하는 직선 EC를 그린다. 그런 다음 B와 C를 연결하는 일직선 상에 놓인 선분 CO를 그리고, 다음으로 C와 N을 연결하는 CN까지 그린다. 이렇게 해서 직사각형 ZEGD도 7개의 구역으로 나누었다. 첫 번째 분할 방식과는 다른 방식으로 나눈 것이다. 어찌 되었든 결과적으로는 정사각형이 총 14개의 조각으로 나누어졌다."

위의 글을 본 전문가들은 모두 "아르키메데스가 대체 왜 이런 짓을 했을까?"라며 당황스러움을 감추지 못했다.

'심심풀이로 그랬을까? 혹은 예술가적 기질이 발동했던 것일까? 아니면 이번 연구 역시 학문적 호기심에서 비롯된 것이었을까?'

셋 중 어떤 이유에서 아르키메데스가 위와 같은 퍼즐을 만들었는지는 알 수 없지만, 그 안에는 분명히 아르키메데스의 열정이 숨어 있었다. 〈그림 45〉를 자세히 들여다보면 아르키메데스가 정사각형 1개를 11개의 삼각형과 2개의 사각형 그리고 1개의 오각형으로 분할해놓은 것을 알 수 있다. 그런데 놀랍게도 〈그림 45〉는 이 조각들을 조합해서 만들어 낼 수 있는 유일한 정사각형이 아니다. 조각들을 다른 방식으로 조합해서 정사각형을 만들어 낼 수도 있다.

그 방법이 과연 몇 가지나 될까? 많은 학자가 오랜 기간 답을 찾기 위해 노력했지만 번번이 실패하고 말았다. 마침내 그 해답을 찾은 것은 캘리포니아의 어느 연구팀이었다. 분명히 대단한 업적이었다. 적어도 2003년 12월 14일자 〈뉴욕타임스〉 1면에 대문짝만 하게 실릴 만큼 대단했다. 그 팀이 발표한 결과에 따르면 위 그림에 나온 조각 14개를 이용해서 정사각형을 만들어 내는 방법은 총 268개라고 한다(전체 그림의 방향만 회전하거나 같은 모양, 같은 크기를 가진 조각들의 위치만 서로 바꾸는 경우는 중복으로 보고 1회로 간주했음).

오늘날의 수학자들은 당시 아르키메데스가 그 퍼즐을 통해 총 몇 가지 가능성이 있는지를 확인하고 싶어 했던 것으로 추정하고 있다. 아르키메데스가 자신이 출제한 문제의 해답을 찾았는지 아닌지는 알 수 없다. 하지만 268개라는 개수는 비록 귀찮고 짜증 나고 중간에 포기하고 싶은 마음이 들 수도 있겠지만, 인간의 머리로 어떻게든 해결해볼 수 있는 정도에 해당한다. 그래서 말인데, 위대한 수학자 아르키메데스도 당연히 이 문제를 해결해 내지 않았을까?

어쨌든 '스토마키온 퍼즐'('신테마키온^{Syntemachion}' 혹은 '아르키메데스의 작은 나무 상자$^{Loculus\ of\ Archimedes}$'로 부르기도 함)은 세상에서 가장 오래된 수수께끼로 간주되고 있고, 아르키메데스는 거기에 설명까지 덧붙임으로써 수학의 새로운 분야 하나를 개척한 인물로 추앙받고 있다. 나아가 오늘날 그 분야는 '조합론^{combinatorics}'이라는 새로운 이름까지 달게 되었다. 조합론이란 쉽게 말해 어떤 사물의 선택이나 배열에 관한 학문으로, 20세기에 들어와서 비로소 수학의 한 갈래로 자리 잡은 학문 분야이다.

시간이 된다면 독자들도 직접 14개의 조각을 조합해보기 바란다. 그러면서 지금으로부터 2천 년도 더 전에 살았던 위대한 수학자가 느꼈을 법한 감정을 직접 체험해보자. 그렇게 하다 보면 왠지 자신도 마구 똑똑해지고 있다는 느낌이 들지 않을까!

오로지 정사각형을 조합해 내는 방식이 268개나 된다는 사실 때문에 스토마키온 퍼즐이 위대하다는 평가를 받고 있는 것은 아니다. 어쩌면 각 조각의 면적이 정사각형 전체에 대해 일정한 비율을 지닌다는 사실이 더 놀라울 수도 있다. 스토마키온 퍼즐을 가로 12칸, 세로 12칸으로 된 격자 안에 넣어보면 신기하게도 도형의 꼭짓점들이 모두 격자점, 즉 격자의 가로 선과 세로 선이 만나는 지점과 일치한다는 사실을 알 수 있다. 그 덕분에 우리는 매우 기초적인 방법으로 각 도형의 면적을 계산할 수 있다. 가로와 세로가 각각 12칸이니 해당 정사각형은 당연히 총 144칸으로 이루어져 있을 것이다. 그런데 각 도형의 면적은 이어지는 설명과 그림을 보면 더 잘 이해할 수 있겠지만, 칸 단위로 계산하자면 모두 정수 칸만큼에 해당한다.

격자 틀 안에 있는 도형의 면적을 구하는 가장 쉬운 방법의 하나는 아마도 가로 칸과 세로 칸의 곱을 이용하는 방식일 것이다. 예컨대 격자 틀 내에 있는 삼각형의 면적은 가로 칸과 세로 칸을 곱한 뒤 2로 나누어서 구할 수 있다. 하지만 여기에서는 그보다 더 원시적인 방법을 택하려고 한다. 19세기 말, 오스트리아의 수학자 게오르크 알렉산더 피크는 "1개의 다각형이 포함하는 격자점의 개수를 세는 것만으로 해당 다각형의 면적을 구할 수 있을까?"라는 질문을 던졌고, "해당 다각형의 모든 꼭짓점이 격자점과 맞물리기만 한다면 그 방법으로 답을 구할 수 있다."라고 대답했다.

사실 스토마키온 퍼즐에는 3~5각형만 등장하지만 피크는 그보다 더 '일반적인' 방식을 활용했고, 우리도 지금부터 그 방법을 따라 해볼 생각이다. 물론 그로 인해 기본적으로 몇 칸인지만 세면 될 작업이 훨씬 더 복잡해지기는 한다. 문제 해결까지 걸리는 시간이 길어질 수도 있다. 하지만 그 방

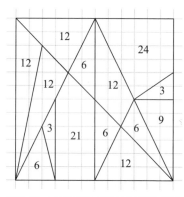

〈그림 46〉 스토마키온 퍼즐의 조각별 면적.

법을 통하면 분명히 답을 얻을 수 있고, 이는 결코 무시할 수 없는 장점이다. 게다가 그 과정은 지금 독자들이 생각하는 것보다 훨씬 쉽고 간단하게 이해될 것이다.

이제 우리는 정사각형 모양의 격자 판 안에 있는 다각형(격자다각형)의 넓이를 간단한 계수 작업만으로 쉽게 알아낼 수 있는지, 직접 정확히 어떤 방식으로 알아낼 수 있는지를 찾아야 한다. 간단하게 말하자면 칸의 개수를 셀 수 있는지를 알아내고, 직접 한 번 세어보자는 것이다. 격자다각형이란 각 격자점을 일자로 연결한 선(최단선)들로 이루어진 다각형을 의미한다. 이때 우리가 특히 주목해야 할 다각형은 전체 격자 판을 서로 중첩되지 않게 2개(각 다각형의 내부와 외부)로 분할하는 다각형들이다. 편의상 그러한 격자다각형들을 '단순격자다각형'이라 부르자. 단순격자다각형이 되기 위해서는 첫째, 여러 개의 삼각형으로 분할될 수 있어야 하고, 둘째, 다각형의 윤곽선이 앞서 언급했던 방식(최단선)으로 이루어져 있어야 하며, 셋째, 가장 작은 격자다각형의 면적이 1칸이어야 한다.

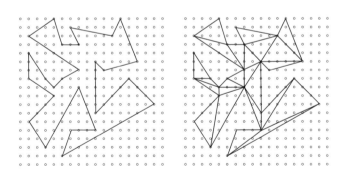

⟨그림 47⟩ 격자다각형 및 해당 다각형을 삼각형들로 분할한 모습.

어떤 다각형이 포함하고 있는 격자점들(해당 다각형의 내부에 있는 점들 및 윤곽선 위에 있는 점들)만으로 다각형의 면적을 구할 수 있는지 아직은 확실치 않다. 분할된 격자다각형들 중 몇 개는 일일이 따로 계산한 다음 나중에 다시 합산해야 하는 경우도 생길 수 있기 때문이다. 따라서 우리는 여기에서 가장 단순한 형태로 문제를 축소(특수화)해보려 한다. 주어진 상황을 가장 쉽게 해결할 방법을 직관적으로 찾아내 보자는 것이다. 이를 위해 우선 다각형 안쪽에 있는 점을 i라 하고 테두리 위에 있는 점들을 r, 다각형의 면적을 F라 가정해보겠다.

우선, 다각형 내부에 있는 점의 개수가 늘어날수록, 즉 i의 값이 커질수록 F도 당연히 커진다는 사실에서 출발해보자. 안쪽에 더 많은 점을 수용하려면 그만큼 공간이 더 필요하므로 F 값은 i에 비례해서 커지는 게 자명한 듯하다. 그뿐만 아니라 r의 개수가 늘어날 때에도 F 값이 커져야 마땅하다. 격자점들을 추가해서 다각형의 크기를 늘리다 보면 내부에 있는 점들의 개수도 늘어나고 전체 면적도 그만큼 늘어나는 게 당연하기 때문이다. 다시 말해 r 값이 늘어나면 F 값도 당연히 늘어난다고 봐야 마땅하다. 그런데 잠깐! 정확히 무슨 이유 때문인지는 모르겠지만 윤곽선 위의 격자점 1개보다는 내부의 점 1개가 전체 면적에 미치는 영향이 더 클 것 같다는 느낌이 스멀스멀 싹터 오기 시작했다! 이 느낌이 옳은 것일까? 이 질문에 대한 해답을 찾으려면 어떻게 해야 할까? 그러자면 한 변을 F라고 하고, 나머지 변을 i와 r이라고 함으로써 둘의 관계를 빈틈없이 비교해보아야 한다. 바꿔 말하자면 'F(r, i)'로 격자다각형의 면적을 파악할 수 있는지를 조사해봐야 한다.

지금까지 추측한 사실들에 비추어볼 때 F(r, i)는 '단조증가함수

monotone increasing function'인 듯하고(그중에서도 1차 함수), 여기에서 우리는

$F(r, i)=ai+br+c$라는 공식을 도출할 수 있다(여기에서 a, b, c는 앞으로 차차

규명해 나가야 할 상수들임).

지금까지의 특수화 작업을 통해 우리는 다음과 같은 값진 정보들을 얻었다.

$F(4, 0)=1$

$F(3, 0)=\dfrac{1}{2}$

$F(8, 1)=4$

$F(6, 0)=2$

$F(8, 2)=5$

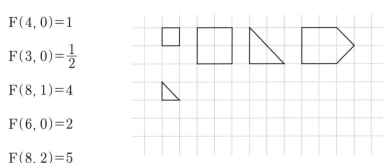

〈그림 48〉 가장 단순한 형태의 격자다각형.

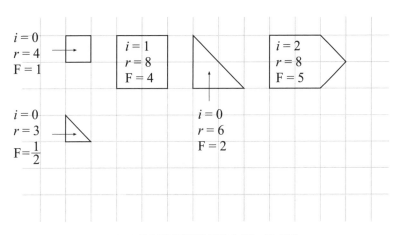

〈그림 49〉 단순격자다각형 각각의 i값, r값, F값.

이제 그 모든 것을 종합하여 다음과 같은 등식으로 정리할 수 있다.

$$4b + c = 1$$
$$3b + c = \frac{1}{2}$$
$$6b + c = 2$$
$$a + 8b + c = 4$$
$$2a + 8b + c = 5$$

여기에서 일반화된 법칙 하나가 탄생한다. 등식 1과 2를 통해 $b = \frac{1}{2}$임을 알 수 있고, 등식 4와 5를 통해 $a = 1$이라는 사실을 알 수 있게 되었다. 나아가 이 값들을 위 등식 중 아무 등식에나 적용하면 $c = -1$이라는 것도 금방 구할 수 있다. 뿐만 아니라 위 값들을 이용해 아래 공식도 쉽게 얻을 수 있다.

$$\mathrm{F}(r, i) = i + \frac{r}{2} - 1$$

수식 23

이제 r과 i 그리고 F 사이의 공식이 만들어졌다. 이것이 우리가 설정한 가설인 셈이다. 이 가설은 지금까지 우리가 살펴본 모든 사례에 대해 성립한다. 긍정적인 조짐인 것만큼은 분명하다. 하지만 아직은 어디까지나 시작 단계일 뿐이다.

이제 [수식 23]을 좀 더 복잡한 사례, 다시 말해 특수 사례로 확대 적용해보

자. 이를 통해 해당 특수 사례를 일반적인 사례에도 적용할 수 있는지, 나아가 특수 사례에서 일반적인 해답을 얻을 수 있는지를 확인해보려는 것이다. 앞선 단계들에 비추어볼 때, 지금 시점에서 우리가 선택할 수 있는 사례로는 격자 점과 꼭짓점이 맞물리는 직사각형이나 삼각형들이 적절할 것으로 생각된다. 그런데 우리는 이미 모든 다각형은 삼각형으로 분할될 수 있다는 사실을 알고 있다. 특히 직사각형은 대각선을 긋는 것만으로도 2개의 삼각형으로 분리된다. 다시 말해 꼭짓점이 임의의 격자점과 맞물리는 삼각형이야말로 가장 기본적인 구조라 할 수 있다.

지금부터 우리는 이 특수 사례를 보다 면밀하게 연구해서 논리적으로도 명쾌한 결론을 얻어낼 것이다. 그러기 위해 우리 앞에 주어진 문제를 여러 단계로 쪼갠 뒤 풀이 과정을 좀 더 체계적이고 일목요연하게 관찰해보도록 하자.

1단계: 최소 크기의 격자사각형

이 부분에 대해 [수식 23]이 성립한다는 것은 기정 사실이다.

2단계: 각 변이 좌표축과 평행을 이루는 직사각형 $n x m$

〈그림 50〉의 격자직사각형 안에 있는 i 의 개수는 $(n-1)(m-1)$개이고, n변과

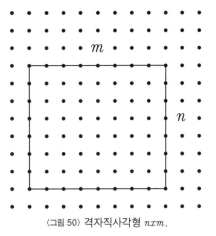

〈그림 50〉 격자직사각형 $n x m$.

m변 위에 놓인 r의 개수는 각기 $n+1$과 $m+1$이다. 그런데 그 모든 것을 합산할 경우, 4개의 격자점이 이중으로 계산된다. 따라서 $r=2(n+1)+2(m+1)-4$가 되고, 결국 $r=2n+2m$이 되어야 한다. 물론 여기에서 F는 당연히 n과 m의 곱이 된다(F $=n\times m$). 그 과정을 공식으로 표현하면 아래와 같고, 이에 따라 2단계에서도 [수식 23]이 성립한다는 사실을 알 수 있다.

$$F(r, i) = F[2n + 2m, \ (n-1)(m-1)]$$

$$= (n-1)(m-1) + \frac{2n+2m}{2} - 1$$

$$= n \times m - n - m + 1 + n + m - 1$$

$$= n \times m$$

참고로 위 결과는 삼각형에 대해서도 쉽게 적용할 수 있다.

3단계: 2단계에 나왔던 직사각형 $n \times m$을 반으로 분할해서 만든 직각삼각형

〈그림 51〉은 〈그림 50〉의 직사각형에서 n변과 m변을 빌려온 직각삼각형이다. 이에 따라 〈그림 51〉의 삼각형 면적은 F $=n\times \dfrac{m}{2}$이 된다. 그런데 이 삼각형의 테두리와 내부에는 몇 개의 격자점이 자리 잡고 있을까? 답

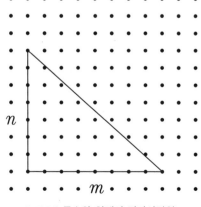

〈그림 51〉 특수한 형태의 격자삼각형.

을 구하기 위해 직각삼각형의 빗변^{hypotenuse}을 자세히 살펴봤지만 빗변이 차지하고 있는 격자점들의 개수를 정확히 몇 개라고 말해야 좋을지 몰라서 당황스럽다. 하지만 침착하자! 우선 위 직각삼각형에서 n변이나 m변 따위는 다 잊어버리고 이 삼각형의 빗변이 포함하고 있는 격자점의 개수를 무조건 h라고 해보자(양 꼭짓점도 무시함). 어쩌면, 그러니까 운만 따라준다면 h의 개수를 정확히 파악할 필요조차 없을지도 모른다. 어쨌든 우리는 〈그림 51〉의 직각삼각형의 빗변들이 포함하고 있는 격자점의 개수를 $r=n+m+1+h$로 표시할 수 있게 되었다.

그렇다면 내부는 어떨까? 내부에 포함된 격자점은 몇 개나 될까? 그 답은 앞서 나온 2단계를 조금 바꾸어보면 알 수 있다. 지금 우리가 논하고 있는 삼각형은 2단계에 나왔던 직사각형을 이분하여 얻은 것이고, 그 직사각형 내부의 격자점은 $(n-1)(m-1)$개였다. 거기에서 삼각형의 빗변과 맞물린 격자점(h)의 개수를 빼면 위에 있는 삼각형과 아래에 있는 삼각형의 내부 점의 개수는 똑같아진다. 왜냐하면 두 삼각형이 대칭을 이루기 때문이다. 이에 따라 각각의 삼각형 내부에 있는 격자점 i의 개수를 다음과 같이 표현할 수 있다.

$$i = \frac{(n-1)(m-1)-h}{2}$$

나아가 아래 공식 덕분에 [수식 23]이 성립한다는 것도 증명된다.

$$F(r, i) = F\left(n + m + 1 + h, \frac{(n-1)(m-1) - h}{2}\right)$$

$$= \frac{(n-1)(m-1) - h}{2} + \frac{(n + m + 1 + h)}{2} - 1$$

$$= \frac{n \times m - n - m + 1 - h}{2} + \frac{n + m + 1 + h}{2} - \frac{2}{2}$$

$$= \frac{n \times m}{2}$$

h의 개수를 모르는 상태에서도 운 좋게 문제를 해결해 낸 것이다. h는 공식을 정리하는 과정에서 자동으로 사라져버렸다. 바로 이런 순간 수학자들은 이루 말할 수 없는 환희를 느끼며 가슴이 벅차오르는 감동을 받는다! 하지만 기쁨은 잠시 접어두고 다음 단계로 발걸음을 내디뎌보자.

4단계: 임의의 격자삼각형

[수식 23]을 활용하면 임의의 격자직사각형 혹은 격자직각삼각형의 면적을 구할 수 있고, 그 사실은 이미 증명되었다. 이제 거기에서 한 걸음 더 나아가 [수식 23]이 임의의 격자삼각형에 대해서도 성립한다는 사실을 증명해보려 한다. 그러기 위해 우선 격자삼각형의 모습부터 알아보자. 몇몇 예외는 있겠지만 격자삼각형들

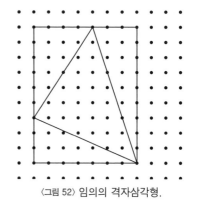

〈그림 52〉 임의의 격자삼각형.

은 대개 〈그림 53〉과 같은 모습이다. 참고로 〈그림 53〉은 임의의 격자삼각형 T에 직각삼각형 A, B, C를 조합해서 격자직사각형 R을 만들어놓은 것이다.

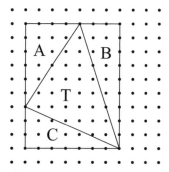

〈그림 53〉 격자삼각형 1개가 직각삼각형 3개와 결합하여 격자직사각형을 이룬 모습.

여기에서 i는 내부의 격자점, r은 테두리 위에 놓인 격자점, F는 면적을 뜻한다. 즉 삼각형 A의 내부에 놓은 격자점의 개수는 i_A, 테두리 위의 격자점 개수는 r_A, 면적은 F_A 된다. 이 규칙은 나머지 삼각형들이나 직사각형 R에도 동일하게 적용된다. 참고로 [수식 23]은 '픽의 정리Pick's theorem'라고도 불리는데, 이 수식이 직각삼각형과 직사각형에 대해 성립한다는 것은 이미 확인했다. 이에 따라 아래 공식들도 당연히 성립한다.

$$F_A = i_A + \frac{r_A}{2} - 1$$

$$F_B = i_B + \frac{r_B}{2} - 1$$

$$F_C = i_C + \frac{r_C}{2} - 1$$

$$F_R = i_R + \frac{r_R}{2} - 1$$

이제 우리에게 주어진 임무는 다음 공식을 증명하는 것이다.

$$F_T = i_T + \frac{r_T}{2} - 1$$

이때, 우리는 다음 사실을 이용할 수 있다.

$$F_T = F_R - F_A - F_B - F_C$$
$$= i_R - i_A - i_B - i_C + \frac{r_R - r_A - r_B - r_C}{2} + 2$$

수식 24

그런데 만약 직사각형 R이 앞서 나온 직사각형 $n x m$과 같은 성질을 지니고 있다면 $F_R = n \times m$도 성립하고, $i_R = (n-1)(m-1)$과 $r_R = 2n + 2m$도 성립한다. 이에 따라 r_A와 r_R은 다음과 같이 정리할 수 있다.

$$r_A + r_B + r_C = r_R + r_T$$

또는 이렇게 표현할 수도 있다.

$$r_R = r_A + r_B + r_C - r_T$$

수식 25

나아가 내부의 점들은 다음 등식으로 표현할 수 있다.

$$i_R = i_A + i_B + i_C + i_T + (r_A + r_B + r_C - r_R) - 3$$

수식 26

이때 맨 마지막의 '−3'은 삼각형 T의 꼭짓점들이 내부의 격자점으로 계산된 것을 조정하기 위해 추가한 것이다. 이 상태에서 [수식 25]를 [수식 26]에 대입하면 아래의 공식이 나온다.

$$i_R = i_A + i_B + i_C + i_T + r_T - 3$$

수식 27

이제 [수식 25]와 [수식 27]을 정리한 뒤 r_R과 i_R에 대한 공식들을 [수식 24]에 대입하면 아래의 등식이 나온다.

$$
\begin{aligned}
F_T &= i_R - i_A - i_B - i_C + \frac{r_R - r_A - r_B - r_C}{2} + 2 \\
&= (i_A + i_B + i_C + i_T + r_T - 3) - i_A - i_B - i_C \\
&\quad + \frac{(r_A + r_B + r_C - r_T) - r_A - r_B - r_C}{2} + 2 \\
&= i_T + r_T - 3 - \frac{r_T}{2} + 2 \\
&= i_T + \frac{r_T}{2} - 1
\end{aligned}
$$

이로써 임의의 삼각형에 대해서도 [수식 23]이 성립한다는 것을 알 수 있게 되었고, 픽의 정리도 입증되었다.

지금까지 [수식 23]이 여러 가지 경우에 성립한다는 것을 확인했다. 마지막으로 증명이라는 이름의 나사를 꽉 죄어주기만 하면 된다.

그 마지막 단계란 바로 우리도 모르는 사이에 무한한 애정과 신뢰를 쏟아붓게 된 [수식 23]을 일반화하는 작업이다. 다시 말해 '임의의 삼각형'이라는 특수한 경우를 '모든 단순격자다각형'으로 확대할 방법을 찾아내야 한다.

이 과제는 생각보다 간단하다. 다각형들의 조합에서도 [수식 23]이 그대로 적용되고, 삼각형 내부의 격자다각형들은 (꼭짓점과 격자점이 맞물려 있기만 하다면) 언제든지 분할할 수 있기 때문이다.

지금부터는 여러 개의 다각형을 조합할 때 각 다각형의 면적과 점의 개수가 어떻게 달라지는지 살펴보기로 하자. 먼저 2개의 단순다각형(V_1과 V_2)부터 살펴보겠다(독일어로 다각형은 Vieleck이기 때문에 V라는 약어를 씀).

우선 V_1과 V_2가 [수식 23]을 만족시킨다고 가정하고, 나아가 두 다각형이 1개의 변을 공유하며, 그 공통의 변 위에 k개의 격자점이 있다고 가정하기로 한다. 이때, 만약 그 두 다각형이 서로 합쳐져 또 다른 단순다각형 V를 만들어 낸다면, 다시 말해 공통의 변을 제공함으로써 면적이 더 넓은 1개의 다각형으로 거듭난다면 V의 면적에 대해서는 당연히 아래의 공식이 성립한다.

$$ F = F_1 + F_2 = \left(i_1 + \frac{r_1}{2} - 1 \right) + \left(i_2 + \frac{r_2}{2} - 1 \right) $$

위 공식의 우변을 보고 있노라면 V의 면적 역시 $i + \frac{r}{2} - 1$ 이라는 사실을 증명하고 싶은 욕구가 불끈불끈 샘솟는다. 그 욕심을 지금부터 차근차근 채워 나가보자! 그러기 위해 가장 먼저 생각해야 할 부분은 V 내부의 점들이 결국

V_1과 V_2 내부의 점들 및 두 다각형이 공유하고 있는 변 위의 격자점들로 구성된다는 사실이다. 이때, 공유하고 있는 변 위의 격자점은 $k-2$가 된다. 이렇게 하면 각 변의 양 꼭짓점들이 이중으로 합산되는 것을 방지할 수 있다. 이제 다각형 V 내부의 점들에 대해서는 아래의 공식이 성립한다.

$$i = i_1 + i_2 + (k-2)$$

그런데 V의 테두리 위에 있는 점들, 즉 r의 개수는 어떻게 해야 알아낼 수 있을까? 가장 먼저 드는 생각은 합산이다. 하지만 단순히 $r_1 + r_2$라고 생각하면 안 된다. 그 경우, 공통의 변 위에 있는 k개의 꼭짓점의 개수가 포함되어버리기 때문이다. 따라서 우리는 공통 변 위의 격자점 개수인 k에 2를 곱한 수, 즉 $2k$를 $r_1 + r_2$에서 빼야 한다. 공통 변의 양 끝에 있는 점들이 이중으로 계산되었기 때문이다. 물론 거기에서 끝나면 안 된다. 양 끝의 꼭짓점을 한 번은 다시 더해주어야 한다. 그 결과가 바로 다음 공식이다.

$$r = r_1 + r_2 - 2k + 2$$

위 공식을 이용하면 다각형 V의 테두리 위에 있는 격자점, 즉 r의 개수를 구할 수 있다. 여기까지 이해되었다면 이제 마지막으로 다음 공식을 이용하여 V의 면적을 구해보자.

$$i + \frac{r}{2} - 1 = i_1 + i_2 + (k-2) + \frac{r_1 + r_2 - 2k + 2}{2} - 1$$

$$= \left(i_1 + \frac{r_1}{2} - 1 \right) + \left(i_2 + \frac{r_2}{2} - 1 \right)$$

$$= \mathrm{F}$$

이로써 앞서 우리 안에서 샘솟았던 V_1과 V_2를 합산한 결과가 V에 대해서도 성립한다는 것을 증명하고 싶던 욕구가 충족되었다.

이제 모든 문제가 해결되었다. 대장정 끝에 픽의 정리, 즉 [수식 23]이 조합을 통해 만들어진 단순다각형에 대해서도 성립한다는 사실을 확인했다. 그에 앞서 우리는 임의의 단순다각형에 대해서도 [수식 23]이 성립한다는 것을 확인했다. 그 과정에서 우리는 아이디어를 던지고, 개진하고, 마감했다. 거기에서 얻은 결론은 단순한 계수 작업만으로 어떤 다각형의 면적을 확인하고 싶다면, 그리고 그 다각형이 격자다각형이라면 픽의 정리를 활용하면 된다는 것이다. 이렇게 해서 우리는 아주 기초적이면서도 아름다운 수학적 산물을 탄생시켰다.

마지막으로 그 산물을 다시 한 번 간략하게 정리하면, 어떤 격자다각형의 면적을 계수 작업만으로 알고 싶다면 내부의 격자점 i와 테두리 위의 격자점 r의 개수를 센 뒤 $\mathrm{F}(r, i) = i + \frac{r}{2} - 1$라는 공식을 활용하라는 것이다. 이상, 끝!

이제 잠시 숨을 고르면서 성공의 순간을 즐기자. 우리에겐 그럴만한 자격이 충분히 있다!

지금까지의 사례 연구를 통해 우리는 먼저 특수한 사례부터 검토한 뒤 그 결과를 일반적 사례에 적용해 나감으로써 어떤 명제를 증명할 수 있다는 것을 확인했다. 물론 그 방법만이 정답이라는 말은 아니다. 그것도 한 가지 방법이 될 수 있다는 뜻이다. 특히 우리 앞에 주어졌던 문제에 대해서는 그 방법이 더할 나위 없이 유용했다. 거기에서 우리는 '먼저 적절한 특수 사례를 검토한 뒤 그 결과를 바탕으로 또 다른 특수 사례나 일반적 사례를 증명하면 된다'는 행동지침을 발견했다. 픽의 정리를 입증하는 과정에서 그러한 행동지침의 효력도 확인했다. 그런데 그 접근법은 우리가 확인한 것보다 훨씬 더 효율적이다.

지금부터는 학습가치가 매우 높은 사례 두 가지를 통해 위 접근법의 유용성을 재차 확인해보려 한다. 첫 번째 사례는 기하학에 관련된 것이다.

사례 1: '삼각관계'

임의의 등변삼각형 1개가 있다고 가정하자. 그 위의 임의의 지점에 점 하나 (P)를 찍은 뒤, P에서 각 변에 수직으로 떨어지는 직선 x, y, z를 그어보자. 이때 각 수선의 길이의 합, 즉 출발점 P에서부터 각 변까지의 거리의 합($x+y+z$)은 얼마일까?

적당한 가설을 세우려면, 나아가 문제를 해결할 수 있는 아이디어를 얻으려면 먼저 몇 가지 특수 상황부터 자세히 검토해야 한다. 그중 가장 단순한 상황은 출발점 P가 삼각형의 꼭짓점 중

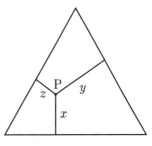

〈그림 54〉 삼각형 내부의 점 P와 세 빗변과의 거리.

한 곳에 있는 것이다. 이 경우, P와 맞물려 있는 두 변과의 거리는 둘 다 0이 되고, 나머지 한 변, 즉 P가 위치한 꼭짓점과 그 대변과의 거리는 삼각형의 높이(h)와 동일하다.

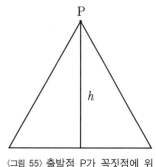

〈그림 55〉 출발점 P가 꼭짓점에 위치한 경우.

여기에서 우리는 'P에서부터 각 변까지의 거리 x, y, z는 삼각형의 높이와 동일하다'는 가설을 세울 수 있다. 그 내용을 공식으로 표현하면 $x+y+z=h$가 되겠다. 자, 이제부터 본격적으로 증명을 시작해보자.

지금까지는 별다른 난관 없이 모든 게 착착 진행되었다. 그러나 지금까지의 성과는 사실 그리 대단한 것이 못된다. 출발점이 꼭짓점 위에 있는 상황은 특수한 상황 중에서도 가장 특수한 상황이기 때문이다.

그렇다면 이제 어떻게 해야 할까? 어떻게 해야 문제를 해결할 아이디어를 찾을 수 있을까? 그렇다! 꼭짓점과 출발점이 일치하는 것보다는 약간 덜 특수한 상황, 다시 말해 약간 더 일반적인 상황을 찾아보는 것이다. 그 상황이란 예컨대 다음 그림에서처럼 출발점 P를 세 변 중 한 변 위에 찍는 것이다.

〈그림 56〉을 자세히 보라. 왼쪽 아래에 직각삼각형 2개가 보일 것이다. 이 삼각형들은 서로 합동이다^{congruent}. 이 말은 곧 둘 중 하나를 밀

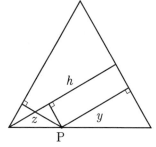

〈그림 56〉 출발점 P가 삼각형의 한 변 위에 있는 경우.

거나(평행이동), 돌리거나(회전이동), 뒤집음(대칭이동)으로써 두 삼각형을 포갤 수 있다는 것을 의미한다. 그뿐만 아니라 위의 두 삼각형은 빗변의 길이와 인접한 2개의 각(각기 30°와 60°)이 같다는 점에서도 합동을 이루기 위한 조건을 충족시키므로 $y+z=h$가 된다. 나아가 위 사례에서는 $x=0$이기 때문에 $x+y+z=h$도 성립한다.

그다음 단계부터는 지금까지보다는 좀 더 까다로워진다. 하지만 좌절하기엔 이르다. 어쩌면 까다롭기 때문에 더 재미있을지도 모른다. 게다가 우리에게는 위의 두 사례를 통해 얻은 도구들도 있다. 실제로 그 도구들을 조금만 변형하면 이번 문제도 쉽게 풀 수 있다.

우선 오른쪽 그림부터 자세히 살펴보자.

선분 DE는 AB와 평행이면서 P를 통과한다. 그리고 원래의 큰 삼각형 ABC와 마찬가지로 삼각형 CDE도 등변삼각형이다. 3개의 각 모두 60°이다. CDE만 따로 떼어놓고 보니 점 P는 앞선 사례에서처럼 다시금 삼각형의 한 변 위에 놓여 있다. 따라서 우리가 앞

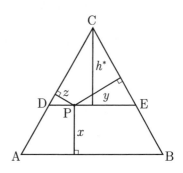

〈그림 57〉 출발점 P가 임의의 위치에 있는 경우.

에서 얻은 결론을 여기에 대입하면, $h^*=z+y$라는 새로운 결론을 얻을 수 있다. 게다가 $h=h^*+x$라는 사실은 굳이 복잡한 증명 과정 없이도 알 수 있다. 이 둘을 합하면 결국 $h=x+y+z$라는 등식이 탄생하고, 이로써 우리는 깔끔하게 문제를 해결했다. 특수 사례를 증명한 결과가 일반적인 사례에 대해서도

적용된다는 사실을 입증해 낸 것이다.

위 내용은 이탈리아의 수학자 빈첸초 비비아니[1622~1703]가 최초로 제시했기 때문에 '비비아니의 정리[Viviani's theorem]'라 불린다. 참고로 달의 충돌구들 중에도 비비아니의 이름을 딴 분화구가 있다고 한다.

사례 2: 정제성(나누어떨어짐)에 관한 이론

b를 기수[base](각 진법의 밑수)로 하는 어떤 수 m이 $b-1$로 나누어떨어지는 경우는 언제일까?

질문을 던져놓고 봐도 과연 이 질문의 뜻을 쉽게 파악할 수 있을까 하는 걱정이 앞선다. 당연한 말이지만, 문제를 이해하지 못한 상태에서는 절대 해답을 찾을 수 없다. 따라서 이번 장에서 다루고 있는 생각의 도구, 즉 '특수화의 원칙[principle of specialization]'에 입각해 위 문제의 범위를 특수 사례들로 좁혀볼까 한다. 그렇게 하면 문제를 파악하는 것은 물론이요 해답을 찾는 과정까지 더 간단해지기 때문이다.

가장 쉽게 떠오르는 특수 사례는 b가 10인 경우이다. 이 경우, 문제의 범위가 10진법으로 좁아진다. 사실 10진법은 학교에서 수학 시간에 가장 많이 다루는 진법이자 일상생활 속에서도 흔히 통용된다. 여기서는 10진법을 따르는 어떤 수 m이 9로 나누어떨어지는 경우가 언제인지를 파악하기만 하면 된다. 이때 m이 n자리의 수라면 각 자리의 수들은 뒤에서부터 $d_0, d_1, \cdots, d_{n-1}$로 표현할 수 있다. 이를 다시 기호로 나타내면 다음과 같다.

$$m = d_{n-1}d_{n-2}\cdots d_1 d_0$$

위 등식을 좀 더 구체적으로 표현하면 아래와 같은 등식이 된다.

$$m = d_0 + 10d_1 + 100d_2 + \cdots + 10^{n-1}d_{n-1}$$

또한 이 등식은 아래의 등식과 동일한 의미를 지닌다.

$$m = (d_0 + d_1 + d_2 + \cdots + d_{n-1}) + [9d_1 + 99d_2 + \cdots + (9\cdots9)d_{n-1}]$$
$$= (m의\ 각\ 자릿수들의\ 합) + 9[d_1 + 11d_2 + \cdots + (1\cdots1)d_{n-1}]$$

자, 여기까지만 바꾸어도 처음보다는 상황이 훨씬 더 눈에 잘 들어온다. 문제는 위 공식에서 정제성과 관련된 어떤 원칙을 추출해 낼 수 있느냐 하는 것인데, 그 답은 비교적 명백한 편이다. m이 9로 나누어떨어지는 수일 경우, m의 각 자릿수들을 더한 값[sum of digits] 역시 9로 나누어떨어진다. 반대의 경우도 성립한다. m의 각 자릿수의 합이 9로 나누어떨어진다면 m 역시 9로 나누어떨어진다.

이로써 우리는 학교에서도 배웠던 명제, 즉 '10진법에서는 어떤 수의 각 자릿수들을 더한 값이 9라면 원래의 수는 9로 나누어떨어진다'는 명제를 발견했다.

위 명제가 참이 되는 이유 역시 자명하다. 10의 제곱수에서 1을 뺀 수, 즉 9, 99, 999 등은 모두 수 9를 연결해놓은 수들이므로 9로 나누어떨어질 수밖에 없다. 이로써 문제가 간단하게 해결되었다. 그런데 잠깐! 혹시 이 원칙이 10진법에서만 적용되는 것은 아닐까?

그러한 의혹을 해소하기 위해 지금부터는 일반적인 사례들을 살펴보려 한다. 10진법 이외의 경우에도 위 명제가 과연 성립할까?만약 어느 외계 행성에 손가락이 10개가 아니라 17개인 외계인들이 있다면, 그래서 그 외계인들은 10진법이 아니라 17진법을 주로 사용한다면 어떨까? 그 경우에도 위 원칙이 적용될까? 컴퓨터 프로그래머들은 8진법을 많이 사용한다고 하고, 컴퓨터는 2진법을 기반으로 만들어졌다는데, 그런 경우에도 위 계산법이 유효할까?

지금부터는 10진법에서 도출된 결론이 그 외의 특수한 사례들에도 적용되는지 살펴보고, 나아가 일반화도 가능한지를 분석해보아야 한다. 이때, b를 기수(=밑수)로 하는 수 체계, 다시 말해 b진법에 따른 n자리의 수 m은 뒤에서부터 볼 때 $d_0, d_1, \cdots, d_{n-1}$이라는 사실에는 변함이 없다. 그리고 다음과 같은 공식을 도출해 낼 수 있다.

$$m = d_{n-1}d_{n-2}\cdots d_1 d_0$$
$$= d_0 + b \times d_1 + b^2 \times d_2 + \cdots + b^{n-1} \times d_{n-1}$$
$$= (d_0 + d_1 + \cdots + d_{n-1})$$
$$+ [(b-1) \times d_1 + (b^2-1)d_2 + \cdots + (b^{n-1}-1)d_{n-1}]$$

여기까지는 비교적 간단하다. 그다음은? 10진법에서는 기수에서 1을 뺀 수를 파악하기가 비교적 쉬웠지만, b라는 미지수를 기수로 정해 놓고 보니 b에서 1을 뺀 수를 어떻게 표현해야 좋을지 쉽게 감이 오지 않는다. 하지만 이번에도 너무 걱정할 필요는 없다. 어차피 우리는 b와 k가 임의의 자연수일 때 b^k-1이라는 수가 $b-1$로 나누어떨어진다는 것만 확인하면 된다. 그 작업만 끝내고 나면 그다음부터는 10진법의 경우와 유사한 방식으로 결과를 도출해 낼 수 있고, 앞서 우리가 제시했던 아이디어를 완벽하게 일반화할 수 있다.

한편, b^k-1이라는 수가 $b-1$로 나누어떨어지는지를 증명하는 데 가장 적합한 방식은 바로 완전 귀납법인데, 고맙게도 그 첫 단계인 기본 단계는 이미 주어진 것이나 다름없다.

기본 단계 $b^1-1=b-1$이므로 $b-1$로 나누어떨어질 수밖에 없다.

두 번째 단계인 귀납 단계 역시 그리 어렵지 않다.

귀납 단계 b^k-1이 $b-1$로 나누어떨어진다고 가정해보자. 그 말은 곧 $b^k-1=(b-1)z$를 만족시키는 자연수 z가 존재한다는 뜻이 된다. 그렇다면 $b^{k+1}-1$의 경우는 어떨까? 답을 얻기 위해 공식을 약간 조작해보겠다.

$$b^{k+1}-1=b(b^k)-1$$
$$=b(b^k-1)+b-1$$
$$=b[(b-1)z]+(b-1)$$
$$=(b-1)(zb+1)$$

위 공식에 따라 $b^{k+1}-1$은 결국 $(b-1)$에 어떤 수를 곱한 수가 된다. 다시 말해 b^k-1이 $b-1$로 나누어떨어진다면 기수인 b와 k가 자연수일 때 $b^{k+1}-1$도 $b-1$로 나누어떨어진다는 것을 의미한다. 이로써 귀납 단계가 완벽하게 마무리되었고, 증명도 완료되었다.

위 사실은 보기보다 매우 유용하다. 위 사실을 앞서 우리가 도출했던 결과에 대입하면 다음 공식이 나온다.

$$m = m의 \ 각 \ 자릿수들의 \ 합$$
$$+[(b-1)d_1+(b^2-1)d_2+\cdots+(b^{n-1}-1)d_{n-1}]$$

거기에 $b-1$, b^2-1, b^3-1, $\cdots$ 등 모든 항이 $b-1$로 나누어떨어진다는 사실까지 적용하면 고지 정복이 코밑까지 바싹 다가온다. 임의의 자연수 x를 이용해 아래의 등식을 만들어 낼 수 있기 때문이다.

$$m = m의 \ 각 \ 자릿수들의 \ 합 + (b-1)x$$

이에 따라 b가 어떤 자연수이든 간에 늘 유효한 결과, 즉 b진법에 따른 어떤 수 m은 각 자릿수들의 합이 m일 때 $b-1$로 나누어떨어진다는 결과가 도출된다!

10. 변화의 원칙

즐겨라, 그리고 바꾸어라!

골프란 돈이 많이 드는 구슬치기이다.

– G. K. 체스터튼(영국의 작가)

낙타는 위원회가 디자인한 말^馬이다.*

– B. 슐레피(미국의 저널리스트)

---

* 관료주의의 폐해를 비꼬아 표현한 말. 원래의 목적은 말을 만들어 내는 것이었으나 관료주의로 인해 결국은 낙타가 나오고 만다는 뜻.

변화의 원칙

어떤 문제가 주어졌을 때, 몇몇 관점을 변화시킴으로써 해당 문제를 새로운 각도에서 관찰하고 이를 통해 원래의 문제를 풀 수 있을까?

1968년, 올림픽 높이뛰기 종목에 출전한 미국 청년 리처드 더글러스 포스베리(애칭은 '딕')가 가로대를 훌쩍 뛰어넘었다. 그 순간, 여기저기에 흩어져 서 있던 심판들이 당황한 표정으로 한 자리에 모였다. 방금 자신들이 본 그것이 허용 가능한 것인지 아닌지를 논의하기 위해서였다. 과연 포스베리의 어떤 행동이 심판들을 당황하게 하였을까?

포스베리의 그 동작이 있기 전까지 높이뛰기에서는 서서히 도움닫기를 한 뒤 발을 구르고, 이후 앞쪽으로 비스듬하게 가로대를 뛰어넘는 방법이 정석이었다. 그런데 포스베리는 매우 빠른 동작으로 도움닫기를 한 뒤 왼발을 구르며 공중으로 날아올랐고, 그와 동시에 몸을 뒤로 틀면서 등으로 가로대를 뛰어넘었다. 그때까지 포스베리는 자신을 B급 선수라고 말하고 다닐 정도로 무

〈그림 58〉 1968년 10월 20일 멕시코시 티에서 '딕' 포스베리가 선보인 배면뛰기(Fosbury Flop).

명의 선수였고, 동료들은 포스베리를 높이뛰기 계의 어릿광대쯤으로 여기며 비웃었다. 하지만 바로 그 어릿광대가 1968년 10월 20일, 멕시코시티에서 열린 올림픽 높이뛰기 결승전에서 장장 4간의 혈투 끝에 2.24m라는 신기록을 세우며 금메달을 목에 걸었고, 동료들의 얼굴에서는 한순간에 웃음기가 가셨다. 그 후 포스베리가 그날 전 세계인들에게 선보인 새로운 높이뛰기 방식, 즉 배면뛰기 방식은 '포스베리 뛰기Fosbury Flop'라 불리며 단기간에 전 세계 높이뛰기 계를 정복해 나갔다.

이번 장의 주제는 '변화의 원칙principle of variation'이다. 딕 포스베리는 기존의 높이뛰기 방식을 철저하게 바꿈으로써 성공을 거두었다. 높이뛰기라는 장벽을 완전히 새로운 접근 방식으로 정복하였다. 변화의 전략은 잘만 활용하면 높이뛰기뿐 아니라 수많은 분야에서 유용한 도구가 되어준다. 원래의 문제를 조금만 다른 각도나 거리에서 바라보면 얼마든지 그와 비슷한 문제를 만들어

낼 수 있고, 새로 탄생한 문제에 대한 해결책을 바탕으로 원래의 문제까지 쉽게 풀어낼 수 있기 때문이다.

충분히 다양한 일들을 충분히 다양한 방식으로 실행해 나가다 보면 언젠가 옳은 일을 하게 될지도 모른다.

– 애슐리 브릴리언트(버클리의 길거리 철학자)

관점의 변화가 어떤 위력을 지니고 있는지 알아보기 위해 경사면에서의 힘의 분배에 관한 시몬 스테빈[1548~1620]의 실험을 예로 들어보겠다. 참고로 이 실험은 지렛대의 원리를 발견하는 토대가 되기도 했는데, 스테빈의 관심사는 아래 그림과 같은 상황에서 어떤 일이 일어날지, 나아가 높이는 같되 경사각은 서로 다른 2개의 빗면 위에 놓인 무

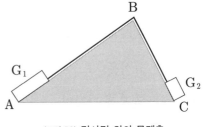

〈그림 59〉 경사면 위의 무게추.

게추들(무게추들은 끈으로 연결되어 있음)이 언제 평형을 이루는지였다고 한다.

스테빈은 변화의 원칙에 입각해 매우 천재적인 생각실험 하나를 고안해 냈다. '생각실험'이라고 부르는 이유는 전체 실험 과정이 스테빈의 머릿속에서만 진행되었기 때문이다.

첫 단계는 끈의 양끝에 무게추를 다는 대신 끈 전체에 구슬을 꿰고, 그 끈을 2개의 경사면 위에 걸쳐두었다.

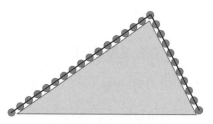

〈그림 60〉 경사면 위의 구슬 체인(열린 형태).

두 번째 단계는 닫힌 형태의 체인을 활용하였다(이때, 단위길이당 무게는 g. 독일어로 무게가 Gewicht이기 때문에 g를 썼다. 아랫부분에서 무게추를 대문자 G로 표현한 것도 마찬가지 이유이다).

이 상태에서 기대할 수 있는 경우의 수는 두 가지이다. 체인이 움직이거나 정지되어 있는 것이다. 그런데 설령 체인이 움직인다 하더라도 전체적인 형태는 달라지지 않는다. 구슬의 크기가 지나치게 크지 않는한 체인이 움직인

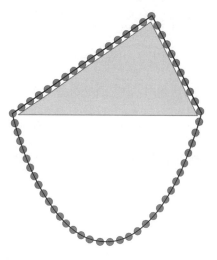

〈그림 61〉 경사면 위의 구슬 체인(닫힌 형태).

뒤에도 다시금 〈그림 60〉과 똑같은 모양이 관찰된다. 사실 경사면에 마찰만 일어나지 않는다면 체인은 끊임없이 운동한다. 즉 '영구운동상태perpetuum mobile, perpetual motion'가 유지된다. 영구운동상태란 한 번 움직이기 시작하면 외부에서 에너지를 끌어오지 않고도 지속적으로 운동하는 상태를 의미한다. 하지만 스테빈은 그것이 불가능하다는 것을 이미 알고 있었다. 즉 (귀류법에 따라!) 체인이 정지되어 있을 수밖에 없다는 것을 알고 있었다.

이후 스테빈은 대칭에 관해 연구했고, 그 결과 왼쪽 끝과 오른쪽 끝에 똑같은 크기의 힘(f_1)이 작용한다는 사실을 알아냈다. 그 말은 곧 체인의 정지 상태를 분석함에서 아치 모양의 아랫부분은 필요가 없다는 뜻이다. 그래서 스테빈은 아랫부분을 잘라냈고, 〈그림 61〉에서 힘이 작용하는 상태는 결국

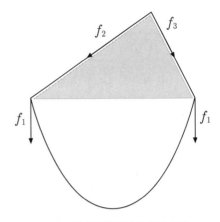

〈그림 62〉 경사면 위에서의 힘의 분배.

〈그림 60〉과 같아졌다. 나아가 삼각형의 두 변, 즉 c와 b(〈그림 59〉 참조) 위에 놓인 무게추를 각기 G_1과 G_2라고 가정할 경우, 다음 등식이 성립한다.

$$G_1 = c \times g$$
$$G_2 = b \times g$$

그리고 거기에서 저 유명한 지렛대의 법칙을 도출해 낼 수 있다.

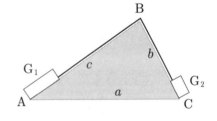

〈그림 63〉 경사면 위에서의 힘의 균형.

$$\frac{G_1}{G_2} = \frac{c \times g}{b \times g} = \frac{c}{b}$$

위 공식을 말로 풀면 'G_1과 G_2의 무게가 각기 자신이 놓여 있는 삼각형 경

사면의 길이에 비례할 경우 힘의 균형 상태가 이루어진다'가 된다. 다른 말로 하면 '같은 높이의 두 경사면에 동일한 무게의 물체가 각기 놓여 있을 경우, 이 물체들은 경사면의 길이에 반비례하게 작용한다'가 된다.

이 법칙은 우리를 둘러싼 세계를 움직이는 위대한 법칙 중 하나이기도 한데, 실제 실험이 아니라 오직 생각과 고민에 의해서 발견되었다는 점에서 그 가치가 특히 더 높다. 스테빈은 지금으로부터 이미 500여 년 전에 머리를 조금 쓰는 것만으로 이러한 위대한 결론을 이끌어 냈다. 스테빈 자신도 그 결과에 감탄을 금치 못했고, 자신의 모국어인 플랑드르어로 "이것은 기적처럼 보이지만 사실 기적이 아니다!"라고 외쳤다고 한다. 〈그림 64〉는 이 이론과 관련된 스테빈의 저서 《균형의 원리^{De Beghinselen der Weeghconst}》의 표지인데, 삼각형과 체인이 마치 어느 귀족 가문의 문장^{紋章}처럼 당당한 위용을 자랑하고 있다.

〈그림 64〉 시몬 스테빈의 《균형의 원리》 표지.

지금부터는 변화의 원칙과 관련된 세 가지 사례를 차례대로 살펴보기로 하자.

사례 1: 등산과 하산

어느 등산객이 오전 7시에 산 아래에서부터 등산을 시작해서 오후 5시에 정상에 도착한 뒤 꼭대기에 있는 산장에서 하룻밤을 보냈다. 다음 날 아침 그 등산객은 정각 7시에 하산하기 시작했다. 그는 하산할 때에도 올라갈 때와 정확히 일치하는 등산로를 따라 걸었다. 그런데 그렇게 내려오다 보니 문득 '이렇게 계속 걷다 보면 혹시 어제와 똑같은 시각에 똑같은 지점을 스쳐 지나가게 될까?'라는 의문이 들었다.

위 문제를 접한 독자들의 머릿속에는 여러 가지 생각이 스쳐 지나갈 것이다. '등산할 때와 하산할 때의 걷는 속도를 고려해야 할까? 올라갈 때와 정확히 같은 길로 내려온다고 했지? 만약 위 문제에서 말하는 그런 지점이 있다면 그 시점은 정확히 언제가 될까?' 그러나 그런 생각들은 '고르디우스의 매듭$^{\text{Gordian knot}}$'*과도 같은 이 문제를 푸는 데 큰 도움이 되지 못한다. 설사 풀 수 있다 하더라도 그 과정이 매우 복잡하다. 그런데 다행히 복잡한 과정들을 거치지 않아도 되는 지름길이 있다. 문제의 본질은 그대로 놓아두고 형태만 살짝 바꾸는 게 바로 그 방법이다.

첫째, 등산객과 하산객이 따로 있다고 가정해야 한다. 한 사람을 두 사람으로 바꾸는 것이다! 이렇게 바꾼다고 해서 위 문제가 근본적으로 달라지는 것은 아니다. 이 부분에 대해서는 따로 설명이 필요치 않을 것 같으니 바로 다음 단계로 넘어가겠다.

둘째, 그 두 사람이 이틀에 걸쳐서가 아니라 같은 날, 같은 시각에 등산과 하산을 한다고 가정해야 한다. 앞선 단계에서 한 사람을 두 사람으로 바꾸었

---

* 알렉산드로스 대왕이 잘랐다고 전해지는 전설 속 매듭. 지금은 얽히고설켜 있어 쉽게 풀 수 없는 매듭을 비유하는 말로 흔히 사용된다.

다면, 이번 단계에서는 이틀을 하루로 바꾼 것이다.

자, 그럼 어떤 일이 벌어질까? 두 사람이 같은 등산로를 이용하기 때문에 등산객과 하산객은 언젠가는 마주칠 수밖에 없다. 그리고 두 사람이 마주치는 그 지점이 바로 맨 처음 제시한 문제의 해답이 된다.

단지 두 항목만 변경했는데 눈앞을 가리던 짙은 안개가 단숨에 사라졌다! 이에 따라 우리가 풀어야 할 문제의 난이도 또한 '식은 죽 먹기' 수준으로 뚝 떨어졌다.

위 문제를 해결하는 과정에서 우리는 결정적인 발상의 전환을 이루어 냈고, 이쯤 되면 칭찬이나 보상을 받아야 마땅하다. 하지만 아무리 둘러봐도 칭찬해 줄 사람이 없다면 적어도 자기 스스로, 그러니까 '보이지 않는 손'으로 각자 자신의 어깨를 한 번쯤은 두드려줘도 될 듯하다. 그만큼 우리가 거둔 성공은 대단하다. 언젠가 아르키메데스가 그랬던 것처럼 "유레카!"하며 환호성을 지르는 것도 나쁘지 않을 듯하다. 단, 시대가 시대이니 만큼 벌거벗은 채 밖으로 뛰쳐나가는 부분만큼은 자제해주기 바란다! 그런데 아르키메데스는 대체 뭘 발견했기에 벌거벗고 있다는 사실마저 잊을 만큼 기뻐했던 것일까? 이 시점에서 '유레카 사건'의 경위를 한번 되짚어보기로 하자.

시라쿠사에 히에론 2세라는 새로운 왕이 탄생했다. 새로 등극한 왕은 자신에게 그러한 축복을 내려준 신들에게 순금으로 된 왕관을 바치기로 했고, 솜씨가 뛰어난 장인들에게 금괴를 내주며 왕관 제작을 의뢰했다. 완성된 왕관을 받아든 히에론 2세는 처음에는 기쁨을 감추지 못했지만 시간이 지날수록 찜

찜한 기분이 들었다. 세공사들이 금괴 일부를 가로챘다는 의혹을 감출 수 없었다. 하지만 무게를 재어보았더니 왕관의 무게는 자신이 건네준 금괴의 무게와 정확히 일치했다. 그럼에도 세공사들에 대한 의혹이 완전히 가시지는 않았다. 아무래도 세공사들이 금괴 일부를 값싼 금속으로 바꿔치기한 것만 같았다. 겉으로 보기에는 순금 왕관이지만 표시가 나지 않을 정도로만 눈속임한 것 같다는 의심이 사라지지 않았다. 결국 히에론 2세는 아르키메데스에게 진상 파악을 의뢰했다.

아르키메데스[기원전285-212]는 순금과 기타 금속의 밀도가 서로 다르다는 사실을 이미 알고 있었다. 그래서 왕관의 부피를 재면 세공사들이 왕관을 만들 때 순금과 무게는 같되 밀도가 더 높거나 낮은 값싼 금속을 사용했는지를 알 수 있겠다고 생각했다. 문제는 왕관의 구조였다. 금괴처럼 모양이 반듯하지 않았으므로 복잡한 구조를 지닌 왕관의 부피를 재는 것은 불가능에 가까웠다.

아르키메데스는 그 문제를 두고 여러 날을 고심했다. 공중목욕탕에 갔던 그날도 아르키메데스의 고민은 계속되었다. 그런데 거기에서 결정적 아이디어가 '번쩍' 떠올랐다. 물이 가득 차 있는 욕조에 들어갔다가 물이 흘러넘치는 것을 목격했고, 거기에서 자기 몸의 용적과 흘러넘치는 물의 양이 같다는 것을 발견한 것이다. 아르키메데스는 그 즉시 벌떡 일어나 "유레카(발견했어)!"라고 외치며 거리로 뛰쳐나갔다. 이후 아르키메데스는 유추의 원칙에 따라 왕관의 용적을 측정했다. 그 첫 단계는 욕조에 넘칠 듯 말 듯 물을 가득 채운 뒤 왕관을 물에 담그고 흘러넘치는 물을 다른 용기에 받았다. 그리고 같은 방법으로 금괴를 담갔을 때 흘러넘치는 물의 양을 측정하여 그 둘을 비교함으로써 국왕의 의문을 명쾌하게 해결해주었다.

유레카 이야기는 이쯤 하고 다시 변화의 원칙과 관련된 수학적 사례들에 집중해보자.

사례 2: 장애물을 사이에 둔 도로 건설(강물을 가로질러 다리 놓기)

A마을과 B마을을 잇는 도로를 건설하려 한다. 그런데 두 마을 사이에는 폭

이 d인 강물이 가로놓여 있다. 따라
서 우리는 d를 가로지르는 다리를
놓아야 한다. 최종 목적은 두 마을
을 최단 거리로 잇는 것이다. 이 목
적을 달성하려면 정확히 어느 위치
에 다리를 놓아야 할까?

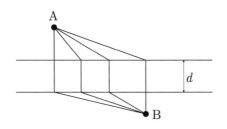

〈그림 65〉 A와 B를 잇는 다리를 놓을 수 있는 가상의 지점들.

첫 번째 작업은 문제를 단순하게 변형시킨다. 본디 쉬운 길은 지름길이라
고 하지 않던가! 그 원칙에 따라 d를 0이라고 가정해보자. 그에 따라 강의 남

단과 B의 위치도 d만큼 위로 당겨
올라가야 한다. 강의 상단과 남단이
일직선 상에 놓여 있게 되고, B는
B* 지점으로 올라가게 된다. 그 결
과가 〈그림 66〉이다.

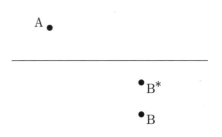

〈그림 66〉 강의 폭을 0이라고 가정했을 때의 상황(발상의 전환을 통한 문제 변형).

약간의 '성형수술' 과정을 거치니

장애물은 의미가 없어져버렸다. A와 B*를 직선으로 연결할 수 있게 되었다.
하지만 아직 문제는 해결되지 않았다. A와 B*를 연결하는 직선은 우리가 인
위적으로 변형시킨 문제의 해결책일 뿐, 원래 문제의 해결책은 아니기 때문
이다.

이제 어떻게 접근해야 원래의 문제를 해결할 수 있을까? 그러자면 〈그림
67〉을 다시 한 번 변형해야 한다. 강물의 폭 d를 원위치에 맞게 넓혀야 한다.

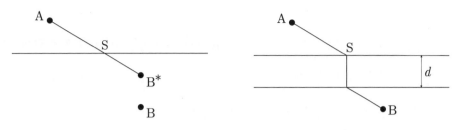

〈그림 67〉 변형된 문제의 해답.　　　　　　　　〈그림 68〉 원래 문제의 해답.

그러면 B*도 원래 위치대로 아래쪽으로 당겨 내려간다. 그렇게 해서 나온 그림이 바로 〈그림 68〉이다.

드디어 장애물을 사이에 둔 두 마을(A와 B)을 최단 거리로 연결하는 방법이 나왔다. 바로 A와 B*를 연결하는 직선에 강물의 폭 d를 더하는 것이다. 여기에서 S는 직선 AB*가 단절된 지점인 동시에 다리가 놓일 지점을 의미한다.

사례 3: 카드게임 속에 숨겨진 마술

K씨와 K씨의 아내가 게임을 하고 있다. 게임 방식은 단순하다. 우선 K씨의 아내가 52장의 카드를 골고루 섞어서 탁자 위에 엎어둔 뒤 맨 위의 카드부터 한 장씩 뒤집는다. K씨는 아내가 카드를 뒤집기 직전에 "스톱!"을 외친다. 이때 뒤집은 카드가 붉은색(하트나 다이아몬드)이면 K씨가 1유로를 따고 검은색(스페이드나 클로버)이면 1유로를 잃는다. 단, K씨에게 주어진 기회는 단 한 번밖에 없다. 만약 51장을 뒤집을 동안 "스톱!"을 외치지 않았다면 마지막 카드가 '스톱 카드'가 된다. 이 경우, K씨는 어떤 전략을 써야 1유로를 딸 수 있을까?

카드놀이에 익숙하거나 '생각놀이'의 달인이라 하더라도 이 문제를 풀기는 쉽지 않을 것이다. 대부분 사람은 일단 K씨가 기다리는 게 옳다고 생각할 것이다. 남아 있는 카드 중 붉은색 카드가 검은색 카드보다 더 많아질 때까지 기다린 뒤 자신에게 주어진 기회를 활용해야 이길 확률이 높다고 생각한다. 틀린 말은 아니다. 뜻대로만 된다면 승률이 50% 이상으로 높아질 수 있다. 그런데 사실 그런 전략은 아무런 감도 오지 않는 상태와 1유로를 따는 상태를 연결하는 다리쯤 된다고 할 수 있고, 성공을 보장받을 수 없다. 승률이 50%를 넘는 순간이 아예 오지 않을 수도 있기 때문이다. 남은 카드 중 검은색 카드가 더 많다면 오히려 1유로를 잃을 확률만 더 높아진다.

결국 원점으로 되돌아왔다. 문제를 어떻게 해결해야 좋을지 모르는 지점으로 돌아와버린 것이다. 하지만 늘 강조하지만 포기하기는 아직 이르다. 다시 한 번 힘을 모아서 K씨가 언제 "스톱!"을 외쳐야 좋을지 생각해보자.

우선 K씨가 취할 임의의 전략을 S라고 가정해보겠다. S는 아마도 첫 카드를 뒤집을 때 이미 "스톱!"을 외치거나, 카드의 절반이 뒤집힐 때까지 침묵으로 일관하거나, 앞서 말했던 것처럼 남은 카드 중 붉은색 카드의 비율이 50% 이상 될 때까지 기다리거나 최후의 수단으로 맨 마지막 카드를 뒤집을 때까지 벙어리마냥 입을 꾹 다문 채 기다린다.

그런데 여기까지 정리해놓고 봐도 아직 이렇다 할 답은 나오지 않는다. 그 말은 곧 새로운 아이디어가 필요하다는 뜻이다. 따라서 게임의 규칙을 약간 수정하려 한다. 물론 규칙을 수정한다고 해서 K씨의 승률이 바뀌는 것은 아니다. K씨가 스톱을 외치는 시점만 약간 바꾸는 것이다. 다시 말해 맨 위의 카드가 아니라 맨 밑에 있는 카드에 내기를 거는 것으로 게임 조건을 바꾼다.

바뀐 게임 규칙이 K씨에게 유리하게 작용할지 불리하게 작용할지 아직은 잘 모르겠다. 분명한 것은 게임 규칙이 바뀌었고, 그로 인해 완전히 새로운 게임이 되었다는 것이다. 하지만 K씨가 게임에서 이길 확률은 동일하다. 그렇다! K씨가 언제 스톱을 외치든 맨 위의 카드가 붉은색일 확률과 맨 밑의 카드가 붉은색일 확률은 같다. 다시 말해 K씨가 취할 전략 S의 승률은 원래 게임에서나 바뀐 게임에서나 같다.

여기까지 정리하고 나니 남은 과제는 의외로 간단하다. 마지막 카드가 붉은색이면 K씨가 승자가 되고 검은색이면 패자가 된다. K씨가 어떤 전략을 택하든 상관없다. 그리고 이 사실은 맨 처음의 문제를 해결할 수 있는 열쇠이기도 하다. K씨가 어떤 전략을 쓰건 K씨의 승률은 다음 공식과 같기 때문이다.

$$(+1)\times P(\text{마지막 카드가 붉은색})+(-1)\times P(\text{마지막 카드가 붉은색이 아님})$$
$$=(+1)\times \frac{1}{2}+(-1)\times \frac{1}{2}=0$$

위 공식에 따른 결론 위 게임은 K씨가 이길 수도 있고 질 수도 있다. 승률이 50 대 50이라는 점에서 매우 공평한 게임이라 할 수 있다. 반드시 이길 수 있는 전략도 없고, 어떤 전략을 선택하든 패배율이 높아지지도 않는다. 즉 K씨가 어떤 전략을 취하든 간에 승률은 반반이다.

11. 불변의 원칙

변하지 않는 것들을 찾아서…

우리는 매 시각 정시에 '오후 5시의 차'를 제공하고 있습니다.

– 예술가들이 자주 찾는 몽마르트르의 어느 식당에 걸려 있던 광고판

우리는 모든 언어에 대해 복사 서비스를 제공하고 있습니다.

– 인도의 어느 복사점의 광고 문구

불변이란 변하지 않는 것을 뜻한다. 예컨대 다양하게 변화를 줄 수 있고 다양한 방식으로 조작 가능한 어떤 시스템이 있다면, 그리고 시스템을 변경했음에도 그 안에 변하지 않는 부분이 있다면 그 부분이 바로 불변하는 요소^{invariance}라는 말이다.

'불변의 원칙$^{principle\ of\ invariance}$'이 활용되는 분야는 매우 많지만 그중에서도 자연과학 분야가 대표적이다. 자연과학 분야에서도 다시 대표적인 분야를 꼽으라면 다섯 손가락 안에 들어가는 것이 바로 우주과학인데, 우주 전체를 통틀어 불변하는 가장 중대한 요소는 아마도 빛의 속도일 것이다. 실제로 광속불변의 법칙은 아인슈타인의 특수상대성이론의 근간이 되기도 했다. 그런 만큼 해당 법칙을 좀 더 면밀히 살펴볼 필요가 있을 듯하다.

모든 것은 지금은 전설이 된 한 건의 실험에서 시작되었다. 1887년, 앨버트 마이컬슨과 에드워드 몰리는 클리블랜드에서 에테르라는 신비한 물질의 존재를 증명하기 위한 실험을 진행했다. 당시 이미 유명세를 떨치고 있던 두 물리학자는 우주 전체에 퍼져 있는 에테르가 빛의 매질이라 믿었다. 음파가 퍼지기 위해 공기가 필요하듯 빛이 진행하기 위해서는 에테르가 필요할 것이라고 생각했다. 나아가 마이컬슨과 몰리는 지구가 태양 주변을 공전하고 있으니 에테르도 지구와 함께 흐르고 있고, 이에 따라 '에테르 바람'을 가로질러야 하는 빛은 저항이 없는 상태에서 진행되는 것보다 훨씬 더 느린 속도로 진행될 것으로 예측했다.

1887년 7월, 두 사람은 여러 차례에 걸쳐 중대한 실험을 했다. 클리블랜드 시 당국에서도 도시 전체의 교통을 통제하면서까지 협조해줄 만큼 중대한 실험이었다. 그 덕분에 실험에 사용된 민감한 장비들도 어떠한 간섭도 받지 않은 상태에서 작동될 수 있었다. 하지만 측정된 데이터를 분석해본 결과, 마이컬슨과 몰리의 실험은 실패한 것으로 판명났다. 빛의 진행 속도에서 차이가 전혀 발견되지 않은 것이다.

당시 물리학계에서도 두 사람의 실험 결과에 놀라움을 금치 못했다고 한다. 그런데 왜 그 당시 물리학자들은 실험 결과에 그토록 놀랐을까?

일상생활 속에서 우리는 속도를 더하거나 빼는 것에 익숙하다. 예를 들어 열차에 타고 있는 어떤 여행객이 열차의 진행 방향으로 걸어간다고 가정해보라. 맨 뒤칸에 타고 있던 그 승객은 앞쪽에 있는 식당 칸을 향해 뚜벅뚜벅 걸어간다. 이때 정지해 있는 외부의 관찰자 입장에서는 당연히 기차가 달리는 속도와 승객이 걸어가는 속도를 더해서 생각하게 된다. 광속도 마찬가지이다. 정지해 있는 관찰자 입장에서는 움직이는 물체에서 빛이 뻗어 나올 때 물체의 이동 속도와 빛의 이동 속도를 더해서 생각하게 된다. 그런데 마이컬슨과 몰리가 측정한 결과는 그것과 달랐다. 두 속도를 더하지 말아야 한다는 결과가 나온 것이다. 하지만 그 결과는 실험을 진행한 당사자들조차 의심을 품을 만큼 이해하기 어려웠다.

〈그림 69〉 세상에서 가장 유명한 물리학 공식.

그런데 20세기 초반쯤, 그 실험 결과에 대해 일말의 의심도 품지 않은 이가 등장했다. 마이컬슨과 몰리의 실험 결과야말로 정확한 데이터라고 믿었다. 그는 다른 경우와는 달리 빛에 대해서는 속도를 더하거나 뺄 수 없다고 생각했다. 광속은 불변한다고 믿었던 것이다. 스위스 베른 시 특허청의 말단 공무원이었던 그는 자신의 믿음을 이론으로 정리했다. 그 공무원의 이름은 알베르트 아인슈타인이었다.

아인슈타인은 광원이 무엇이든 간에, 나아가 광원이나 관측자가 움직이든 정지해 있든 간에 빛의 속도는 절대적이며 늘 일정하다고 믿었고, 이러한 자신의 믿음을 생각실험을 통해 꾸준히 연구하고 발전시켜 나갔다.

그런 가운데 아인슈타인이 특히 주목했던 분야는 시간의 흐름에 관한 것으로, 시계가 느리게 혹은 빠르게 간다면 어떤 일이 일어날지를 연구했다.

일반적으로 시간은 진자나 수정crystal 또는 원자의 주기적 진동을 이용하여 측정한다. 시간의 흐름을 일정한 구간interval으로 나눈 뒤, 그 구간들을 측정하는 것이다.

빛을 이용한 시계를 예로 들어보겠다. 광자시계는 실린더 모양의 단순한 구조를 지니고 있다. 실린더 윗부분에 있는 광자발생기(섬광 램프)는 광신호를 초당 30만 킬로미터의 속도($c=300,000$km/s)로 실린더 밑바닥으로 전송하고, 실린더 아랫부분에는 광신호를 실린더의 윗부분으로 반사하는 거울이 장착되어 있다. 실린더 상단에 있는 감지기가 그 한 번의 이동을 감지하는 즉시 램프에서는 다시금 빛이 전송된다. 이때 실린더의 길이가 15센티미터($l=15$cm)라면 램프에서 나간 빛이 거울에 반사되어 다시 상단에 도달하는 주기는 아래 공식에 따라 산출된다.

$$\Delta t = \frac{2 \times l}{c} = \frac{2 \times 0.15\text{m}}{3 \times 10^8 \text{m/s}} = 1 \times 10^{-9}\text{s} = 1\text{ns}$$

즉, 1나노초(ns)이다.

달리 말해 광자시계는 일정한 길이를 지닌 장치로, 예컨대 그 장치 안에서 거울에 반사된 광자가 위아래로 끊임없이 이동하고 있다.

〈그림 70〉은 반대편의 정지해 있는 관찰자 시점(물리학 전문용어로 말하자면 '정지좌표계')에서 바라본 광자시계의 모습을 나타낸 것이다. 그런데 만약 광자시계가 움직인다면, 다시 말해 실린더 내부에서 양자가 진행하는 방향에 대해 v의 속도로 수직으로 이동한다면 어떻게

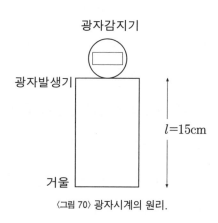

〈그림 70〉 광자시계의 원리.

될까? 이 경우, 시간이 계산되기 시작하는 시점은 광자발생기에서 빛이 전송되기 시작하는 시점이다. 필자가 구입한 시계의 포장박스에 동봉된 사용설명서를 인용하자면, 섬광 램프(광자발생기)에서 빛이 빠져나오는 순간이 바로 '이제 시간이 흐릅니다'라는 시점이라고 한다.

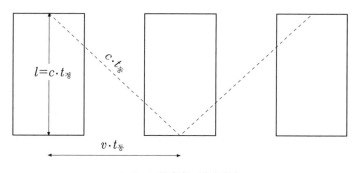

〈그림 71〉 움직이는 광자시계.

지상 관찰자(정지좌표계)의 입장에서 보자면 움직이는 물체 내부의 광자는 비스듬한 궤도를 그리며 이동한다. 그리고 뉴턴의 물리학 법칙에 따르면 광자시계 내부의 광자들은 가속도 때문에 일반적인 속도인 c보다 당연히 더 빨리 이동한다. 그런데 아인슈타인은 광속 불변의 법칙이라는 이론을 제시했다.

물론 지상 관찰자의 입장에서 보자면 움직이는 광자시계 내부에서 대각선으로 이동하는 광자 역시 c의 속도로 이동한다. 하지만 이동 방향이 수직이 아니라 대각선 형태이기 때문에 상단에서 하단까지의 거리가 더 길어진다. 다시 말해 광자가 실린더의 천장에서 밑바닥까지 이동하는 데 수직으로 떨어졌다가 반사될 때보다는 좀 더 긴 시간이 걸린다. 이에 따라 결국은 광속 불변의 법칙이 성립한다. 즉 움직이는 광자시계의 경우, 정지된 광자시계보다 빛이 한 번 오가는 데 걸리는 시간이 더 길다. 그런데 그 현상은 움직이는 광자시계 내부에서는 시간이 더 느리게 간다는 뜻으로 해석할 수도 있다. 그것이 바로 시간팽창$^{time\ dilatation}$ 현상이다.

시간팽창 현상은 상대성이론이 제시하는 환상적이고 획기적인 결론 중 하나이다. 시간팽창 현상은 광자시계뿐 아니라 나머지 모든 분야에서도 관찰되고, 심지어 시간 자체에 대해서도 나타난다.

이 현상을 정량화하기 위해 우선 정지된 광자시계 내부에서 광자가 천장에서 바닥까지 한 번 이동하는 시간(광자주기)부터 관찰해보자. 그 주기를 $t_{정}$이라고 가정하면 실린더 천장에서 바닥까지의 거리는 $c \times t_{정}$이 된다. 움직이는 광자시계의 광자주기는 아직 얼마인지 알 수 없다. 그 미지의 주기는 $t_{동}$이라고 해두자. 그러면 광자가 이동하는 거리는 $c \times t_동$이 되고, 광자시계 전체가 이동한 거리는 $c \times t_동$이 된다. 실린더 천장에서부터 바닥까지의 거리에 대해서는 정지된 경우와 마찬가지로 $c \times t_정$이라는 값을 적용한다. 그런데 이 경우, 빛의 이동 방향이 직각삼각형과 관련되어 있으므로 피타고라스의 정리를 활용할 수 있다. 이에 따라 아래의 공식이 도출된다.

$$(c \times t_정)^2 + (v \times t_동) = (c \times t_동)^2$$

위 공식을 다음과 같이 표현할 수도 있다.

$$(c \times t_정)^2 = t^2_동(c^2 - v^2)$$

또는

$$t^2_정 = t^2_동 \left(1 - \frac{v^2}{c^2} \right)$$

혹은 이렇게 표현할 수도 있다.

$$t_정 = \frac{t_동}{\sqrt{1 - \dfrac{v^2}{c^2}}}$$

드디어 답이 나왔다. 바로 시간팽창과 관련된 아인슈타인의 공식이다. 이
공식은 관찰자가 v의 속도로 이동할 경우, 정지해 있을 때보다 아래 공식만큼
시간이 더 느리게 흐른다는 뜻이다.

$$\sqrt{1 - \frac{v^2}{c^2}}$$

"지금 말씀인가요?"

– "몇 시죠?"라는 질문에 대한 요기 베라의 대답*

_____

* 요기 베라는 독특한 입담으로 유명한 미국의 야구 선수. 참고로 위 질문과 답변은 비행기 안에서 오간
것이라고 한다.

사실 일상생활에서는 시간팽창 효과를 거의 느끼지 못한다. 그만큼 차이가
미미하기 때문이다. 하지만 그 현상은 분명히 실제로 일어나고 있다. 눈속임
이나 착각이 아니다. 실제로 정지해 있을 때와 움직일 때 시간이 흐르는 속도
에는 분명히 차이가 있고, 시계가 충분히 정밀하기만 하다면 그 차이를 현실
에서도 측정할 수 있다.

뉴턴의 물리학이든 일상생활에서든 시간은 늘 절대적인 것으로 간주되어
왔다. 그런데 아인슈타인이 그 절대성을 무너뜨렸다. 환상적인 동시에 당황스

러운 결과였다. 그만큼 상대성이론은 우리가 늘 익숙해 있던 일상생활마저 천재적으로 뛰어넘어 버린 것이다. 아인슈타인은 상대성이론을 비롯한 일련의 천재적 이론들과 독특한 개성으로 로큰롤 스타가 부럽지 않을 정도의 시대적 아이콘으로 부상했다.

푸른 지구가 낳은 위대한 영웅 제2탄*: 알베르트 아인슈타인의 삶과 업적

1905년 당시 아인슈타인은 스위스 특허청에 소속된 공무원이었다. 어느 날 아침, 아인슈타인은 들뜬 마음으로 잠에서 깼다. 친구인 미헬레 베소와 시공간에 대해 활발한 토론을 벌인 다음 날 아침, 특수상대성이론에 관한 초기 아이디어들이 아인슈타인의 뇌리를 스쳤다. 그로부터 단 6주 만에 아인슈타인은 특수상대성이론에 관한 아이디어를 머릿속에 모두 정리했고, 그렇게 정리한 기고문을 유명 학술지인 〈물리학 연감$^{Annalen\ der\ Physik}$〉에 전달했다. 그 후 아인슈타인은 자신이 미처 생각지 못한 부분이 있었다는 점을 발견했고, 그 부분에 관한 내용을 세 쪽에 걸쳐 정리하여 다시 송고했다. 그 이후에도 아인슈타인은 가까운 지인에게 사실 자기 스스로도 연구 결과의 정확성에 대해 확신이 서지 않는다고 털어놓았고, 그 때문에 추가 원고를 작성하기 시작했다. 추가 원고는 "최근 본지를 통해 소개된 전기역학 실험 결과에 따라 매우 흥미로운 이론이 도출되었다. 이에 그 결과물을 다시금 소개하고자 한다."로 시작

---

* 제1탄은 2장 '푸비니의 원칙'에서 확인할 수 있음.

되었다. 논문 말미 부분, 정확히 끝에서 여섯 번째 줄에는 세상을 뒤바꾸어놓을 $E=mc^2$이라는 공식이 적혀 있었다.

상대성이론의 주요 명제 중 하나는 태양의 질량 때문에 그 옆을 지나가는 빛의 궤도가 휜다는 것이었다. 즉 멀리 떨어져 있는 어느 항성에서 전송된 빛이 지구까지 도달하는 과정에서 태양의 질량 때문에 (비록 미미한 수준이기는 하지만) 방향이 달라진다는 것이다. 이 이론과 관련해 1919년, 두 과학자가 관측 작업을 했다. 그 해 5월 29일에 열대 지방에서 일어날 일식을 관찰하면서 태양의 중력장에 의해 빛이 휘는지를 확인하고, 나아가 곡률^{curvature}이 얼마인지를 측정해보기 위한 실험이었다.

그중 한 명인 영국의 천문학자 아서 스탠리 에딩턴은 아프리카 서부 기니만 연안의 화산섬인 프린스페^{Principe} 섬으로 갔고, 또 다른 한 명의 천문학자는 브라질의 소브랄^{Sobral}로 향했다. 그런데 관측 결과가 나오기도 전에 아인슈타인은 자신의 이론을 바탕으로 "태양 곁을 스치는 광선은 (원래 직진하는 각도에 비해) 약 1.75초^{arcsec} 휘어질 것이다."라며 실험 결과를 미리 예언했다.

두 과학자의 관측 결과를 분석하는 데에는 꽤 오랜 시간이 걸렸다. 9월 22일, 드디어 기나긴 작업이 완료되었고, 노벨물리학상 수상자인 네덜란드의 헨드릭 안톤 로런츠는 "에딩턴이 태양 가장자리에서 별빛이 $\frac{9}{10}$ ~ $\frac{9}{20}$초가량 휘는 것을 발견했음"이라는 내용의 전보를 아인슈타인에게 보냈다. 전보를 받을 당시 아인슈타인은 어머니의 임종을 지키고 있었다.

1919년 11월 6일, 영국왕립학회는 일식 관측 실험의 결과를 공식적으로

〈그림 72〉 오렌 J.터너가 찍은 1947년의 아인슈타인.

발표했다. 당시 학회의 조직위원장은 "본 결과는 인류의 사고에 따른 업적 중 가장 위대한 업적에 속한다."고 말했고, 이로써 아인슈타인은 하루아침에 유명 인사가 되었다. 〈베를린 화보 신문Berliner Illustrirte Zeitung〉 등 아인슈타인에 관한 내용을 대서특필하지 않은 신문이 없을 정도였다.

조셉 하펠레와 리처드 키팅도 1971년, 상대성이론에 따른 시간팽창을 직접 측정하기 위한 실험을 진행했다. 두 물리학자는 세슘원자시계cesium atomic clock를 각기 4개씩 준비한 뒤 여객기를 타고 한 번은 서쪽으로, 한 번은 동쪽으로 지구를 한 바퀴 여행하면서 시간의 변화를 정확히 기록했다. 그 결과, 시간팽창 효과와 관련된 아인슈타인의 이론은 옳은 것으로 밝혀졌다.

동쪽으로 여행할 때에는 4개의 세슘시계가 각기 57, 74, 55, 51나노초씩 느리게 간 것으로 드러났는데, 이는 40±23나노초라는 이론적 측정값 범위 안에 있었다. 서쪽으로 여행했을 때에는 시계가 각기 277, 284, 266, 266나노초씩 빨리 간 것으로 밝혀졌다. 이 역시 274±21나노초라는 이론적 측정값의 범위 안에 드는 결과였다. 이론적 오차범위를 설정해둔 이유는 여객기가 실제 지구 표면을 따라 비행했기 때문이다. 다시 말해 지구가 매끄러운 모양의 평면이 아니기 때문에 오차범위를 설정해둘 필요가 있었던 것이다.

미국의 고등학술연구소^{Institute of Advanced Study}로 건너올 때쯤 아인슈타인은 이미 전 세계적으로 이름을 떨치고 있었다.

첫 강의 날, 아인슈타인은 수많은 사람 앞에서 이렇게 말했다.

"미국 사람들이 텐서* 분석에 이렇게 관심이 많을 거라고는 상상도 하지 못했습니다."

– 하워드 이브스: 《수학의 추억(Mathematical Reminiscences)》

---

* tensor. 벡터의 개념을 확장한 기하학적 양(量).

우리 주변을 가만히 살펴보면 불변하는 요소를 내포하고 있는 것들이 적지 않다. 불변의 원칙이 쓰임새가 다양한 것도 그 덕분이다. 이 원칙은 휴리스틱 분야에서서도 매우 유용한 도구로 간주한다. 그중에서도 특히 불변의 요소를 애용하는 분야를 꼽으라면 단연코 수학 분야를 들 수 있다. 수학에서 말하는 불변 요소란 쉽게 말해 어떤 수학적 상황 안에 내포된 일정한 크기를 뜻한다. 즉 주어진 상황을 조금 변경하더라도 절대 변치 않는 요소가 바로 불변 요소이다. 예컨대 우리가 연구해야 할 어떤 상황이 주어졌다고 가정하자. 그 상황은 경우에 따라 이런 식으로든 저런 식으로든 달라질 수 있다. 하지만 상황이 어떻게 바뀌더라도 절대 변하지 않는 성질이 그 안에 내포되어 있을 수 있는데, 그게 바로 불변 요소이다. 불변 요소를 함수 f라고 가정하고, 출발 상황을 A, 도달해야 할 목표 상황을 E라고 가정해보자. 이때 불변 요소가 만약 아래 부등식과 같다면 출발 상황을 목표 상황으로 연결할 수 없다.

$$f(A) \neq f(B)$$

왜 그런지 불변 요소를 이용한 사례를 통해 살펴보자.

사례 1: 모든 구슬을 1개의 접시에 모으라!

테이블 위에 총 $2n$개의 접시가 원형으로 놓여 있고, 각 접시에는 구슬이 1개씩 놓여 있다. 그 상태에서 테이블이 천천히 빙글빙글 돌아간다. 테이블이 한 바퀴 돌 때마다 접시 1개를 무작위로 선택하고, 그 양옆의 접시에서 각기 구슬 1개씩을 집어 해당 접시로 옮겨 담는다. 단, 양쪽 접시 모두에 구슬이 놓여 있을 때만 그렇게 하고, 그 이외의 경우에는 구슬을 옮겨 담으면 안 된다. 자, 그렇다면 테이블이 계속 돈다고 가정했을 때 언젠가 단 1개의 접시에 모든 구슬을 모을 수 있을까?

문제를 풀기 위한 첫 단계는 $m=2n$이라는 공식을 만들고, 각각의 접시에 $0, 1, \cdots, m-1$까지의 번호를 매긴다. 그런 다음 아래 공식을 작성한다.

$$s = 0 \times a_0 + 1 \times a_1 + 2 \times a_2 + \cdots + (m-1)a_{m-1}$$

이때 a_k는 k번 접시에 놓인 구슬의 개수를 의미한다. 이제 테이블이 한 바퀴 돌 때마다 '상태합$^{\text{sum of state}}$' s가 어떻게 달라지는지 알아볼 차례이다. 예를 들어 우리가 선택한 접시가 k번 접시라면, k의 양옆 접시에 놓인 구슬을 k에 옮겨 담아야 한다. 이 경우, 상태합 s는 새로운 상태합 S로 수정되어야 한다. a_k는 $a_k + 2$로 바뀌고, 그와 동시에 a_{k-1}은 $a_{k-1} - 1$로, a_{k+1}은 $a_{k+1} - 1$로 바뀌기 때문이다. 그에 따라 S는 아래 공식과 같아진다.

$$S = s - (k-1) - (k+1) + 2k = s$$

위 상황을 통해 상태합이 불변 요소라는 것을 알게 되었다. 그뿐만 아니라 출발 상황의 상태합을 아래와 같이 표현할 수 있다는 것도 알게 되었다.

$$S_A = 0 + 1 + 2 + \cdots + (m-1) = \frac{m(m-1)}{2}$$

그리고 그 상태합은 m으로 나누어떨어지지 않는다. 그 이유는 $\frac{(m-1)}{2}$이 자연수가 아니기 때문이다. 반면, 목표 상황의 상태합 SB는 k와 m을 곱한 값이 되고(SB=$k \times m$), SB는 m으로 나누어떨어진다. 따라서 SA와 SB는 분명히 서로 다른 값이다. 결론적으로 말하면 출발 상황으로부터 목표 상황을 도출해 낼 수 없다.

사례 3: 스카트^{Skat} 게임 속 불변 요소

노련한 '해결사'들은 자신도 모르는 사이에 불변 요소가 무엇인지 찾아낸 뒤 그것을 문제 해결에 활용한다고 한다. 불변 요소를 찾아내기만 하면 보기에 따라 전혀 다른 상황들에서도 공통점을 유도해 낼 수 있기 때문이다. 그런 의미에서 불변 요소는 문제 해결 과정을 단축하는 막강한 도구라 할 수 있다.

불변 요소는 곳곳에 숨어 있다. 심지어 카드를 섞는 행위에도 숨어 있다. 스카트^{Skat*} 게임을 예로 들어 보자. 스카트에서는 32장의 카드를 이용한다. 우리가 흔히 알고 있는 트럼프 카드에서 2, 3, 4, 5, 6이 적힌 카드를 제외한 나머지 카드들을 이용한다.

이때 아무리 섞어도 카드가 총 32장이라는 사실은 변하지 않는다. 각 수 혹은 문자별로 각기 다른 그림의 카드가 4장이라는 사실도 고정적이다. 하지만 카드의 배열순서는 섞을 때마다 거의 매번 달라진다.

그런데 만약 카드 무더기가 소진될 때마다 카드를 무작위로 섞는 대신 방금 뒤집은 카드를 맨 아래쪽에 끼워 넣는 방식으로 게임의 규칙을 살짝만 바꾸면 아주 재미있는 불변 요소 하나가 탄생한다. 예를 들어 맨 처음 카드를 섞을 때 클로버 잭(♣J)이 다이아몬드 퀸(◆Q)으로부터 5장 아래쪽에 놓여 있었다면

---

* 독일 카드 게임의 일종.

게임이 끝날 때까지 그 순서는 바뀌지 않는다. 위쪽에 있던 n장의 카드를 한 꺼번에 들어서 $32-n$장이 카드의 아래쪽에 끼워 넣는다 하더라도 ♣J이 ◆Q 으로부터 5장 아래쪽에 있다는 사실에는 변함이 없다. 그리고 그 사실을 잘만 이용하면 게임의 승자가 될 수 있다.

결혼식과 불변 요소

1978년 12월 2일, 사우디아라비아의 제다^{Jeddah}에서 자매가 합동결혼식을 올렸다. 그런데 신부의 아버지가 실수로 그만 남편들의 이름을 바꾸어 부르고 말았다.

그로부터 며칠 뒤 두 딸은 남편이 뒤바뀌었다는 사실을 알게 되었지만, 이혼을 하지 않겠다고 선언했다. 그만큼 각자 현재 남편에 대한 만족도가 높았다.

- 〈모슬렘 인콰이어러〉 1978년 12월호

마지막으로 불변의 원칙을 성공적으로 활용할 수 있는 사례 하나를 더 살펴 보자.

사례 3: 카멜레온의 색깔이 하나로 통일될 수 있을까?

어느 섬에 회색 카멜레온 13마리, 갈색 카멜레온 15마리, 분홍색 카멜레온

17마리가 살고 있다. 그런데 서로 다른 색의 카멜레온끼리 마주치면 두 카멜레온은 그 즉시 제3의 색깔로 변해버린다고 한다. 반면, 같은 색의 카멜레온끼리 마주칠 경우에는 아무런 변화도 일어나지 않는다. 이 경우, 시간만 충분히 주어진다면 그 섬에 서식하는 카멜레온 모두 똑같은 색을 띠게 될까?

이번에도 결국에는 불변의 원칙이 문제 해결의 열쇠가 될 것이다. 하지만 거기까지 가려면 우선 그 원칙을 어떻게 활용할지부터 생각해내야 한다. 우선 13, 15, 17이라는 수를 3으로 나누어보자(3가지 색상). 그러면 각기 나머지는 1(회색), 0(갈색), 2(분홍색)가 나온다. 여기까지 생각한 것만으로도 문제는 거의 해결되었다. 어떤 색깔의 카멜레온 두 마리가 마주치든 간에 결국 색깔별 마릿수를 3으로 나누면 나머지는 0이나 1 혹은 2가 되기 때문이다.

예를 들어 어느 색깔의 카멜레온 두 마리가 만나든 첫 번째 만남 이후에는 나머지가 0, 2, 1이 된다. 두 번째 만남 이후에는 나머지가 2, 1, 0이 되고, 그 다음에는 1, 0, 2가 된다. 결국 처음의 상황으로 되돌아온다(순서는 달라질 수 있음).

그렇다면 나머지가 불변한다는 사실에서 우리는 어떤 결론을 내릴 수 있을까?

답은 간단하다. 그 섬에 사는 카멜레온의 색깔이 최소한 두 가지로 유지된다는 것이요, 나아가 나머지가 0, 0, 0이 되지 않는 한 45마리 모두 같은 색깔을 띨 수는 없다!

12. 일변성의 원칙

일변성의 마법과 그 위력

독일인들에게 다행스러운 것은
자신을 이해해줄 만큼 더 미친 사람을
찾을 수 없다는 것이다.

– 하인리히 하이네(1797~1865), 독일의 시인

더 나아지기 위한 노력을 중단한 이는
괜찮은 사람이기를 포기한 것이다.

– 필립 로젠탈(1916년생), 기업가

앞장에서는 어떤 시스템이 변화됨에도 그 안에 변치 않는 요소들이 존재한
다는 것에 대해 알아보았다. 우주 전체에서 가장 중대한 불변 요소는 빛의 속
도라는 것도 배웠다. 그런데 사실 '보존량$^{\text{conserved quantity}}$'이라는 개념은 광속뿐
아니라 물리학 전반에 걸쳐 널리 활용되는 매우 유용하고 생산적인 개념이다.
어떤 시스템 내부에 존재하는 불변 요소가 무엇인지를 안다면 역추론을 통해
해당 시스템을 어떻게 변경하면 안 되는지를 간단하게 찾을 수 있기 때문이
다. 즉 불변 요소가 변해버릴 경우, 그 방법으로 시스템을 변경하면 안 된다는
것을 추적해 낸다.

한편, '에너지 보존의 법칙$^{\text{law of energy conservation}}$'은 광속 불변의 법칙과 더불어
물리학 전체를 통틀어 가장 중요한 보존 법칙에 속한다고 할 수 있다. 에너지

보존의 법칙이란 폐쇄된 계$^{closed\ system}$ 안에서는 에너지 총량이 변하지 않는다는 것이다. 물론 폐쇄계 내부에서 일어나는 일들로 인해 에너지의 형태는 달라질 수 있다. 마찰에 의해 운동에너지가 열에너지로 변환되는 것을 예로 들 수 있다. 하지만 에너지의 총량에는 변함이 없다. 즉 폐쇄계 내부에서는 에너지가 생성되지도 소멸하지도 않는다. 이를 역으로 생각하면 어떤 일이 발생하든 간에 폐쇄계 내부의 에너지 총량을 변화시키는 것은 물리학적으로 불가능하다는 말이 된다. 예컨대 땅바닥에 가만히 놓여 있는 공은 아무 이유 없이 갑자기 탁자 위로 튀어 오르지 않는다. 그렇게 하려면 외부의 에너지를 시스템 내부(가만히 있는 공)로 끌어와야 한다.

그런 의미에서 에너지 보존의 법칙을 배제의 원칙으로 활용할 수도 있다. 자연계 안에서 에너지 총량에 변화가 생기는 현상들을 모두 배제해버릴 수만 있다면 말이다.그런데 에너지 보존의 법칙을 충족시키는 현상들이 모두 실제로 일어나는 것은 아니다. 우리 앞에 탁자가 놓여 있고 그 위에 커피잔 하나가 놓여 있다고 가정해보자. 그 상태에서 팔을 잘못 휘두른다면 커피잔은 깨지고 커피는 값비싼 페르시아 양탄자 위에 엎질러진다. 상상하기조차 싫은 상황이겠지만, 실제로 이런 일들이 우리 주변에서 왕왕 일어나곤 한다. 하지만 반대의 경우는 어떨까? 페르시아 양탄자 위에 엎질러진 커피는 순식간에 식으면서 에너지를 방출하는데, 그 에너지 덕분에 커피가 다시 커피잔 안으로 흘러들어갈 수 있을까? 다시 말해 조금 전에 눈앞에서 벌어진 상황이 필름을 거꾸로 재생하듯 정확히 반대되는 순서로 일어날 수 있을까? 그런 상황은 아마 한 번도 목격한 적이 없을 것이다. 그리고 그렇기 때문에 독자들은 아마도 그런 일은 불가능하다고 말하고 싶을 것이다. 과연 그럴까? 적어도 에너지 보존의 법칙에 따르면 안 될 것도 없는 일이지 않을까?

실제로 자연의 법칙들은 대부분 시간상으로 대칭을 이룬다. 시간을 거꾸로 되돌릴 경우 정확히 대칭을 이루는 것이다. 그리고 자연의 법칙만 따른다면 어떤 현상에 대해 시간을 거꾸로 되돌리는 일이 불가능하지는 않다. 물론 우리는 지금까지 겪어 온 일들 때문에 시간은 앞으로만 갈 뿐 뒤로 가지는 않는다는 것을 알고 있다. 인간은 공간적으로는 전진도 할 수 있고 후진도 할 수 있지만 시간상으로는 그렇지 못하다. 지금 기준으로 미래는 시간이 흐른 뒤 과거가 될 수 있지만 과거가 미래가 되는 일은 없다. 하지만 시간의 비가역성에 대한 우리의 깨달음이 자연의 법칙들에는 반영되지 않은 듯하다.

우주는 신비한 것들로 가득 차 있다. 그것들은 우리의 예리한 감각이 더 예리해져서 자신들을 발견해주기를 끈기 있게 기다리고 있다.

– 에덴 필리포츠(1862~1960), 영국 작가

신념이란…
"얘들아, 수학 공부를 열심히 해두렴. 그게 바로 우주를 향한 열쇠거든."

– 영화 〈신의 전사(The Prophecy)〉에서 천사 가브리엘(크리스토퍼 월켄)의 대사

실제로 시간을 거꾸로 되돌리려면 에너지 보존의 법칙 외에 또 하나의 잣대가 필요하다. 일의 흐름을 결정짓는 척도가 필요하다. 그런데 그러한 척도가 실제로 존재한다! '엔트로피^{entropy}'가 바로 그것이다. 엔트로피의 종류나 정의는 다양하지만 여기에서는 엔트로피를 '어떤 시스템 내의 무질서 정도를 나타내는 수' 정도로만 알고 넘어가기로 하자. 엔트로피가 작을수록 질서의 정도는 높아지고 무질서의 정도는 낮아진다고 보면 된다. 반대로 엔트로피가 증가하면 무질서의 정도가 증가하고 질서의 정도가 낮아진다. 엔트로피라는 말은 독일의 물리학자 루돌프 클라우지우스가 그리스어의 동사 'entrepein'(거꾸로 하다)에서 착안하여 만든 신조어인데, 이후 유행어처럼 번져 나갔다. 엔트로피란 쉽게 말해 어떤 일이 가역적이고 어떤 일이 비가역적인지를 구분하는 척도이다. 그런 의미에서 엔트로피 척도는 어떤 시스템이 갖고 있는 그 어떤 특징들보다 철학적으로 더 흥미롭다고 할 수 있다. 물리학에서 말하는 기타 척도나 법칙들과는 달리 시간의 흐름을 뒤집을 수 있다는 내용이 내포되어 있기 때문이다.

엔트로피에 관한 쇼펜하우어의 가르침

오물로 가득 찬 통에 포도주를 한 숟가락 넣으면 오물이 된다.
포도주로 가득 찬 통에 오물을 한 숟가락 넣어도 오물이 된다.

클라우지우스는 열역학에 관한 자신의 논문 말미에서 "우주의 에너지는 일정하다."고 말했고, 이어 "우주의 엔트로피는 최댓값을 향한다."라고 기술했다.

첫 번째 문장은 에너지 보존의 법칙에 관련된 것이고, 두 번째 문장은 엔트로피의 증가에 관해 언급한 것이다. 폐쇄계 내부에 있는 엔트로피의 총량은 줄어들 수 없다. 이 근본적 법칙은 물리적 현상의 진행에서 '선호 방향preferred direction'을 결정하고, 이를 통해 시간이 흐르는 방향도 결정짓는다. 다시 말해 엔트로피가 증가하는 현상의 경우, 첫째, 자체적으로 진행되고, 둘째, 외부에서 에너지가 유입되지 않는 한 거꾸로 되돌릴 수 없다. 나아가 거꾸로 뒤집을 수 있는(가역적) 현상의 경우, 엔트로피에는 변함이 없다. 반면에 엔트로피가 줄어드는 현상의 경우, 반드시 외부로부터의 에너지 유입이 필요하다. 외부의 에너지가 유입되지 않으면 엔트로피가 줄어들 수 없기 때문이다.

그 말은 곧 과거와 미래를 구분 짓는 근본적 차이는 오직 엔트로피 비율에 달려 있다는 뜻이다. 쉽게 말해 '미래란 엔트로피가 더 큰 곳에 존재하는 시간'이라고 할 수 있다. '상태변수state variable'로서의 엔트로피가 지니는 중요한 역할 중 하나도 바로 시간을 구분한다는 것인데, 거기에는 특별한 형태의 '거리효과distance effect'도 작용한다. 예를 들어 완성된 퍼즐은 아무렇게나 널려 있던 퍼즐 조각 무더기로부터 무질서함을 빼앗아 온다. 즉 무질서하게 널려 있던 조각들이 완성된 형태의 퍼즐이 되려면 사람의 에너지가 동원되어야 한다. 아르놀트 조머펠트의 말처럼 엔트로피가 사업이 나아가야 할 방향을 결정하는 사장이라면 에너지는 경리 정도의 역할을 담당한다.

엔트로피를 자꾸 언급하는 이유가 있다. 그것이 바로 우리가 이 장에서 다룰 '일변수^{monovariance}'이기 때문이다. 기나긴 서론을 거쳐 드디어 본 장의 주제에 도달했다.

일변수란 어떤 계^{system}에서 한 방향으로만 변화할 수 있는 특징을 가리키는 말이다. 예컨대 사람의 나이는 (줄어들지 않는) 일변수이다. 스포츠 분야에서 말하는 세계신기록(달리기에서는 시간, 멀리뛰기나 던지기 종목에서는 거리, 높이뛰기 종목에서는 높이 등)도 일변수의 일종이다. 상온에 놓아둔 커피의 온도, 가만히 서 있는 추를 흔들었을 때 추가 움직이는 각도 등도 일변수에 속한다. 단, 후자는 늘어나는 방향이 아니라 줄어드는 방향을 향한 일변수들이다.

일변수는 형식논리학적 사고에서도 활용도가 매우 높은 도구이다. 사실 '일변성의 원칙$^{\text{principle of monovariance}}$'은 불변의 원칙과 상관관계에 놓여 있다. 예를 들어 어떤 문제를 풀 때, 불변수는 하나도 없지만 일변수(특정 작업을 진행했을 때 꾸준히 증가하거나 감소하는 요소)는 존재할 수 있기 때문이다. 그러한 일변수들은 학문 분야뿐 아니라 일상생활에서도 찾을 수 있다. 그런데 일변수를 어떻게 활용해야 문제를 효율적으로 풀 수 있을까?

일변수를 이용하여 문제를 풀 수 있는 대표적 사례 두 가지는 다음과 같다. 우선 어떤 시스템이 하나 있다고 가정해보자(여기에서 말하는 시스템은 하나의 등식일 수도 있고, 사람들의 모임이나 기하학적 물체일 수도 있다). 그 안에서 어떤 일이 일어난다(예컨대 어떤 수로 나눗셈을 하거나, 그룹 구성원 중 두 사람이 악수를 나누거나, 주어진 직선을 대칭 이동시킨다). 그 상황에서 가장 먼저 알아보아야 할 것은 시스템과 관련된 특정 척도들이다. 해당 척도들의 값이 얼마인지, 해당 시스템이 현재 어떤 상황에 놓여 있는지, 해당 시스템이 절대 처할 수 없는 상황은 어떤 것들인지를 알아내야 한다. 그런데 이 의문들은 사실 매우 일반적이기 때문에 일변수를 잘만 활용하면 쉽게 해결할 수 있다.

한편, 시스템이 흘러가다가 특정 시점에 어떤 사건(E)이 반드시 일어나리라는 것을 증명하고 싶을 때도 있다. 그런 상황에서도 일변성의 원칙이 도움된다. 시스템의 상태가 달라짐에 따라 자신도 변화하는 일변수를 찾아낸다. 단, 이때 시스템의 변경 가능성이 무궁무진해서는 안 된다. 변화 가능성에 한계가 있고, 일변수 역시 제한적인 횟수까지만 변화해야 한다. 나아가 해당 일변수가 정확히 사건 E가 발생하는 시점에서 변화를 중단한다는 것까지 증명할 수 있다면 E가 필연적으로 발생하리라는 것도 증명된다.

반대로 시스템이 아무리 지속해도 사건 E가 절대로 일어나지 않을 것이라는 것을 증명하고 싶을 때도 있다. 그 경우에도 일변수를 찾는 것만으로 문제를 해결할 수 있다. 그런데 이 경우에는 일변수가 한 방향으로만 변화해야 하고, 사건 E의 발생과 동시에 일변수의 변화 방향도 반드시 달라져야 한다. 즉 특정 상태의 도달이 불가능하거나 사건 E의 발생이 원칙적으로 불가능하다는 것을 증명할 때 필요한 일변수가 앞서 나왔던 사건 E가 반드시 일어난다는 것을 증명해야 할 때 필요한 일변수보다 훨씬 더 약하다고 할 수 있다. 도달 불가능성이나 발생 불가능성을 증명할 때 필요한 일변수는 상태 변화의 횟수가 제한적이지도 않고, 상황에 따라 아예 변하지 않을 수도 있기 때문이다.

지금부터는 구체적인 사례를 통해 일변성의 원칙을 살펴보자.

사례 1: '원수를 멀리하라!'

총 $2n$명의 외교관이 파티에 초대되었다. 그런데 참석자 모두 최대 $n-1$명과 원수지간이라고 한다. 이 경우, 참가자 중 그 누구도 자신의 원수와 나란히 앉지 않고 파티를 즐길 방법이 있을까? 참고로 여기에서 말하는 원수지간은 상호적이다. 즉 A가 B를 원수처럼 여기고 있다면 B의 입장에서 볼 때 A도 자동으로 원수가 된다.

풀이 우선 $2n$명 모두 아무렇게나 무작위로 앉는 상황부터 살펴보자. 이때 서로 나란히 앉은 원수지간의 외교관 한 쌍을 f라고 해두자. 그렇다면 우리의 과제는 f의 수를 지속적으로 줄여나가는 것이다. 그러기 위해 우선 서로 적대적 관계에 놓여 있는 외교관 A와 B가 나란히 앉아 있는 상황(B가 A의 오른쪽에 있음)부터 살펴보자.

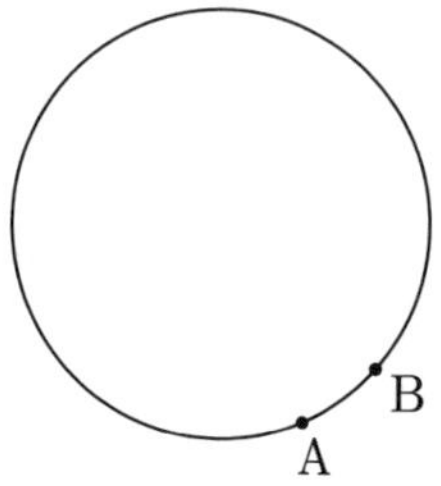

여기서 급선무는 A와 B를 떼어놓는 것이다. A 혹은 B가 새로운 위치에서 다시금 자신들의 원수와 나란히 앉게 되는 사태도 방지해야 한다. 이 사태를 '깔끔하게' 해결하기 위해 일단 C와 A는 사이가 좋고, C의 옆사람(반시계 방향으로 옆자리)인 D는 B와

〈그림 73〉 서로 원수지간인 외교관 A와 B가 나란히 앉은 경우.

친구 사이라고 가정하자.

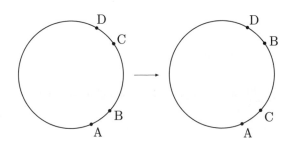

〈그림 74〉 서로 원수지간인 외교관 A와 B가 분리해놓은 경우.

이제 B를 시작점, C를 종착점으로 정한 뒤 한 바퀴 돌리면서 자리를 배치해보자. 이 경우, A와 C, D와 B가 일단 서로 친한 사이이기 때문에 원수지간인 두 사람이 나란히 앉는 상황, 즉 f값은 그만큼 줄어든다.

그런데 그렇게 해도 C와 D(서로 원수지간)는 나란히 앉게 된다. 어떻게 그렇게 되는지 알아내기 위해 A부터 시작해서 반시계 방향으로 자리를 배치해보자.

A부터 시작해서 오른쪽으로 n개의 자리 모두 B의 원수들로 채울 수는 없다. 문제에서 이미 참가자 모두 최대 $n-1$명과 원수지간이라 했고, B 역시 참가자 중 한 명이기 때문이다. 이에 따라 C는 A의 친구이고, D는 B의 친구가 된다. 이로써 원하는 목표를 달성했다. 원수지간인 두 사람을 위와 같은 방식으로 계속 분리하다 보면 결국 f값이 지속적으로 줄어든다. 처음에 임의로 선택한 자리배치도에서의 f값이 결국에는 0까지 줄어드는 것이다.

사례 2: 어느 댄스 강사의 정리^{theorem}

어느 댄스 교습소에 등록된 학생은 모두 $4n$명인데 그중 $2n$명은 여자, $2n$명은 남자이다. 이날 수업이 시작될 때에는 모두 자기 마음대로 둘러섰다. 강사는 잠시 학생들을 둘러보다가 $2n$명의 자리를 몇 차례 바꾸었고, 그 결과 n개의 조가 탄생했다(여기에서 말하는 '조'는 남자 1명과 여자 1명으로 구성된 1쌍을 의미한다). 강사는 언제든지 학생들을 그렇게 배열할 수 있다고 장담하는데, 과연 그의 주장이 옳을까?

풀이 우선 한 사람을 정한 뒤 그 사람을 기준점으로 1부터 $4n$까지 번호를 붙여보자. 그중 남자의 수는 m_k이다. 이때 m_k에는 시작점인 k와 종착점인 $2n-1+k$가 모두 포함된다.

만약 $m_1=n$이라면 댄스 강사의 주장은 이미 참이 된다. 하지만 $m_1>1$인 경우도 있다. 이때, 경우에 따라 남자가 아니라 여자의 수가 m_1이 될 수도 있다. 또 $m_{2n+1}=2n-m_1<n$이 될 수도 있다. 하지만 우선은 $m_k=i$라고 해두자. 그렇다면 m_{k+1}은 i가 되거나 $i\pm1$ 중 하나가 되어야 한다. 그런데 만약 m 값이 달라진다면 그때마다 1씩 차이가 나야 한다. 하지만 m_k는 $k=1$과 $k=2n+1$ 사이에서 n보다 1만큼 크거나 작아질 수밖에 없으므로 s라는 지점에 도달할 경우 $m_s=n$이 될 수밖에 없다. 나아가 s와 $2n-1+s$ 사이에서는 정확히 n명의 여성과 n명의 남성이 있을 수밖에 없다. 즉 댄스 강사의 주장이 옳았다.

사례 3: K씨의 파티

K씨가 자신의 저택에서 파티를 연다고 한다. 손님들은 도착한 즉시 수많은 방 중 자신들이 원하는 방으로 들어갔다. 이후 (원래 파티에 온 손님들이 그렇듯) 모두 때로는 이 방으로 때로는 저 방으로 이동했고, 때로는 이 방과 저 방을 오가기도 했다. 참석자들은 마치 모두 단 하나의 공간에 모일 때까지 그렇게 계속 '유랑'을 하기로 작정한 듯했다. 그런데 방을 옮겨 다니는 데는 원칙이 있었다고 한다. 자신이 방금 떠나온 방에 있던 사람의 수와 자신이 방금 들어간 방에 있는 사람의 수가 일치할 때에는 그 방에 머물렀고, 그렇지 않은 경우에는 다시금 다른 방으로 이동했다. 이 원칙에 따라 모든 참석자가 계속 방과 방 사이를 오갈 경우, 결국 모두 한자리에 모일 수 있을까?

셈을 하기도 전에 이미 본능적으로 그렇게 될 것 같다는 느낌이 든다. 당장 내가 파티 참가자라 하더라도 어떤 방에 들어갔더니 사람이 몇 명밖에 없으면 사람이 좀 더 많은 방으로 이동하고 싶을 것이고, 그런 과정이 반복되다 보면 결국 모두 한 공간에 모일 것 같다. 하지만 그것은 어디까지나 느낌일 뿐, 수학적 증명은 또 다른 얘기이다.

풀이 이번 경우에도 물론 문제 해결의 열쇠는 일변수를 적절히 활용하는 것이다. 그렇게 하기 위해 우선 각 방에 들어가 있는 사람의 수를 제곱한 값들의 합을 Q라고 가정해보자. 이때 Q는 일변수이고, 그 일변수는 한 사람이 이동할 때마다 커진다. 즉 누군가가 i명이 들어 있던 방에서 $j \geq i$명이 들어 있는 방으로 이동할 때마다 커진다. 그 이유는 간단하다. 각 방에 있던 사람 수의 제곱을 i^2과 j^2이라고 했을 때, 그 값은 $(i-1)^2$과 $(j+1)^2$으로 각기 달라지고, 그에 따라 Q 값도 아래 공식처럼 달라지기 때문이다.

$$[(i-1)^2+(j+1)^2]-[i^2+j^2]$$
$$=i^2-2i+1+j^2+2j+1-i^2-j^2$$
$$=2(j-i)+2$$

$(i-1)$은 음수가 될 수 없기 때문에 위 공식의 답은 늘 양수가 된다. 그리고 모두 한 방에 모여 있기 전까지는 늘 이동이 일어날 것이고, 이동이 일어날 때마다 Q 값은 커진다. Q 값을 커지게 하는 이동들만 일어날 수 있다. 그리고 그 과정은 모두 한 공간에 모일 때까지 계속된다. 그러고 나면 Q 값은 최댓값에 도달하고, 상황은 더 이상 달라지지 않는다.

13. 무한강하의 원칙

깊이, 더 깊이…

세계는 점점 작아지고 있다.

– 요즘 흔히 하는 말

수학에서 말하는 '무한강하법$^{method\ of\ infinite\ descent}$'('무한감소법'이라고도 불림)은 다른 분야에서도 널리 활용될 수 있다. 수학 분야의 경우, 특정 조건이나 관계를 충족시키는 자연수가 존재하지 않는다는 것을 증명하고 싶을 때, 즉 정수론 분야에서 주로 활용된다. 그 증명 과정은 특정 조건을 만족시키는 어떤 자연수가 존재한다는 가정하에 출발한다. 그 가정이 참이라고 가정한 뒤 해당 조건을 충족시키는 더 작은 자연수를 탐색해 나간다. 그런 자연수를 찾았다면 다시금 그보다 더 작은 자연수를 찾아나간다. 그 과정에서 찾아낸 자연수들은 당연히 점점 더 작아진다.

그런데 잠깐, 여기까지 듣고 보니 어쩐지 앞서 나왔던 일변성의 원칙과 기능 면에서 왠지 비슷하다는 느낌이 들지 않는가?

그런데 이론적으로는 특정 명제를 참이 되게 하는 더 작은 값(자연수)이 늘 존재한다고 주장할 수 있을지 모르지만, 실제로는 언젠가는 모순에 부딪히게 된다. 자연수의 하강에는 한계가 있기 때문이다. 무엇보다 0이 등장하는 순간, 하강 과정은 중단될 수밖에 없다. 따라서 특정 조건을 충족시키는 어떤 자연수가 존재한다는 처음의 가정은 거짓이 될 수밖에 없다.

나머지 모든 조건이 논리적으로 완전무결할 경우, 예컨대 어떤 명제를 참이 되게 하는 자연수가 단 1개밖에 없다고 가정해야만 해당 명제의 모순점을 발견할 수 있다(귀류법!). 다시 말해 그러한 자연수가 존재하지 않는다는 것을 증명함으로써 해당 명제가 성립할 수 없다는 사실을 증명하겠다는 것이다. 여기까지가 무한강하법의 핵심이다.

피에르 드 페르마는 17세기에 이미 이 방법을 고안했고, 전문가답게 자신이 발명한 이 방법을 활용하기도 했다.

페르마는 죽음이 얼마 남지 않은 어느 날 장문의 편지를 한 통 썼다. 그간 자신이 쌓아온 수학적 업적을 회고하는 내용의 편지였다. 거기에서 페르마는 자신의 수학적 주요 업적 대부분이 무한강하법을 통한 것이라고 고백했다. '페르마의 마지막 정리$^{\text{Fermat's last theorem}}$'('페르마의 대정리'라고도 부름) 역시 이 방식을 이용해 증명되었다고 추측하게 하는 증거들도 존재한다. 참고로 페르마의 마지막 정리란 n이 2보다 큰 자연수일 때 아래 방정식을 만족시키는 양의 정수 x, y, z는 존재하지 않는다는 내용이다.

$$x^n + y^n = z^n$$

그런데 언뜻 간단해 보이는 이 명제를 증명하기까지 너무도 긴 세월이 소요되었다. 1980년대 중반까지도 이 문제를 해결한 이가 아무도 없었다. 350년에 가까운 기간 동안 수많은 학자가 실패만 거듭하였다. 그러면서 모두 불안감에 휩싸이기 시작했다. 명석한 두뇌만으로는 도저히 그 문제를 해결할 수 없고, 신의 가호와 기적이 따라주어야 한다는 말까지 나돌 정도였다.

$n = 2$일 경우에는 위 조건을 충족시키는 '숫자 트리오'(x, y, z)가 수두룩하다. 이는 이미 오래전부터 알려진 사실이다. 수학 분야에서는 그러한 숫자 트리오들을 특별히 '피타고라스 수$^{\text{Pythagorean triple}}$'라 부르는데, 피타고라스 수들은 피타고라스의 정리, 즉 아래의 등식을 충족시키는 수들이다.

$$x^2 + y^2 = z^2$$

본격적으로 '페르마 전문가'가 되기에 앞서 우선 피타고라스의 정리부터 자세히 살펴보자.

피타고라스 수 중 가장 간단한 것은 $(3, 4, 5)$이다. 물론 $(4961, 6480, 8161)$처럼 복잡한 것도 있다! 그런데 예컨대 (x, y, z)라는 피타고라스라는 수를 찾았다면, $(kx)^2 + (ky)^2 = k^2(x^2 + y^2) = k^2 z^2 = (kz)^2$이라는 공식에 따라 (kx, ky, kz)도 피타고라스 수가 된다. 즉 무수히 많은 피타고라스 수가 존재하고, 나아가 그 수들을 약분하여 공통의 인수들을 도출해 낼 수 있다는 뜻이다. 문제를 풀어야 하는 사람의 입장에서 볼 때는 다행인 셈이다.

그런데 x, y, z를 약분한 상태, 다시 말해 세 수가 공약수를 갖지 않는 상태를 수학에서는 '원시적^{primitive}' 상태라 부르고, 그 조건을 만족하는 수들을 '원시 피타고라스 수$^{\text{primitive Pythagorean triple}}$'라 부른다. 여기까지는 다들 비교적 쉽게 이해했으리라 믿는다. 그런데 구체적으로 어떤 과정을 거쳐야 원시 피타고라스 수들을 추려낼 수 있을까?

우선 $x^2+y^2=z^2$이라는 방정식과 '원시성^{primitivity}'이라는 특징을 바탕으로 x와 y의 공약수, y와 z의 공약수 그리고 x와 z의 공약수 모두 x와 y와 z라는 세 수의 공약수인 것을 도출해 낼 수 있다. 즉 '피타고라스 트리오' 중 어떤 2개의 수를 취하든 두 수가 이미 서로소의 관계에 놓여 있다는 것이다. 나아가 원시 피타고라스 수의 경우에는 세 수 중 짝수는 1개밖에 없다는 것도 알아낼 수 있다. x와 y가 홀수라면, 다시 말해 n과 m이 자연수일 때 $x=2n+1$이고 $y=2m+1$이라면 아래의 공식이 성립한다.

$$x^2+y^2=(2n+1)^2+(2m+1)^2=4n^2+4n+1+4m^2+4m+1$$
$$=4(n^2+m^2+n+m)+2=z^2$$

그런고로 z^2을 4로 나누고 나면 2만 남아야 한다. 하지만 그건 말이 안 된다. z가 짝수라면 z^2은 4로 나누었을 때 나머지 없이 나누어떨어져야 한다.

반대로 z가 홀수라면($z=2k+1$), $z^2=(2k+1)^2=4k^2+4k+1$은 4로 나누었을 때 나머지가 1이 되어야 한다. 결론적으로(이번에도 귀류법이 등장한다!) x와 y 중 하나만 홀수라는 것이다. 또, z와 x 혹은 z와 y가 서로소이기 때문에 z도 홀수여야 한다. 즉 x와 y가 서로 대칭이 되는 상황이다. 이 상황에서 x가 짝수라고 가정해보자. 그러면 y는 홀수이고, $z+y$와 $z-y$는 짝수인 자연수가 된다. 나아가 아래의 공식도 성립한다.

$$x^2=z^2-y^2=(z+y)(z-y)=4\left(\frac{z+y}{2}\right)\times\left(\frac{z-y}{2}\right)=4ab$$

위 공식에서 a와 b는 자연수이고, $a=\frac{z+y}{2}$ 이며, $b=\frac{z-y}{2}$ 이다. 이제 앞서 나왔던 방식대로 계산해보면 a와 b도 서로소라는 것을 알 수 있다. a와 b의 공약수들이 모두 $z=a+b$, $y=a-b$의 공약수이기 때문이다. 하지만 z와 y가 서로소이기 때문에 이것도 말이 되지 않는다. 즉 $\frac{x^2}{4}$의 소인수들이 모두 a만의 소인수이거나 b만의 소인수라는 것이다.

이에 따라 a와 b가 그 자체로 제곱수여야 한다는 결론이 나온다. 다시 말해 예컨대 v와 w가 자연수일 때, $a=v^2$이고, $b=w^2$이라는 것이다. 이때 v와 w도 서로소이다.

여기까지의 과정이 얼마나 유용하고 똑똑한 것이었는지는 곧 알게 된다. 지금은 우선 모든 원시 피타고라스 수 (x, y, z)가 아래 공식과 같은 구조를 지니고 있고, 이때 자연수 v와 w에 대해 $v>w$라는 것만 기억해두기로 하자.

$$x = 2vw$$

$$y = v^2 - w^2$$

$$z = v^2 + w^2$$

그런데 y와 z가 둘 다 홀수가 되기 위해서는 v와 w 중 하나만 짝수여야 한다. 그리고 만약 그렇다면 원시 피타고라스 수 (x, y, z)만 알아내면 나머지 원시 피타고라스 수들도 모두 쉽게 찾을 수 있다. (x, y, z)에 임의의 자연수 k만 곱하면 되기 때문이다. 여기까지 알아낸 것도 대단하다. 하지만 피타고라스 수를 정복하기까지는 먼 여정이 남아 있고, 아쉽게도 우리는 이제 겨우 첫걸음을 뗐을 뿐이다.

그리스의 수학자 디오판토스는 그 옛날에 이미 위와 같은 방식으로 원시 피타고라스 수를 알아냈다고 한다. 그런데 사실 디오판토스에 대해서는 알려진 바가 거의 없다. 출생 일자나 사망 일자조차 미상이다. 간접적인 자료들에 따라 기원전 250년쯤 알렉산드리아에서 살고 있었을 것으로 추측할 뿐이다. 총 13권으로 구성된 그의 작품 《산학^{Arithmetica}》도 16세기에 와서야 발견되었다.

이 책이 발견되면서 관련 학계는 적잖이 술렁였다. 고대 수학사에 길이 남을 위대한 업적이었기 때문이다. 학자들은 원래 그리스어로 기록된 《산학》을 순식간에 라틴어로 번역했고, 그 책을 읽은 유럽의 수학자들은 수치심과 당황스러움을 감추지 못했다. 고대 시절의 학자 디오판토스에게 불을 보듯 뻔했던 이론들이 자신들에게는 금시초문이라는 점이 놀랍고 부끄러웠던 것이다.

페르마의 추측에 관한 이야기: 이제는 대단원의 막을 내린 운명적 명제

《산학》이 발견되었을 무렵, 본래 직업은 법률가이지만 그 어떤 수학자보다 더 수학을 사랑한 수학 애호가가 있었다. 그도 우연히 디오판토스의 《산학》을 접했고, 그날 이후 더더욱 수학에 몰두했다. 그 법률가가 바로 피에르 드 페르마[1601~1665]였다. 페르마는 수학자 출신이 아니면서도 17세기의 위대한 수학자를 꼽으라면 빠짐없이 거론되는 인물이다.

페르마는 당시 이름난 수학자들과 편지도 많이 교환했다. 그러나 매번 자신의 속내를 모두 드러내지는 않았다. 자신의 가설에 대해 증명 과정까지 모두 공개한 적도 있지만, 그렇지 않고 문제만 제기한 적도 있었다. 스스로도 정리되지 않아서 그렇게 할 때도 있었지만, 때로는 궁금증을 자아내고 상대방의 실력을 시험해보려고 일부러 그렇게 했다. 페르마가 제시한 명제 중에는 내로라하는 수학자들조차 증명을 포기한 명제들도 있었다. 하지만 오랜 세월이 흐르면서 그 명제들도 대부분 해결되었다. 페르마가 세상을 떠난 뒤 300년이 흐르도록 해결되지 않은 명제는 1개밖에 없었다. 그 명제는 페르마가 지인에게 보낸 편지에 적혀 있던 것이 아니라 페르마가 소장하고 있던 《산학》에 적어둔 것이었다. 1640년, 페르마는 그 명제를 디오판토스가 피타고라스 수를 언급했던 바로 그 부분에 기록해두었다. 좀 더 정확히 위치를 밝히자면 1621년 판 《산학》 제6권에 아래와 같이 기록해두었다(원래는 그리스어로 기록되어 있었는데 프랑스의 수학자 클로드 가스파르 바셰 드 메리지악이 이를 라틴어로 번역했다).

라틴어 버전 Cubum autem in duos cubos, aut quadrato quadratum in duos quadratoquadratos, et generaliter nullam in infinitum ultra quadratum potestatem in duos eiusdem nominis fas est dividere cuius rei demonstrationem mirabilem sane detexi. Hanc marginis exiguitas non caperet.

이를 알기 쉽게 번역하면 다음과 같다.

"어떤 세제곱 수를 세제곱 수 2개의 합으로 나타낼 수는 없다. 네제곱 수 1개를 네제곱 수 2개의 합으로 표현할 수도 없다. 나는 놀라운 방식으로 그 사실을 증명해 냈다. 그러나 책의 여백이 너무 좁은 관계로 여기에 그 내용을 적어 두지는 않겠다."

이것이 바로 '페르마의 마지막 정리' 혹은 '페르마의 대정리'라 불리는 명제이다.

페르마가 세상을 떠난 뒤 그가 소장하고 있던 《산학》이 발견되자 수많은 수학자가 그 명제를 증명하기 위해 달려들었다. 그러나 증명은 완료되지 못한 채 기나긴 세월이 흘렀다.

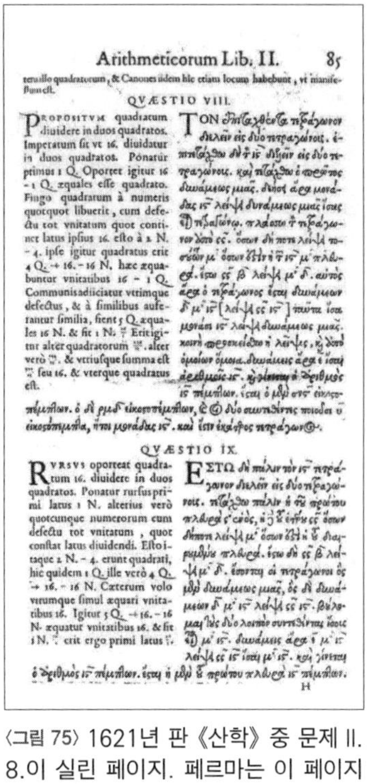
Arithmeticorum Lib. II. 85

teruallo quadratorum, & Canones iidem hic etiam locum habebunt, vt manifestum est.

QVÆSTIO VIII.

PROPOSITVM quadratum diuidere in duos quadratos. Imperatum sit vt 16. diuidatur in duos quadratos. Ponatur primus 1 Q. Oportet igitur 16 - 1 Q. æquales esse quadrato. Fingo quadratum à numeris quotquot libuerit, cum defectu tot vnitatum quot continet latus ipsius 16. esto à 2 N. - 4. ipse igitur quadratus erit 4 Q. + 16. - 16 N. hæc æquabuntur vnitatibus 16 - 1 Q. Communis adiiciatur vtrimque defectus, & à similibus auferantur similia, fient 5 Q. æquales 16 N. & fit 1 N. 16/5 Erit igitur alter quadratorum 256/25. alter verò 144/25. & vtriusque summa est 400/25 seu 16. & vterque quadratus est.

TON ἐπιταχθέντα τετράγωνον διελεῖν εἰς δύο τετραγώνους. …

QVÆSTIO IX.

RVRSVS oporteat quadratum 16. diuidere in duos quadratos. Ponatur rursus primi latus 1 N. alterius verò quotcunque numerorum cum defectu tot vnitatum, quot constat latus diuidendi. Esto itaque 2 N. - 4. erunt quadrati, hic quidem 1 Q. ille verò 4 Q. + 16. - 16 N. Cæterum volo vtrumque simul æquari vnitatibus 16. Igitur 5 Q. + 16. - 16 N. æquatur vnitatibus 16. & fit 1 N. 16/5 erit ergo primi latus 16/5.

ΕΣΤΩ δὴ πάλιν τὸν ιϛ τετράγωνον διελεῖν εἰς δύο τετραγώνους. …

H

〈그림 75〉 1621년 판 《산학》 중 문제 II. 8.이 실린 페이지. 페르마는 이 페이지의 오른쪽 여백에 자신의 명제를 기록했고, 그 여백이 너무 좁아서 증명은 생략함.

20세기 말 무렵에는 제곱수 n이 400일 때까지만 페르마의 정리가 유효하다는 사실이 증명되었다. 다시 말해 $n > 4 \times 10^6$인 경우까지만 증명되었고, 나아가 그보다 더 큰 수, 종이가 제아무리 크다 해도 기록하지 못할 수, 즉 n^n에 대해서도 페르마의 추측이 성립한다는 사실을 확신할 수 있었다.

하지만 수학자들은 그 이상을 원했다. 더 확실한 답변, 최종적인 답변을 얻고 싶어 했다. 학자들은 최종 결론이 도출되지 않은 이상, 아직은 페르마의 추측이 해결되지 않은 것으로 간주했다. 이에 따라 이름만 들으면 알 만한 수학자들이 도전에 도전을 거듭했다. 하지만 그들의 응전은 모두 실패로 돌아가고 말았다. 그러다 보니 적어도 20세기가 저물기 전에는 페르마의 추측이 참이라는 것도 거짓이라는 것도 증명할 수 없다고 단언하는 학자들이 등장했고, 그러한 단언 때문에 연구를 포기하는 학자들까지 생겨났다. 레온하르트 오일러도 페르마의 추측을 증명하는 데 '목을 맨' 학자 중 한 명이었다. 오일러는 지인에게 페르마가 살던 집을 수색해달라는 부탁까지 했다. 페르마가 집 안 어딘가에 그 문제에 대한 증명 과정을 적어둔 메모지 따위를 숨겨놓았을 것이라는 마지막 희망에서 나온 부탁이었다. 그런가 하면 어떤 학자들은 페르마의 지인이었던 발타자르 그라시안^{1601~1654}에게까지 희망을 걸었다고 한다. 하지만 그라시안은 매정하게도 자신의 저서 《지혜의 기술^{Orculo manual y arte de prudencia}》을 통해 "남의 문제에 관여하지 마라."는 단 한 줄의 충고만 남겼다.

이후, 상황은 점점 더 아이러니해졌다. 실패하는 이들이 늘어나는 만큼 트로피의 가치는 더 커졌고, 야심 찬 사유가들의 승리욕도 거기에 발맞추어 더욱 커졌다. 셰익스피어가 남긴 명언처럼 "적이 강할수록 승리의 기쁨도 커진다."라는 원칙이 적용되었다.

19세기 말 무렵에는 독일의 아마추어 수학자 파울 프리드리히 볼프스켈이 거액의 상금까지 내걸었다. 그런데 그와 관련된 재미있는 뒷이야기가 있다.

원래 볼프스켈은 어느 아리따운 여인을 흠모했는데 그 여인에게 퇴짜를 맞고 말았다. 그러자 절망감에 휩싸인 볼프스켈은 자살해버리겠다고 선포했다. 죽을 날짜도 미리 정해놓았다.

하지만 죽을 날을 받아둔 상황에서도 볼프스켈은 페르마의 추측에 심취해 있었고, 그러던 중 그 문제를 해결할 수 있는 새로운 접근 방식을 찾게 되어 시간 가는 줄도 모르고 매달렸다. 결국 볼프스켈은 자신의 접근 방식 역시 옳지 않다는 것을 깨달았지만, 이미 '디데이'를 넘긴 시점이었다.

그 후 볼프스켈은 죽을 날짜를 다시 정해야 할 이유를 찾지 못했고, 결과적으로 페르마의 추측이 자신의 목숨을 구했다는 것을 깨달았다. 페르마의 추측을 둘러싼 문제를 해결하는 이에게 거액의 상금을 주겠노라는 볼프스켈의 약속이 말하자면 자기 자신의 '목숨 값'이 된 셈이다.

무심히 세월은 흘렀지만 페르마의 추측에 관한 수학자들의 열정은 절대 식지 않았다.

그러던 중 20세기 말쯤 갑자기 완전히 새로운, 어쩌면 진짜로 그 문제를 해결할 수도 있을 법한 이론이 등장했다. 뒤스부르크-에센 대학의 교수로 있던 독일의 수학자 게르하르트 프라이가 그 이론의 주인공이었다.

프라이는 페르마의 추측과 특정 곡선들 사이에서 모종의 상관관계를 발견했다. 시간이 지나면서 그 곡선은 '타원곡선'으로 불리게 되었지만, 사실 그 곡선들은 타원형이 아니었고 그보다 훨씬 더 복잡한 방정식들에 따른 것이었다.

프라이의 접근 방식을 요약하자면 다음과 같다. 프라이는 먼저 페르마의 방정식에 해가 존재할 경우, 그 해를 이용하여 오늘날 '프라이 곡선'이라 불리는 특별한 형태의 타원곡선을 얻어낼 수 있다고 생각했다. 이후 프라이는 만약 그 곡선이 일반적으로 알려진 타원곡선들과는 전혀 다른 상황, 즉 '타니야마―시무라의 가설$^{\text{Taniyama-Shimura's hypothesis}}$'과 완전히 모순되는 상황을 연구했고, 그 결과 타니야마―시무라의 추론이 옳다면 프라이 곡선은 존재할 수 없고, 이에 따라 페르마의 방정식을 만족시키는 해도 존재할 수 없다는 결론에 도달했다.

프라이는 그러한 자신의 이론을 1986년 파리에서 개최된 국제수리학학회에서 발표했다. 그러자 회의장이 순식간에 술렁였고, 심지어 참가자 중 한 명은 자리에서 일어나 타원곡선을 이용한 증명 방식이야 말로 페르마의 추측을 증명하는 올바른 방법이라고 소리쳤다. 그 참가자의 이름은 앤드루 와일즈였다. 당시 와일즈는 수학계 안에서도 타원곡선 전문가로 통했다. 박사 학위 논문의 주제도 타원곡선에 관한 것이었다. 프라이의 이론에 전율을 느낀 와일즈는 그 즉시 프라이의 방식을 바탕으로 자기만의 연구에 착수했다. 자신도 타니야마―시무라의 추론을 통해 페르마의 방정식을 풀어보기로 했다.

와일즈는 7년이라는 긴 세월 동안 그 작업에 열중했지만 주변 사람들에게는 그 사실을 알리지 않았다. 와일즈는 큰 목소리를 내지 않으면서 묵묵히 자기만의 드라마를 써 내려가는 고독한 작가 혹은 그 누구보다 더 끈기 있게 신기록에 도전하는 운동선수 타입이었다. 와일즈의 사전에 포기란 없었다.

그러나 와일즈는 타니야마―시무라의 추론을 완벽하게 증명하지는 못했다. 일반화에 실패한 것이다. 그렇다고 와일즈의 업적이 위대하지 않다는 뜻은 아니다. 프라이 곡선이 존재할 수 없으므로 페르마 방정식의 해 역시 존재할 수 없다는 사실을 최소한 몇몇 중요한 특수 사례에 대해서만큼은 명백히 증명했으니 말이다.

훗날 와일즈는 BBC 방송국과의 인터뷰에서 이렇게 말했다.

"타니야마-시무라의 추론을 연구하고 이를 통해 페르마의 추측을 증명하는 데 7년이 걸렸는데, 그 기간 내내 매 순간을 사랑했습니다. 힘든 고비를 만났을 때에도 마찬가지였죠. 후퇴도 있었고, 도저히 넘을 수 없을 것으로 보이던 장애물이 등장하기도 했습니다. 다시 말해 나는 매우 개인적인 싸움, 나만의 싸움에 몰두해 있었던 것입니다."

세상에서 가장 '섹시한' 학문

수학의 역사는 영웅들로 가득 차 있다. 그 영웅들은 순수한 정신을 보여준 동시에 다양한 정의를 통해 수학을 지구상에서 가장 섹시한 학문으로 만들었다.

– 사이먼 싱, 〈텔레그라프〉, 2006년 8월 17일자

와일즈는 새천년이 다가오는 시점까지도 해결되지 않은 최대의 난제, 즉 페르마의 정리를 해결하기 위해 7년 동안 밤낮없이 연구에 몰두했다. 증명 작업이 곧 자신의 한계에 도전하는 과정이 되어버렸다. 와일즈는 훗날 자신의 증명 과정을 어둠 속에서 낯선 집을 탐색하는 과정에 비유했다.

"그 집에서 처음으로 어느 방에 들어갔는데 사방이 깜깜한 겁니다. 그러니 어둠 속에서 더듬더듬 탐사했겠죠. 가구에 부딪히기도 하고요. 그러다가 시간이 지나면 무엇이 어디에 놓여 있는지 알게 됩니다. 6개월쯤 지나면 드디어 조명등 스위치까지 찾아낼 수 있게 될 거예요. 그래서 스위치를 켜면 방 안이 밝아지겠죠. 내가 어디에 있는지, 뭐가 어떻게 돌아가는지도 알게 될 테고요. 그런 다음 두 번째 방으로 갑니다. 그러면 다시 6개월 동안은 사방이 깜깜하겠죠."

와일즈는 1993년 여름까지 이 연구에 몰두했고, 1993년 6월 23일, 케임브리지 대학의 뉴턴 연구소에서 개최된 강연회에서 드디어 페르마의 정리에 관한 해법을 '깜짝 발표'했다. 와일즈는 강연 내용을 비밀리에 부쳤지만 관련 학자들 사이에서는 이미 소문이 나돌았다. 심지어 언론에서도 눈치를 챌 정도였다. 하지만 다행히 강연회에 언론인들은 참석하지 않았다. 그 대신 청중이 쉴 새 없이 셔터를 눌러댔고, 연구소 소장은 '만일의 사태'를 대비해서 미리 샴페인까지 준비해두었다.

강연이 진행되는 동안 모두 경외심에 사로잡힌 채 와일즈의 말에 귀를 기울였다. 그러다가 와일즈가 페르마의 추론에 관한 내용을 칠판에 적었다. 드디어 와일즈가 해낸 것이다! 판서를 마친 와일즈는 "이쯤에서 끝내겠습니다.^{I think, I stop here}"라고 말했고, 강연장에는 여전히 침묵만이 감돌았다. 사방은 쥐 죽은 듯 고요했다. 그러다가 갑자기 우레와 같은 박수가 터져 나왔다.

그 소식은 이메일과 인터넷 등 각종 매체를 통해 순식간에 전 세계로 퍼져 나갔다. 방송사들은 그 즉시 뉴턴 연구소로 중계 차량을 파견했다. 〈뉴욕타임스〉는 "수학계의 오랜 미스터리에 대해 드디어 '유레카!'라는 외침이 터지다" 라는 제목의 기사를 이튿날 신문 제1면에 실었고, 〈르 몽드〉도 "페르마의 정리, 드디어 풀리다"라는 기사를 비중 있게 다뤘다. 이로써 와일즈는 하루아침에 월드스타 대열에 등극했다. 〈피플〉지는 '올해의 매력적인 인물 25인'의 목록에 다이애나 왕세자비와 나란히 와일즈를 포함했다. 그런가 하면 국제적으로 이름난 어느 패션디자이너는 와일즈에게 모델을 해달라고 제안하기도 했다. 그러나 그 와중에도 관련 학계는 신중한 태도를 고수했다. 와일즈의 연구 결과를 요모조모 따져보겠다는 뜻이었다.

당시 와일즈가 처하게 된 상황은 오디세우스가 겪었던 고난을 방불케 했다. 솔직히 말해, 기나긴 방랑의 세월이 없었다면 오디세우스는 좀 더 행복했을 것이다. 하지만 그 과정, 즉 《오디세이아》가 없었다면 오디세우스의 전기는 지금보다 훨씬 덜 흥미로웠을 것이다. 시시포스의 일생 역시 끊임없이 돌을 굴려야 한다는 운명의 굴레가 없었다면 사람들의 관심에서 멀어졌을지도 모를 일이다. 하지만 그러한 고난과 역경이야말로 위대한 인물을 더 위대하게 만드는 계기가 된다. 고난의 무게가 더 무거울수록, 그리고 역경을 더 잘 극복할수록 더 고귀한 인물로 승화된다. 1993년 말, 앤드루 와일즈에게도 그런 시련이 닥쳤다. 증명 과정에 빈틈이 있다는 사실이 밝혀진 것이다.

와일즈의 이론을 면밀하게 검토하던 학자들은 명백한 실수를 발견했다. 질투심에서 비롯된 흠집 내기 차원이 아니었다. 와일즈가 응용했던 '콜리바긴-플라흐 방식Kolyvagin-Flach-method'에 실제로 오류가 있었던 것이다. 너무나 미묘해서 찾아냈다는 사실이 신기할 정도였지만, 분명히 오류는 오류였다. 어떤 오류인지 여기에서 구체적으로 밝히고 싶지만, 그러기에는 너무 추상적이고 미묘하고, 몇 문장만으로는 도저히 설명할 수 없다는 난점이 있다. 수학자한테 이해시키는 것조차 어려울 정도인 그 문제를 이해하기 위해서는 수학자들조차 와일즈의 증명 방식을 최소한 몇 개월 정도는 집중적으로 공부해야 한다.

그런데 오류를 발견하는 작업과 바로잡는 작업은 전혀 별개의 문제이다. 오류는 드러났지만 그 누구도 그것을 감히 고치려 들지 않았다. 궁지에 몰린 와일즈는 1994년 취리히에서 개최된 국제수학학회에서 자신의 증명 방식에 문제가 있다는 점을 인정할 수밖에 없었다. 7년에 걸친 피땀 어린 연구가 물거품으로 증발되는 순간이었다. 당사자인 와일즈로서는 실로 감당하기 어려운 시련이었다. 당시 와일즈는 아마도 총체적 난국과 지식인의 무덤 사이를 오가는 심정이었을 것이다. 결국 그 문제는 다시금 원점으로 돌아갔다. '페르마의 정리는 아직도 해결되지 않았음'의 상태로 되돌아가 버린 것이다. 페르마의 정리라는 문제 자체가 '손대지 말 것! 절대 접근하지 말 것!'이라는 피켓을 내걸고 해결되기를 거부한다는 느낌마저 들었다. 이제 그 문제가 해결되었다고 말하는 사람은 아무도 없었고, 와일즈의 고독한 싸움은 새로운 국면을 맞이했다.

와일즈의 실패담은 성공담보다 더 빠른 속도로 퍼졌고, 와일즈는 자신의 실수를 인정하고 자기보다 더 뛰어난 학자들에게 그 실수를 바로잡을 기회를 줘야 했다. 하지만 와일즈는 그렇게 하지 않았다. 스스로 문제를 해결하고 싶었다. 그래서 다시금 '1인 기업 체제'에 돌입했다. 콜리바긴-플라흐 방식에 관한 오류를 수정하기 위해 혼자서 안간힘을 썼다. 하지만 6개월이라는 시간이 흐르도록 아무런 성과가 나타나지 않았고, 연구는 막다른 길로 치달았다. 신선한 아이디어가 필요한 시점이었다. 이에 와일즈는 한때 자신의 제자였던 리처드 테일러에게 공동 작업을 제안했다. 연구 과정을 절대 발설하지 않겠다는 약속까지 받아냈다. 그사이 콜리바긴-플라흐 방식의 전문가이자 프린스턴 대학의 교수가 되어 있던 테일러는 옛 스승의 제안을 흔쾌히 받아들였다.

와일즈와 테일러는 암초를 향해 돌진하는 배를 어떻게든 재앙으로부터 구하기 위해 힘을 합쳤지만 응급 처치만으로는 상처를 봉합할 수 없다는 사실을 금세 깨달았다. 하지만 대수술이 필요한 것 같지도 않았다. 모든 것을 처음부터 다시 시작해야 할 정도는 아니었던 것이다. 그러나 분명히 쉽게 해결될 문제는 아니었다. 헤르베르트 마르쿠제의 표현을 빌리자면 '위대한 거부^{grosse} ^{Verweigerung}'가 필요한 시점이었을 것이다. 하지만 와일즈와 테일러는 포기하지 않았고, 문제의 본질을 오히려 더 깊이 파고들었다. 언론이 일거수일투족을 지켜보던 상황이었으니 작업은 더 힘들었을 것이다.

1994년 여름 내내 두 사람은 증명 상의 오류를 수정하기 위해 노력했지만 이렇다 할 성과를 거두지 못했다. 그러던 중 와일즈가 마침내 백기를 들었다. 총 8년에 걸친 작업을 포기하겠노라 결심했다. 와일즈는 자신의 결심을 테일러에게 밝혔다. 와일즈는 테일러에게 어쩌면 페르마의 추측이 "보기보다는 훨씬 더 어려운 것일지도 모르겠다."고 털어놓았다. 테일러도 이미 프린스턴으로 돌아갈 날을 손꼽고 있던 터였다. 하지만 테일러는 한 달만, 딱 한 달만 함께 더 연구해보자며 스승을 설득했고, 와일즈는 제자의 부탁을 거절하지 못했다. 그렇게 해서 두 사람의 공동 작업은 한 달 더 연장되었다. 미처 생각지 못하고 빠뜨린 증명 과정을 찾아내는 작업이 다시 시작되었다. 그리고, 그러다가 드디어 1994년 9월, 와일즈와 테일러는 최고의 순간을 맞이했다!

훗날 와일즈는 그 순간을 이렇게 묘사했다.

"9월 19일은 월요일이었는데, 그날 나는 책상 앞에 앉아 콜리바긴-플라흐 방식을 검토하고 있었습니다. 원래는 그 방식이 내가 원하는 목적에 맞을 거라고 생각했는데 그렇지 않은 것으로 드러난 상태였죠. 하지만 나는 적어도 그 방식의 어디에 문제가 있는지는 찾을 수 있을 거라고 생각했어요. 지푸라기에 매달리고 있는 건 아닐까 하는 마음도 들었지만, 어쨌든 찾아내고 싶더라고요. 그런데 갑자기, 정말 생각지도 못했는데, 놀라운 깨달음을 얻었어요. 콜리바긴-플라흐 방식이 내 이론에 완벽하게 들어맞지는 않았지만, 원래 내가 주장한 이론을 살리기에는 충분하다는 것을 깨달은 겁니다. (중략) 뭐라 표현할 수 없을 만큼 좋았어요. 아주 간단하면서도 매우 우아했죠. 지금까지 왜 그걸 깨닫지 못했는지 알 수 없어서 넋을 놓고 20분 동안 그저 멍하니 있었다니까요. 그날 저는 온종일 연구소 안을 이리저리 오갔는데, 그 와중에 자꾸만 내 책상으로 돌아오게 되더라고요. 내 이론이 정말로 옳은지 확인하고 싶어서 말입니다. 그런데 그게 계속 옳게 보이더군요. 흥분된 감정을 주체할 수 없었어요. (수학자로서의) 내 삶에서 가장 중대한 순간이었어요. 그때까지 내가 해온 그 어떤 일도 그보다 더 중요하진 않았을 겁니다."

드디어 문제가 해결되었다! 빈틈이 메워진 것이다. 이로써 와일즈의 경력에 흠집을 낸 구멍도 메워졌다. 수학자로서 최고의 순간을 맞이했다. 설령 와일즈가 웬만한 기쁨에는 눈 하나 깜짝 않는 사람이었다 할지라도 그 순간만큼은 분명 최고의 희열을 느꼈을 것이다.

그렇게 완성된 새로운 이론은 관련 학계의 까다로운 검열을 가뿐히 통과했고, 괴팅겐 과학아카데미는 1997년 6월 27일 와일즈에게 '볼프스켈 상'과 상금 10만 마르크(오늘날의 가치로 환산하면 100만 유로)를 전달했다. 이로써 와일즈는 상금 순위 1위의 수학자가 되었다. 그리고 드디어 페르마의 추측이 제대로 증명되었다. 페르마의 대정리가 '페르마-와일즈의 대정리'로 거듭났고, 와일즈는 지식인들의 '발할라^{Valhalla}', 즉 기쁨의 전당에 입성했다. 이제 앤드루 와일즈라는 이름은 수학이 존재하는 한 영원히 기억될 것이다.

또 다른 이야기: $n=4$일 경우 페르마의 대정리 증명하기

페르마의 대정리는 단순히 수들을 조합하는 것만으로는 증명해 낼 수 없다. 수들을 꼭두각시인형이라고 가정한 뒤 인형조작자의 입장이 되어보면 페르마의 정리가 얼마나 오묘하고 아슬아슬한지 알 수 있다. 예컨대 다음 공식을 보라.

$$280^{10} + 305^{10} = 0.999999997 \times 316^{10}$$

아래 등식은 더 아슬아슬하다. 비유적으로는 거의 '충돌하기 직전'이다.

$$386{,}692^7+411{,}413^7=0.9999999999999999989\times441{,}849^7$$

아래 등식 역시 미세한 차이로 충돌을 피했다.

$$9^3+10^3=12^3+1$$

그런데 위 공식에서 우리는 $x^3+y^3=z^3+1$을 만족시키는 해가 있다는 것을 알 수 있다. 게다가 그 해는 비교적 쉽게 납득할 수 있다.

유명한 만화 시리즈 〈심슨 가족〉 중 '3차원으로 간 호머'편을 보면 1개의 차원이 붕괴하기 시작하는 시점에 $1782^{12}+1841^{12}=1922^{12}$라는 등식이 잠깐 등장한다. 재미있는 사실은 일반적인 전자계산기로 좌변에 있는 12승의 수들을 더하면 실제로 1922의 12승이 나온다. 그 이유는 반올림 효과 때문이다. 실제로 좌변을 계산하면 아래의 수가 나오고,

$$2{,}541{,}210{,}258{,}614{,}589{,}176{,}288{,}669{,}958{,}142{,}428{,}526{,}657$$

우변은 아래의 수가 나온다.

$$2{,}541{,}210{,}259{,}314{,}801{,}410{,}819{,}278{,}649{,}643{,}651{,}567{,}616$$

이렇게 놓고 보니 좌변과 우변이 왼쪽에서 9번째 자리까지 똑같고, 둘의 차이는 700/1027밖에 되지 않는다. 일반적인 계산기가 구분해 내기에 둘의 차이는 너무나 미미하다.

그렇다면 페르마는 자신의 이론을 직접 증명했을까? 이를 둘러싼 논란은 지금도 수학자들 사이에서 현재진행형이라고 한다. 확실한 것은 페르마가 $n=4$인 경우에 대해서만큼은 탁월한 증명을 제시했다는 것이다. 그 과정을 비유적으로 말하자면 전방과 후방, 측면과 대각선 방향을 종횡무진 오락가락하는 복잡한 안무였다고 할 수 있다. 동작과 숨 고르기, 행동과 휴식 사이를 오가는 그 안무를 제작하기 위해 페르마는 아마도 자신이 가진 지적 능력을 모두 쏟아 부었을 것이다. 이쯤에서 우리도 감히 페르마의 입장이 되어보자. $n=4$라는 특수한 경우에 페르마의 대정리가 어떻게 성립되는지 찬찬히 살펴보자는 것이다. 비록 '$n=4$일 때'라는 단서가 붙기는 하지만 그 특수 사례를 이해하는 것만으로도 수학적 지성의 최고봉에 등극했다고 할 수 있을 것이다.

우선 다음 등식을 만족시키는 자연수 x, y, z가 존재한다고 가정해보자.

$$x^4 + y^4 = z^4$$

수식 28

이때, 세 수의 최대공약수가 1이라고 가정하자. 즉 x와 y, z가 서로소 관계에 놓여 있다고 가정하는 것이다. 우리는 또 3개의 수 중 어떤 것 2개를 고르더라도 그 두 수의 최대공약수 역시 1이라고 가정한다. 사실 이는 당연한 가정이다. 만약 2개의 수가 1보다 큰 최대공약수를 갖고 있다면 그 공약수는 남아 있는 1개의 수의 약수가 되기 때문이다. 그런데 이 상황은 원시 피타고라스 수 (x^2, y^2, z^2)을 활용할 수 있는 상황이다. $(x^2)^2 + (y^2)^2 = (z^2)^2$이기 때문이다.

앞서 피타고라스 수 부분에서 응용했던 방식을 이용하면 각각의 수를 아래와 같이 표현할 수 있다.

$$x^2 = 2vw, \ y^2 = v^2 - w^2, \ z^2 = v^2 + w^2$$

이때 v와 w는 서로소이고, 둘 중 하나는 짝수이고, 나머지 하나는 홀수이며, $0 < w < v$라는 사실은 그대로 적용된다. 여기에서 우리는 다시금 앞서 나왔던 방식을 이용해 $w^2 + y^2 = v^2$라는 공식을 도출해 낼 수 있다. v와 w가 서로소이기 때문에 (y, v, w)도 원시 피타고라스 수가 된다. 이에 따라 v는 홀수, w는 짝수가 된다. 따라서 이 등식을 아래처럼 바꾸어 쓸 수도 있게 되었다.

$$w = 2ab, \ y = a^2 - b^2, \ v = a^2 + b^2$$

이때 a와 b는 서로소이고, 둘 중 하나는 짝수, 나머지 하나는 홀수이며, $0 < b < a$가 된다.

즉 아래와 같은 등식이 성립한다.

$$x^2 = 2vw = 4ab(a^2 + b^2)$$

위 공식에 따라 $ab(a^2+b^2)$은 제곱수가 되며, $\left(\dfrac{x}{2}\right)^2$이 된다. 그리고 a와 b를 곱한 수(ab)의 인수들은 a의 약수이거나 b의 약수가 된다. a와 b가 서로소이기 때문에 공약수는 될 수 없다. 이에 따라 ab의 약수는 a^2+b^2의 약수도 될 수 없다.

다시 말해 ab와 a^2+b^2도 서로소라는 뜻이므로 ab와 a^2+b^2도 제곱수여야 한다. 나아가 a와 b가 서로소이므로 a와 b는 제곱수여야 한다. 그래야 두 수의 곱, 즉 ab가 제곱수가 될 수 있기 때문이다. 정리해보면 $a=X^2$, $b=Y^2$이 되므로 $X^4+Y^4=a^2+b^2$ 역시 제곱수가 된다.

이로써 이론이 마법으로 승화되는 지점에 도달했다. 이제 곧 제시할 아이디어가 얼마나 중요한지는 나중에 페르마의 증명 과정에 담긴 '사이버네틱'한 예술을 확인해보면 알 수 있다. 그런 의미에서 잠시 숨을 멈추고 지금까지 우리가 해온 일들을 되짚어보자.

지금까지 우리는 $x^4+y^4=z^4$라는 맨 처음의 가정을 z^4이 제곱수인 경우에 대해서만 고찰해왔다. z^4이 네제곱 수라는 사실에 대해서는 아직 생각해보지 않았다. 둘 사이에는 미묘한 차이가 존재한다. 그 차이를 이용하여 지금부터 무한강하법을 증명해보고자 한다. 이때 x와 y가 x^4+y^4을 제곱수로 만들어주는 자연수라면, X와 Y도 X^4+Y^4을 제곱수로 만들어준다고 볼 수 있다. 그러면서 행복한 선순환의 고리가 시작된다! 그 고리의 시작점은 다음 공식이다.

페르마와 리만 그리고 우리의 도전정신

1993년 6월 23일, 필자는 슈투트가르트 대학에서 '수학은 무엇이고 수학이 나아가야 할 방향은 무엇인가?'라는 주제로 특강을 한 적이 있다. 강의가 진행되는 동안 나는 학생들에게 두 가지 중요한 문제를 제시했다. 그중 하나를 간략히 정리하자면, "수학의 전 분야를 통틀어 지금까지 해결되지 않은 가장 큰 문제는 페르마의 추측이다. 누가 됐든 그 문제를 이제는 제발 좀 해결해줬으면 좋겠다."라는 취지의 발언이었다. 내가 그 말을 한 뒤 몇 시간도 채 지나지 않아 누리꾼들이 인터넷에 글을 올렸다. 앤드루 와일즈가 이미 페르마의 정리를 증명했다는 내용이었다.

이에 나는 다시금 '전의'를 가다듬고 두 번째 문제를 제시했다.

"수학의 전 분야를 통틀어 지금까지 해결되지 않은 가장 큰 문제는 '리만의 가설$^{\text{Riemann's hypothesis}}$'이다. 누가 됐든 그 문제를 이제는 제발 좀 해결해줬으면 좋겠다!"

도전정신과 승리욕이 뛰어나다고 자부하는 독자들이라면 기꺼이 경쟁에 뛰어들기 바란다. 자, 이제 출발이다. 제자리에, 준비, 땅!

$$X^4 + Y^4 = a^2 + b^2 = v < v^2 + w^2 = z^2 < z^4 = x^4 + y^4$$

위 부등식까지 생각해 냈다면 세 번쯤은 감탄사를 연발할 자격이 충분하다. 부등식의 맨 마지막에 느낌표 두세 개쯤은 찍어야 마땅하다. 이 부등식 덕분에 이제 원래의 가정, 즉 $x^4+y^4=z^4$이라는 가정으로부터 3개의 자연수로 이루어진 트리오(=3중 쌍)들을 끊임없이 만들어낼 수 있게 되었다. 그 3중 쌍들 역시 페르마의 공식을 충족시키고, 세 번째 수가 늘 가장 작은 수가 될 것이다 ($X^4+Y^4<x^4+y^4$이기 때문). 그런데 이건 말이 되지 않는다. 가장 작은 자연수가 1개 존재한다는 사실과 모순되기 때문이다. 그리고 이러한 모순이 나왔다는 것은 곧 네제곱 수 2개를 더한 합은 제곱수가 될 수 없다는 뜻이다. 그 합이 네제곱 수가 될 확률은 더더욱 낮다. 이것이 바로 무한강하법의 기본적 생각이다. 그런데 무한강하법이 놀라운 이유 중 하나는 바로 지금과 같은 돌발성 상황이다. 갑자기 모든 것이 명백해진다. 우리도 방금 '[수식 28]을 만족시키는 정수 x, y, z는 존재할 수 없다. 그 안에서 이미 모순이 발생했기 때문이다'라는 것을 갑자기 밝혀냈지 않는가!

페르마도 자신의 마지막 정리를 $n=4$라는 특수 사례에 대해서 이렇듯 탁월하고 예리한 방법으로 증명했다. 그럼에도 축배를 들 수 없었다. 안타깝지만 n이 4가 아닌 경우($n\neq4$)에는 그 방식이 성립되지 않았기 때문이다. 하지만 와일즈는 그 증명 과정마저 일반화시키는 데 성공했다. 그러나 와일즈의 증명 과정은 장장 200쪽에 이르기 때문에 여기에서는 도저히 소개할 수 없다. 와일즈의 증명은 말하자면 '꼬리에 꼬리를 무는 증명의 향연'이라 할 수 있다. 경의를 표하고 싶은 마음이 절로 들게 하는 향연, 기념비라도 세워주고 싶은 마음이 저절로 샘솟는 위대한 향연이었다. 그런 의미에서 이 자리를 빌려 페르마의 마지막 정리와 와일즈의 업적을 기리는 헌시 한 수를 소개한다.

페르마의 대정리에 바치는 헌시

오랜 세월 동안 학자들과 현자들을 당황하게 했던 한 가지 도전,

거기에 드디어 불빛이 밝혀졌다.

그 결과, 우리는 알게 되었다.

먼 옛날 페르마가 옳았다는 것을.

무려 200쪽에 달하는 여백이 필요했던 것이다!

— 폴 체르노프*

---

* UC 버클리 대학의 수학과 교수.

약간의 수정만으로도 복잡한 문제를 간단하게 둔갑시킬 수 있다. 아래에 소개하는 공식도 페르마의 대정리를 살짝만 바꾼 것인데, 굳이 이름을 붙이자면 '페르마의 아주 작은 정리'쯤이 좋을 듯하다!

$$n^x + n^y = n^z$$

수식 29

$n \geq 3$일 때 [수식 29]를 만족시키는 양의 정수 (x, y, z)는 존재하지 않는다. 다행히 이 '심심풀이 문제'를 해결하는 데에는 200쪽이나 되는 공간이 필요치 않다. 공책 한 장 정도로도 충분하니 이 자리에서 소개해도 좋을 듯하다.

우선, 주어진 조건에 따라 x와 y는 둘 다 양의 정수이고, $n \geq 3$이므로 $z > x$이고 $z > y$여야 한다. 이런 상황에서 위 공식을 nz로 나누면 아래와 같은 '착한' 모습의 새로운 수식이 등장한다.

$$n^{x-z} + n^{y-z} = 1 \qquad \boxed{\text{수식 30}}$$

이제 [수식 30]의 좌변이 $n \geq 3$일 때는 항상 1보다 작다는 것을 증명해보자. 다시 말해 [수식 30]에서 말하는 등식이 성립하지 않는다는 것을 확인하자는 것이다.

앞서 나온 조건에 따라 $x-z$와 $y-z$는 -1 이상이 될 수 없고, $n^{x-z} + n^{y-z}$는 $x-z$와 $y-z$가 커질수록 더 커진다. 즉 $x-z = y-z = -1$일 때 합이 최대가 된다. 이에 따라 $n^{x-z} + n^{y-z} \leq n^{-1} + n^{-1}$이라는 부등식이 성립하고, 이 부등식의 우변은 $n = 3$일 때 최댓값이 된다. 나아가 $n^{x-z} + n^{y-z}$는 $\frac{1}{3} + \frac{1}{3} = \frac{2}{3}$보다 큰 값이 될 수 없다. 즉 앞서 언급한 조건에서는 항상 1보다 작은 값일 수밖에 없다. 이로써 [수식 29]가 성립하지 않는다는 것이 증명되었다.

물론, $n=2$인 경우에는 $n^x + n^y = n^z$를 만족시키는 양의 정수 x, y, z가 당연히 존재한다($2^x + 2^x = 2^{x+1}$).

이제 '페르마 표 생각의 도구', 즉 무한강하법이라는 생각의 도구를 생활 속 사례에 응용해볼 차례이다. 미리 약간의 힌트를 주자면 이번 사례는 홀짝성의 원칙과 무한강하법이 긴밀하게 공조하여 만들어 낸 작품이라 할 수 있다.

사례 1: 조기축구팀 짜기

총 23명의 조기축구회 회원이 모였다. 팀당 11명의 선수가 뛰고 나머지 1명은 심판을 본다고 한다. 회원들은 두 팀이 대등한 경기를 펼칠 수 있도록 팀별 선수들의 몸무게의 합을 똑같이 조정하자고 제안했다. 최소한 '중량감'에 있어서는 차이가 없게 하자는 것이었다. 이때, 계산상의 편의를 위해 선수들의 몸무게는 모두 정수로 설정했다. 그런 가정하에 계산했더니 23명 중 누가 심판 역할을 맡든 간에 두 팀의 총 중량을 동일하게 조정할 수 있었다고 한다!

여기에서 우리의 과제는 23명의 몸무게가 모두 똑같을 때에만 위 상황이 가능하다는 것을 증명하는 것이다.

각 선수의 몸무게를 $g_1, g_2, \cdots, g_{23}$이라고 가정하자(독일어로 몸무게는 Gewicht이기 때문에 g). 그런 다음 편의상 새로운 개념 하나를 만들어 내 보자. 누가 심판이 되든 남은 22명을 2개의 팀으로 나누게 되는데, 이때 두 팀의 총 중량이 똑같다면 결국 23개의 수가 '균형을 이룬다'라고 말하기로 약속하자는 것이다. 위 문제에 따르면 이미 이 조건은 충족되었다. 문제에 이미 23개의 수가 '균형을 이룬다'는 조건이 내포되어 있기 때문이다. 그런데 만약 어떤 수들이 균형을 이룬다면 그 수들 모두에 예컨대 a라는 수를 더하거나 빼도, 혹은 b라는 수를 곱하거나 나누어도 그 결과 역시 균형을 이루어야 한다.

자, 이렇게 해서 간단한 아이디어 하나가 탄생했다. 문제 해결에 중요한 열쇠가 되어줄 단서였다. 이 상태에서 한 가지 아이디어를 더 내보자. 이번에는 먼저 $g_1, g_2, \cdots, g_{23}$이 균형을 이루고, 그 수들을 모두 더한 값을 S라고 가정하자

(S=g_1, g_2, …, g_{23}). 만약 g_1이 심판의 몸무게라면 나머지 22명의 몸무게의 합, 즉 S−g_1은 짝수여야 한다. 그래야 두 팀의 몸무게가 같아질 수 있기 때문이다. 또 누가 심판이 되든 두 팀의 총 중량이 똑같아질 수 있다고 했으니 S−g_2, S−g_3, …, S−g_{23}도 모두 짝수여야 한다. 즉 어떤 자연수들이 균형을 이루고 있는 경우, 모든 수가 짝수이거나 홀수여야 하는 것, 다시 말해 동일한 홀짝성을 지니고 있어야 한다. 이는 문제를 해결해줄 또 다른 중요한 단서이다.

이제 g_k가 가장 작은 수, 즉 가장 가벼운 체중이라고 가정하고(몸무게가 g_k인 사람이 여러 명일 수도 있음) 각각의 몸무게에서 g_k를 빼보자. 이 경우에도 남은 22개의 수는 균형을 이루고, 그중 최소한 1개는 0이 된다. 그런데 0은 짝수이다. 따라서 새로 탄생한 수들 역시 모두 짝수여야 한다. 그 수들을 모두 2로 나누면 다시금 균형을 이루는 수열 하나가 탄생한다. 물론 이 과정은 몇 번이고 반복할 수 있다. 몇 번을 되풀이하든 최소한 1개의 수는 늘 0이고(다시 말해 짝수이고), 이에 따라 나머지 수들도 모두 짝수가 된다.

그런데 만약 g_k를 뺐을 때 모든 수가 0이 되지 않는다면 몇 번이고 2로 나눌 수 있다는 말이 성립하지 않는다. 자연수를 2로 나누어떨어지게 하는 데는 횟수의 제한이 있기 때문이다. 따라서 g_k를 빼고 난 뒤의 수들은 모두 0이 되어야 한다. 즉 뺄셈하기 전의 수들이 모두 g_k여야 하고, 이 말은 곧 23개의 수 모두 동일하다는 뜻이다. 이는 무한강하법이 홀짝성의 원칙과 손에 손을 맞잡고 이뤄낸 매우 인상적인, 박수갈채를 받아 마땅한 쾌거이다!

14. 대칭의 원칙

아무것도 하지 않고 무언가를 할 수만 있다면…

대칭은 서로 관련성이 전혀 없어 보이는
대상과 현상 그리고 이론들 사이에서
탁월하고도 재미난 연관성을 찾아낸다.
그런 사례로는
지자기장, 편광偏光, 자연도태, 군론群論, 우주의 구조,
꽃병의 모양, 양자물리학, 꽃잎의 모양, 성게의 세포 분열,
눈꽃송이, 음악 그리고 상대성이론 등을 꼽을 수 있다.

– 헤르만 바일(1885~1955)*

적이 내 사정권 안에 있다는 말은 나도 적의 사정권 안에 있다는
뜻이다.

– 〈인판트리 저널(Infantry Journal)〉, 미국

---

* 독일 출신의 세계적 수학자이자 물리학자. 대칭 분야를 전문적으로 연구함.

'대칭^{symmetry}'의 어원은 고대 그리스어인 '시메트리아^{symmetria}'이고, 시메트리아라는 단어는 다시 두 부분으로 나뉜다.

  sym   = 동일한, 동종의

  metron = 잣대, 측정

  즉 시메트리아는 '동일한 잣대'라는 의미이다.

  대칭이라는 개념은 기원전 500년경 그리스의 조각가 폴리클레이토스가 처음 사용했다고 한다. 당시 폴리클레이토스는 여러 개의 조각으로 이루어진 석상을 제작하고 있었다. 다양한 조각을 조화롭고 균형 있게 조합하고 쌓아올려서 하나의 완성된 작품을 만들어 내는 과정에서 대칭이라는 말이 처음 등장하게 되었다.

요즘은 대칭이라는 말이 좁은 의미와 넓은 의미 두 가지에서 사용된다. 좁은 의미에서의 대칭은 우리가 익히 아는 거울의 개념이다. 사람의 몸이나 거의 모든 동물에서처럼 예컨대 신체의 왼쪽 절반은 오른쪽 절반과 거울에 비춘 것처럼 똑같은 것을 의미한다. 자연계 안에서 그러한 현상을 가장 잘 보여주는 생물은 나비이다. 하지만 동물의 세계에는 나비 이외에도 대칭적 구조를 지닌 생물들이 무수히 많다. 오히려 좌우 대칭을 이루지 않는 동물을 찾기가 더 어려울 정도이다.

넓은 의미에서의 대칭은 어떤 대상(사물, 생물, 화학 분야에서의 공식, 수학 분야에서의 등식, 물리학적 법칙 등)이 특정 작업(뒤집기, 돌리기, 옮기기 등)을 실행한 이후에도 변함이 없는 경우를 의미한다.

그런데 협의와 광의 모두 합쳐보면 우리 주변에 대칭이 아닌 것은 없다고 해도 과언이 아니다. 우주 전체가 대칭이라고 해도 틀린 말이 아니고, 대칭이야말로 우리가 알고 있는 우주 전체를 관통하는 근본 법칙이라고도 할 수 있다. 수많은 철학자도 자연의 법칙은 결국 대칭에서 비롯된다고 주장할 정도이다. 하지만 거기에서 만족하지 말고, 보다 좁은 의미에서 대칭이 정확히 어떤 뜻을 지니는지, 나아가 정확히 어떤 맥락에서 대칭이 중요한 의미가 있는지를 한번 찬찬히 따져 보기로 하자.

자연은 분명히 대칭을 좋아한다. 동식물은 물론이요 광물의 결정체나 화학

성분의 결합 형태에서도 대칭적 특징들을 찾을 수 있다. 그 이유는 아마도 대칭이 비대칭에 비해 더 끈질긴 생명력을 지니고 있기 때문이라 추정된다. 적자생존의 과정에서는 결국 대칭이 비대칭을 누르고 살아남았다.

우리는 대칭 형태가 아름답고 완벽하다고 생각한다. 미술 작품이나 건축물에서 대칭 형태를 자주 볼 수 있는 것도 그 때문이다. 그런 작품들에서 대칭은 형태나 위치, 순서, 구조 등 다양한 분야에서 위용을 과시한다. 네덜란드 출신의 판화가 M. C. 에셔도 대칭을 애용한 예술로, 특히 연작품인 〈대칭^{Symmetry}〉을 통해 좌우 대칭과 상하 대칭의 아름다움을 재현해 낸 것으로 유명하다.

건축 분야에서 대칭을 극명하게 보여주는 사례는 인도의 타지마할이다. 〈그림 76〉에서처럼 타지마할은 좌우 대칭은 물론이고, 수면에 비친 형상까지 감안하면 상하 대칭까지 완벽하게 이루고 있다고 할 수 있다.

언어 분야에서도 대칭을 찾아볼 수 있다. '회문^{palindrome}', 즉 앞에서 읽으나 뒤에서 읽으나 똑같은 단어가 그 대표적 사례이다. 그런 단어 짧은 단어들로는 '오토^{Otto}'나 '연금생활자^{Rentner}' 등이 있고, 긴 단어로는 '창고 보관용 컨테이너를 쌓아두는 비상 선반^{Lagertonnennotregal}'

〈그림 76〉 타지마할.

등이 있다. 그런데 회문은 단어에만 국한된 것이 아니라 문장에서도 가능하다. 예컨대 아래 예문들을 보라. 별 의미 없는 글들이기는 하지만 분명히 회문은 회문이다.

- 오직 당신, 구드룬^{Nur du, Gudrun}
- '라마'라는 동물도 한 번 타보시오^{Reit amal a Lamatier}.
- 에리카는 믿음이 부족한 성직자들만 파문^{破門}한다^{Erika feuert nur untreue Fakire}.
- 영원한 결혼, 절대로 하면 안 되는 위장 결혼^{Ein Eheleben stets, Nebelehe nie}.

철학자 쇼펜하우어가 찾아냈다는 다음 문장도 매우 유명한 회문에 속한다.

- 영양^{羚羊}을 탄 흑인은 비가 와도 절대 주저하지 않는다^{Ein Neger mit Gazelle zagt}

^{im Regen nie}.

DNA를 구성하는 염기들인 아데닌^{Adenine}(A), 시토신^{Cytosine}(C), 구아닌^{Guanine}(G), 티민^{Thymine}(T)도 회문과 밀접한 관련을 지니고 있다. 예컨대 ATTGCICGTTA를 비롯한 몇몇 염기서열에서 중심부가 일종의 '인식자리^{recognition site}'로 작용한다는 사실이 분자생물학자들에 의해 발견되었다.

문학 분야에서도 종종 대칭이 활용된다. 강세를 지닌 음절과 그렇지 않은 음절 혹은 낱말 자체를 대칭이 되게 배열한다. 오이겐 그로밍거의 1953년 작품을 한 번 살펴보자.

검은 비밀이

있다　　　　　　　　　　　　　　　여기에

여기에　　　　　　　　　　　　　　있다

검은 비밀이

음악 분야에서도 대칭 기법은 중요한 작곡 기법의 하나로 간주한다. 이를테면 '역행 카논'이라는 형식의 곡에서는 악보를 처음부터 끝까지 연주한 뒤 곧이어 같은 악보를 뒤에서부터 거꾸로 연주한다. 즉 좌우가 대칭을 이룬다. 대칭을 이용한 작곡 기법은 특히 바로크 시대에 즐겨 활용되었다. 요한 세바스티안 바흐의 〈대선율^{Contrapunctus}〉 역시 대칭 기법을 활용한 작품이다. 단, 〈대선율〉에서는 좌우가 아니라 상하가 대칭을 이룬다. 즉 가상의 평행선을 중심으로 1주제와 2주제가 거울에 비춘 것처럼 대칭을 이룬다.

일상생활에서도 대칭이 활용되는 사례들이 매우 많다. 그중에서도 특히 업무 효율을 극대화하기 위한 수단으로 대칭이 널리 활용된다. 그러한 예를 가장 잘 보여주는 것은 대중교통 분야이다. 예컨대 버스나 지하철 등 대중교통 수단의 배차 간격을 결정지을 때면 '동시 환승$^{timed-transfer}$'이라는 개념이 매우 중시되는데, 쉽게 말해 이용자들이 환승하기에 편리하도록 배차 간격을 조정하는 것이다. 그러자면 다양한 노선들이 만나는 시간대를 조정해야 하는데, 각 노선이 마주 달리는 시간대를 '대칭 시간대'라 부른다. 대칭 시간대를 설정하는 목적은 환승 지점들을 지나가는 모든 노선의 시간대를 조율하는 것이고, 그 목표를 달성하기 위해 가장 많이 활용되는 방법은 상행선과 하행선을 서로 '상응'하게 만드는 것이다. 즉, 만약 상행선이 어떤 지점을 매 시각 17분(x: 17)에 통과한다면 하행선은 같은 지점을 매 시각 43분(x: 43)에 통과하게 하는 것이다. 이렇게 매 시각 정시(x: 00)를 기준으로 대칭을 이루게 하는 기법을 '0의 대칭symmetry of zero'이라 부른다. 대칭 기법을 이용한 이러한 배차 간격 조정 방식은 전 세계 거의 대부분의 도시에서 승객에게 편의를 제공하기 위해 널리 활용되고 있다.

대칭을 수학 공식으로 설명한 이들도 있다. 그들은 대칭이라는 주제를 추상적 방식으로 표현했다. 그 공식들은 분명하게 정의할 수 있는 물리적 척도 간의 관계를 나타낸 공식들로, 물리학적 시스템의 현재 상태와 변화된 모습의 관계를 규명하는 공식들이라 할 수 있다. 단 몇 개의 공식만으로도 방대한 우주 전체를 묘사할 수 있다는 것이 놀라울 따름이다. 그런 경외심을 자아내는 공식 중 대표적 사례가 바로 맥스웰의 방정식과 아인슈타인의 상대성이론이다.

그 이론들은 예컨대 '눈에 보이는 모든 현상에 적용되는 법칙들, 즉 자연의 법칙을 바꾸지 않으면서 우리가 세상 속에서 바꿀 수 있는 것들은 어떤 것들인가?', '자연의 법칙은 어떤 변형에 대해 불변성을 유지할까?' 등의 의문을 제시한다. 그에 대한 답변을 찾기 위해 우리가 취할 수 있는 가장 간단한 행동은 바로 장소를 이동하는 것이다. 베를린에서나 사하라 사막에서나 달에서나 똑같은 자연의 법칙이 적용되기 때문이다. 나아가 우주 어디를 가든 기본적인 방향 역시 달라지지 않는다. 즉, 우리가 선택한 좌표계를 어떤 형태로 회전시키든 간에 자연의 법칙은 여전히 대칭을 이룬다. 상대성이론 역시 연속적으로 이어진 시공간의 대칭성을 탁월하게 보여주는 이론이다. 이때 관찰자가 정지된 상태에 있는지 움직이고 있는지는 중요치 않다.

한편, 아인슈타인은 중력을 새로운 시각에서 바라보았다. 질량 간의 상호관계를 고려한 것이었다. 엘리베이터 안에서 몸무게를 재는 상황을 떠올려보면 아인슈타인의 이론을 쉽게 이해할 수 있다. 엘리베이터가 위로 올라갈 때 우리 몸은 체중계를 좀 더 강하게 짓누른다. 그리고 그 때문에 몸무게가 더 나간다. 이러한 효과는 중력이 강해지는 기타 상황에서도 일어난다. 반대로 엘리베이터가 하강할 때에는 우리 몸이 체중계를 덜 누르게 되어 원래보다 더 작은 수가 표시된다. 물론 후자의 효과 역시 중력이 약해지는 상황 모두에서 관찰된다. 하지만 만약 엘리베이터가 자유낙하한다면 체중계는 그 어떤 무게도 인식하지 못할 것이다.

아인슈타인이 중력의 강도와 운동 상태 사이에서 대칭성을 발견한 것은 1907년의 일이었다. 훗날 어느 강연에서 아인슈타인은 그 순간에 대해 "베른Bern의 특허청 사무실에 앉아 있는데 문득 자유낙하 중인 사람은 자신의 체중을 전혀 느끼지 못할 거라는 생각이 들었습니다. 그러고선 매우 놀랐죠. 그 간단한 생각이 마음속에 깊은 인상을 남긴 겁니다. 그 생각 때문에 나는 중력에 대한 새로운 이론을 떠올리게 되었어요. 그 이론은 바로 중력에 의해 발생하는 힘과 가속에 의해 발생하는 힘이 결국 동일하다는 것이었어요."라고 회고했다. 누구나 한 번쯤은 들어본 이론, 대칭의 법칙에 따른 그 위대한 이론이 바로 그날의 단순한 아이디어에서 출발했다.

수학 분야에서 대칭이라는 요소는 다양한 형태로 모습을 드러낸다. 기하학 분야는 그중에서도 대표적이라 할 수 있다. 기하학 분야에서 말하는 대칭이란 어떤 작업을 실행했을 때 2개의 기하학적 구조가 서로 일치하는 경우를 뜻한다. 대칭의 종류로는 거울면대칭과 점대칭, 회전대칭, 평행대칭 등이 있다.

대칭과 관련해서 또 다른 중요한 관점은 '대칭 관계$^{symmetric\ relation}$'라는 개념이다. 여기에서 말하는 관계란 사물과 사물, 사람과 사람 사이의 관계이다. 즉 하나의 사물이 다른 사물보다 '더 크다'라든가 두 사람이 '서로 반말을 한다'라는 관계를 뜻한다. 예를 들어 a라는 물건과 b라는 물건이 모종의 관계에 놓여 있는 경우를 편의상 'aRb'라고 해보자. 이때 b와 a도 똑같은 관계에 놓여 있다, 즉 bRa의 관계에 놓여 있다고 할 수는 없다. 특히 '더 크다'라는 관계에는 aRb이기 때문에 bRa라고 하는 것은 절대로 성립할 수 없다. a가 b보다 더 큰데 b가 a보다 더 클 수는 없지 않은가.

a와 b가 대칭 관계에 놓여 있다면 aRb일 때 bRa도 항상 성립해야 하는데, 그렇지 않은 경우도 빈번하다. 이를테면 '서로 반말을 한다'라는 관계는 대칭 관계일 수도 있고 아닐 수도 있다. a와 b가 친한 친구나 가까운 동료 사이라면 가능한 얘기지만, 스승과 제자라면 얘기가 달라진다. 교사는 학생에게 반말할 수 있지만 거꾸로 학생이 교사에게 반말할 수는 없기 때문이다.

대칭이라는 개념이 중요한 이유는 변화의 범위를 줄여주기 때문이다. 본디 무궁무진한 확률 범위에 특정 조치를 취할 경우 불변하는 것들이 있다는 것으로 줄여준다. 주어진 상황이 어떤 것이냐에 따라 경우의 수가 극명하게 줄어들 수도 있다. 그렇기 때문에 주어진 상황에 내포된 대칭성을 찾고, 규명하고, 활용하는 작업이 문제 해결의 관건이 될 수 있다. 그 사실을 확인하는 의미에서 대칭의 원칙을 이용하면 쉽게 풀 수 있는 문제 두 가지를 소개해보겠다.

사례 1: 탁자 위에 동전 놓기

둥근 모양의 탁자 앞에 두 사람이 앉아 있고, 그 옆에는 동전이 수북이 쌓여 있다. 두 사람은 지금부터 게임을 할 예정이다. 게임 방법은 간단하다. 탁자 옆에 놓인 동전들을 한 개씩 번갈아가며 탁자 위에 올려놓는 것이다. 그러다가 더 이상 동전을 올려놓을 공간이 없어지면 게임은 끝난다. 상대방으로 하여금 동전을 더 이상 올리지 못하게 만드는 사람, 즉 마지막으로 동전을 올려놓는 사람이 게임의 승자가 된다. 이때 만약 두 사람의 기본 실력이 동일하다면 둘 중 누가 승자가 될까? 어떻게 하면 이 게임에서 승자가 될 확률을 높일 수 있을까?

풀이 이 게임에서 승리하는 방법은 의외로 간단하다. 대칭이 바로 승리의 비결이다! 대칭 상황을 만들어 내는 사람이 승자가 될 확률이 높다. 게임을 시작하는 사람(1번 플레이어)은 맨 처음 동전을 식탁의 정중앙에 올려놓아야 한다. 그 다음부터는 상대방이 놓는 수를 보면서 그 수에 정확히 점대칭이 되게 동전의 위치를 결정해야 한다. 그 두 가지 원칙만 따르면 1번 플레이어가 승자가 될 수 있다.

그런데 게임을 하다 보면 어느 순간 2번 플레이어가 대칭을 무너뜨릴 수 있다. 그렇다고 1번 플레이어의 승률이 줄어드는 것은 아니다. 2번 플레이어가 새로이 창출한 상황에서 다시 대칭을 만들어 내면 된다. 그렇게 계속 가다 보면 2번 플레이어는 더 이상 탁자 위에 동전을 올려놓을 수 없게 되고 이로써 게임은 끝난다. 1번 플레이어가 승자가 된다. 1번 플레이어가 승자가 될 수 있는 이유는 탁자의 모양이 대칭을 이루고 있기 때문이다.

이어지는 사례 역시 대칭과 관련된 매우 중요하고도 흥미진진한 사례이다.

사례 2: 갓난아기의 몸무게 재기

'갓난아기의 몸무게를 재는 게 뭐가 어렵지?'라는 의문이 들겠지만, 실제로 경험해보면 결코 만만한 일이 아니다. 체중계 위에 아기를 올려놓는 순간부터 아기가 버둥거리고, 그에 따라 계기판의 수들도 덩달아 요동을 치기 때문이다.

아기의 몸무게를 재려던 엄마 앤^{Anne}도 그런 난관을 몸소 체험했다고 한다. 앤은 결국 아기^{baby}를 안은 채로 체중계 위에 올라섰고, 간호사인 클라라^{Clara}가 두 사람의 몸무게를 기록했다. 앤과 아기의 몸무게는 둘이 합쳐 76kg이었다. 다음으로 클라라가 아기를 안고 체중계에 올라섰다. 두 사람의 몸무게는

83kg이었다. 이후 의사선생님이 아기를 안고 있는 동안 앤과 클라라가 함께 체중계 위에 올라섰다. 두 사람의 몸무게를 합치니 151kg이었다. 그렇다면 앤과 아기 그리고 클라라의 몸무게(a, b, c)는 각각 얼마일까?

$$a+b=76$$
$$b+c=83$$
$$a+c=151$$

수식 31

세 사람의 몸무게의 합(g)(독일어로 체중은 Gewicht이어서 g)이 얼마인지만 알고 있다면 각각의 몸무게를 구하는 건 시간문제이다. 아래 공식에서처럼 간단한 뺄셈만으로도 구할 수 있다. 그러나 아쉽게도 지금 앤과 아기 그리고 간호사가 처한 상황은 그런 상황이 아니다.

$$b=g-(a+c)=g-151$$

그런데 가만히 살펴보니 [수식 31]의 등식들은 모두 총 3개의 미지수 중 2개씩을 포함하고 있고, 모두 대칭을 이룬다(예컨대 첫 번째 등식에서 a와 b의 위치를 서로 바꾸어도 등식이 성립된다는 뜻). 하지만 미지수 3개가 모두 대칭을 이루는 것은 아니다. 3개의 미지수를 마구 섞은 뒤 $1 \times a + 1 \times b + 0 \times c = 76$이라고 할 수는 없다.

그렇다고 해결책이 없지는 않다. [수식 31]의 등식들의 좌변에서 미지수가 각기 2개씩 등장한다. 그리고 그 덕분에 3개의 등식을 모두 '때려 뭉쳐서' 대칭을 만들어 낼 수 있다. 그렇게 하면 결국 아래와 같이 등식 3개가 미지수 3개와 대칭을 이루게 된다

$$(a+b)+(b+c)+(a+c)=76+83+151$$

이를 다시 축약하면 아래와 같은 공식이 나온다.

$$2a+2b+2c=310$$

이로써 $g=a+b+c=\frac{310}{2}=155$라는 공식이 나왔고, 이에 따라 다음 공식을 이용해서 a와 b와 c를 구할 수 있게 되었다.

$$a=g-(b+c)=155-83=72$$
$$b=g-(a+c)=155-151=4$$
$$c=g-(a+b)=155-76=79$$

이번에도 대칭의 원칙이 문제 해결의 열쇠가 되어주었다. 미지수들이 포함된 대칭적인 방정식을 만들어 냄으로써 결정적 단서를 찾아낸 것이다:

15. 최대-최소의 원칙

생각의 도구, 삶의 도구

최댓값이나 최솟값을 지니지 않은 현상은
이 세상에 존재하지 않을 것이다.

– 레온하르트 오일러

내가 가진 것 중 최고는 나 자신이었다.

– 우디 앨런

자동차 경주의 기술은
최대한 느린 속도로 최고로 빠른 사람이 되는 것이다.

– 에머슨 피티팔디, F1 전 챔피언

본 장의 제목 바로 밑에 소개된 오일러의 말은 우리가 사는 세상에서 일어나는 모든 일이 최대-최소의 원칙을 따른다는 뜻으로 해석할 수 있다. 2천 년 전, 알렉산드리아의 철학자 헤론^{Heron}도 오일러와 같은 생각이었다. 예를 들어 동그란 구슬은 경사가 가장 심한 비탈을 따라 굴러가고, 빛은 A라는 지점에서 B라는 지점까지 최단 시간에 도달할 길을 선택한다. 후자를 '페르마의 원리'라고도 부르는데, 이로써 페르마는 중간에 렌즈나 기타 광학적 매질이 있는 경우 광선이 두 지점을 통과할 때 직진하지 않고 굴절되는 이유를 설명했다. 시간을 절약하기 위해 빛이 직진하지 않고 휜다는 것이다. 빛은 매질이 한 가지뿐인 경우에는 직진하지만 매질이 둘로 나뉘어 있을 때에는 진행 방향이 한 번 꺾일 수 있다. 매질들의 광학적 특징이 서로 다르면 빛의 진행 방향이 몇 번이고 굴절될 수도 있다.

다른 예로, 강물도 바닥에 의한 저항을 최소화할 수 있는 경로를 선택하면서 흐른다. 얇은 비누 막도 표면장력 때문에 어떤 대상물을 최소 면적으로 감싼다. 자연계에서 관찰되는 이러한 최대－최소의 법칙은 1970년대 초, 다양한 건축물에 활용되기 시작했다. 당시로서는 꽤 미래지향적이었던 건축물인 뮌헨 올림픽 주경기장의 지붕을 설계할 때에도 최적의 설계를 실현하기 위해 비누 막 구조를 이용했다고 한다.

비누 막을 이용하여 최적화를 이뤄 낸 또 다른 사례가 있다. 이른바 '슈타이너의 문제$^{Steiner-problem}$'라 불리는 것인데, 슈타이너의 문제를 간단히 이해하기 위해 정사각형을 떠올려보자. 정사각형에는 꼭짓점이 4개 있다. 이제 그 점들을 서로 연결해야 한다. 이때 서로 연결된 선들의 총합이 최단 길이가 되어야 한다. 도형만 예로 들어서는 상상이 잘되지 않는다는 독자들을 위해 더 쉬운 예를 들자면, 4개의 도시를 서로 잇는 고속도로를 건설해야 하고, 이때 각 도시를 모두 연결하는 최단 길이의 도로를 만들어야 한다고 가정해보라.

이보다 더 슈타이너 문제를 간소화할 수는 없을 듯하다. 물론 그렇다고 꼭짓점 4개(A, B, C, D)를 최단 거리로 연결하는 작업이 간단하다는 말은 아니다. 가장 먼저 떠오르는 생각은 아무래도 서로 인접한 꼭짓점들을 연결해야겠다는 것이다. 그렇게 4개의 점을 연결하면 정사각형 모양이 나오는데, 거리의 총합(L)은 한 변의 길이에 4를 곱한 것, 즉 L＝4가 된다.

하지만 이는 너무나 일차원적이고 순진한 시도이다. 머리를 조금만 더 굴리면 정사각형의 네 변 중 한 변은 없어도 무방하다는 것을 알 수 있다! 넷 중 어떤 변을 지워도 결과는 같다. 어느 지점에서든 나머지 세 지점에 도달할 수 있기 때문이다. 이 경우, 거리의 총합은 L=3이 된다.

거기에서 또다시 조금 더 발전된 아이디어는 아마도 ABCD를 대각선으로 잇자는 생각일 것이다. 이 경우, 거리의 총합은 '대각선의 길이×2'가 된다. 여기에서 잠깐 피타고라스의 아이디어를 빌리자면, 정사각형의 한 대각선의 길이는 $\sqrt{2}$이다. 즉 이 경우, 거리의 총합 $L=2\sqrt{2}=2.82$가 된다.

그런데 이것도 최선의 해결책은 아니다. 최고의 해결책은 놀랍게도 유리판 2개와 막대기 4개 그리고 비눗물을 이용한 실험을 통해 얻을 수 있다. 간단한 장비들을 이용해 복잡한 슈타이너의 문제를 골치 아픈 이론 없이도 풀 수 있다. 실험 방법은 다음과 같다.

우선 바닥에 놓인 유리판 위의 ABCD 위치에 짧은 막대기를 하나씩 세운다. 그런 다음 그 위에 다시 유리판을 얹는다. 일종의 샌드위치 형태가 되도록 장비들을 설치한다. 그런 다음 '샌드위치' 전체를 비눗물에 담근다. 잠시 후 기둥들 사이에 비누 막이 형성되는 것을 관찰할 수 있을 것이다.

앞서도 말했지만 비누 막은 표면적을 최소화하려는 성질을 지니고 있다. 즉 이 실험에서 막대기(기둥)들 사이에 형성된 비누 막이 바로 슈타이너의 문제를 푸는 단서가 된다. 실제로 실험해보면 알겠지만, 이때 비누 막과 비누 막이 만나는 각도는 모두 120°가 된다. 즉 이 경우, $L=1+\sqrt{3}=2.73$이 된다.

최대−최소의 원칙은 자연계에서도 쉽게 찾을 수 있다. 그만큼 자연은 '절

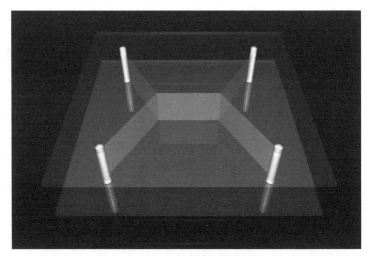
〈그림 77〉 유리판 사이에 형성된 비누 막.

약 정신'이 투철하다. 그중에서도 특히 단면이 정육각형인 벌집은 자연계가
이루어 낸 최적화의 대표적 사례라 할 수 있다.

벌들은 밀랍을 최소한 적게 쓰면서 최소한 작은 공간에 최대한 많은 유충
을 집어넣을 수 있는 최선의 전략을 알고 있다. 정육각형 모양의 셀^{cell}들을 맞
이어놓는 것이다. 그리스의 수학자인 '알렉산드리아의 파포스'도 그와 비슷한

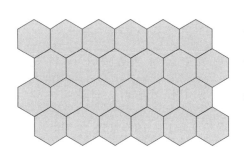
〈그림 78〉 정육각형 모양의 벌집(모형도).

〈그림 79〉 정육각형 모양의 벌집(실제 사진).

이론을 제시한 적이 있었다. 그러나 파포스의 이론은 1999년에야 비로소 토머스 헤일스에 의해 최종적으로 증명되었다. 최소한의 밀랍만 활용하는 벌들의 전략이야말로 수학적으로 최적화된 전략이라는 것이다.

최적화 전략은 식물의 세계에서도 찾을 수 있다. 예컨대 줄기를 둘러싼 이파리들의 배열 형태는 빛(태양광)과 물(빗물)을 최대한으로 이용할 수 있게 되어 있다. 다윈이 주장한 적자생존의 법칙 역시 최대-최소의 원칙에 기반을 두고 있다.

물리학자들은 전 우주를 움직이는 기본적 현상들이 '최소 작용의 원칙 principle of minimal action'이라는 물리적 법칙에 따라 발생한다고 주장한다. 최소 작용의 원칙을 맨 처음 제창한 사람은 프랑스의 수학자이자 물리학자인 모페르튀[1698~1759]였다. 자연이 '에너지 절약의 원칙'을 따른다는 가설을 근거로 어떤 현상이 일어나는 과정이 최소화된다는 사실을 발견하였다. 그리스의 수학자 제노도루스[기원전 200~140년경]는 그보다 앞서 자연계의 현상들이 최소한의 노력을 통해 일어난다는 사실을 발견했다.

경제 분야에서도 인간의 행위와 경제성을 연관시킨 수많은 이론이 제시되었다. 그중 하나가 바로 '최소의 원칙'(=최소화의 원칙)이다. 최소화의 원칙이란 어떤 목표[output]가 주어졌을 때 최소한의 자원[input]만 이용해서 그 목표를 달성해야 한다는 것이다. 반대로 '최대의 원칙'(=최대화의 원칙)에서는 목표가 아니라 자원의 양이 주어진다. 즉 주어진 자원을 이용해 최대한의 목표치를 달성해야 한다는 원칙이다.

광고 분야에서의 최대-최소의 원칙

영국 출신의 기업 컨설턴트인 매트 헤이그는《브랜드 실패담: 브랜드 이름과 관련된 100대 실수^{Brand Failures: The Truth About the 100 Biggest} ^{Branding Mistakes of All Time}》라는 제목의 아주 재미있는 책을 저술했다(국내에 출시된 제목은《브랜드 괴담》). 그중 몇 가지만 살펴보자.

- 헤어용품 전문 업체인 클레이롤^{Clairol} 사는 스타일링제의 일종인 헤어미스트^{hair mist} 제품을 독일에 수출하기로 했다. 클레이롤 사가 수출하기로 한 제품의 출시명은 '미스트 스틱^{Mist Stick}'이었다!

- 펩시 사는 1980년대에 중국 시장을 개척하기 시작했다. 그런데 그 과정에서 큰 실수를 저질렀다. 중국어 발음이 지닌 미묘하고도 세밀한 뉘앙스를 파악하지 못해 발생한 실수였다. 그 실수 때문에 중국인들은 펩시 사가 내건 광고 문구인 '펩시 세대를 통해 새 생명을 느껴 보세요'를 '펩시가 당신의 조상을 무덤에서 다시 파냅니다'로 오해했다.

- 자동차 생산 업체인 포드^{Ford} 사는 새로 출시된 모델 '핀토^{Pinto}'로 전 세계를 정복했다. 단, 여기에서 말하는 '전 세계'에서 브라질은 제외된다. 포드는 해당 차량을 브라질 시장에서도 핀토라는 이름으로 출시했는데, 현지어로 핀토는 '남성의 자그마한 성기'를 의미하는 것이었다. 결국 포드 사는 핀토가 유독 브라질 시장에서만 참패를 면치 못한 원인을 깨달았고, 그에 따라 핀토라는 모델명을 종마를 의미하는 '코르셀^{Corcel}'로 바꾸었다고 한다.

최대-최소의 원칙이 수학 분야라고 해서 냉대받을 리는 만무하다. 수학 분야에서 적용되는 최대-최소의 원칙 중에는 극도로 복잡한 것도 있지만 아주 간단한 것들도 있다. 도형과 관련된 최대-최소의 원칙은 원의 면적은 최대이고, 동일한 부피를 가진 3차원 도형 중 면적이 최소인 것은 구球이다. 참고로, 자연 현상 중 구의 형태를 취하는 것들로는 거품이나 물방울 등이 있는데, 거품이나 물방울이 구의 형태를 취하는 이유는 표면장력 때문이다.

최대-최소의 원칙은 문제 해결 과정에서도 중요한 역할을 한다. 이 원칙을 이용하기만 하면 문제의 범위를 상당히 줄일 수 있는 경우가 빈번하다. 가장 긴 것, 가장 큰 것, 가장 작은 것, 가장 빠른 것 등 극단적인 특징들을 이용하면 나머지 조건들이 더 명확하게 눈에 들어오기도 한다. 그런 의미에서 최대-최소의 원칙이야말로 분야를 막론하고 쓰임새가 다양하며, 장르를 불문하고 해결사 역할을 톡톡히 해낸다고 장담할 수 있다.

최대-최소의 원칙은 특히 여러 개의 대상 중 내가 원하는 조건에 딱 들어맞는 어떤 대상이 존재한다는 것을 증명할 때 유용하게 활용할 수 있다. 주어진 대상들에 척도를 매긴 뒤 각 대상의 순위를 정하고, 그런 다음 그 순위를 이용해 극한값을 지닌 어떤 대상(예컨대 가장 작은 수, 가장 넓은 면적, 가장 느린 속도 등)과 내가 원하는 조건에 맞는 대상을 차례대로 비교해 나간다. 혹은 극한값을 약간 변경함으로써 중요한 단서를 얻을 수도 있다. 조건을 조금 바꾸면 극한값이 더 극단으로 치닫는 경우가 바로 그런 경우이다.

다행히도 이와 관련된 내용을 분명하게 보여주는 사례들이 존재한다. 그중에서도 대표적인 사례는 아마도 주택과 우물 그리고 배수관 설치에 관한 문제일 것이다.

사례 1: 주택과 우물 그리고 배수관 설치에 관한 문제

이번 문제는 어떤 지역에 n개의 주택과 n개의 우물이 있을 때, 주택과 우물을 연결하는 배수관을 최단 길이로 설치하는 것에 관한 문제이다. 이때 각 가정과 우물을 잇는 배수관들은 모두 직선 형태여야 한다. 그 경우, 어떤 배수관도 서로 교차하지 않게 설치할 수 있을까?

풀이　n개의 주택을 각기 1개의 우물과 연결하는 방식은 총 $n!$개이다. 그런데 위 문제에서 배수관의 형태는 직선이어야 한다고 했다. 즉 최단 길이로 집과 우물을 연결해야 한다. 자, '최단'이라는 말에서 이미 첫 번째 단서는 나왔다. 최대-최소의 원칙이 동원되어야 함을 알 수 있다. 그런데 배수관의 총 연장선을 최단으로 줄이기 위해서는 배수관이 서로 교차하게 설치해서는 안 된다. 그 이유는 증명을 통해 확인할 수 있다. 이 시점에서 또 다른 생각의 도구 하나를 동원해보겠다. 예컨대 오른쪽 그림과 같이 배수관을 설치한다고 가정해보자. 오른쪽 그림에서 A와 B는 우물이고, C와 D는 주택일 때 A와 C 그리고 B와 D를 잇는 배수관을 설치한다면 어떻게 될까?

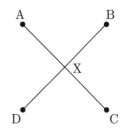

이 경우, 두 배수관은 X라는 교차점에서 만난다.

그렇다면 AC는 AD로, BD는 BC로 대체해야 한다. 두 지점을 최단 거리로 연결하는 방법은 바로 직선으로 연결하는 것이기 때문이다. AX와 XD의 합은 AD보다 크고, BX와 XC의 합 역시 BC보다 크다. 즉 AD와 BC를 연결하는 형태로 배수관을 설치할 경우, 위 그림보다 총 연장선이 짧아진다.

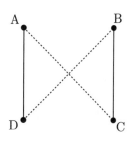

〈그림 80〉 총연장이 짧아진 2개의 배수관.

그 결과가 〈그림 80〉이다. 배수관을 교차시키는 대신 집과 우물을 직선으로 연결했더니 위 그림과 같은 상황이 도출되었다. 나아가 배수관을 최단 길이로 만들고 싶다면 배수관과 배수관을 절대로 교차시켜서는 안 된다는 사실이 확인되었다.

최소-최대의 원칙에 관한 다음 사례는 어느 나라의 수도를 결정하는 것에 관한 문제이다.

사례 2: 수도 결정에 관한 문제

어느 나라의 최고 권력자가 과감하게도 나라 안 모든 도로를 일방통행 도로로 지정하라고 명령했다. 그뿐만 아니라 최고 권력자는 두 도시를 연결하는 도로는 하나만 있어야 한다는, 조금은 황당한 결정까지 내렸다. 그러고는 어느 날 갑자기 왕국 안에 있는 n개의 도시 중 1개의 도시를 수도로 지정하겠다고 했다. 통치자는 신하들에게 어느 도시를 수도로 결정해야 할지를 물어봤고, 신하들은 나머지 모든 도시에서 곧바로 도달할 수 있는 도시 혹은 적어도 1개의 도시만 거치면 도달할 수 있는 도시가 수도가 되어야 한다는 충언을 올렸다. 그러자 왕은 과연 그런 도시가 존재하냐고 반문했다.

우리가 풀어야 할 과제도 바로 그것이다. 과연 그런 도시가 존재할까? 이 질문에 대한 답을 얻기 위해 선결해야 할 과제들이 몇 개 있다. 우선 모든 도시와 직통으로 연결되는 도로가 몇 개인지를 파악해야 한다. 그 수 중 최댓값을 m이라 가정하고, m개의 도로와 연결된 도시를 M이라고 해두자. 나아가 D는 직통 도로로, M과 연결된 도시들의 집합이라고 가정하자. 마지막으로 R은 D에 포함되는 도시 및 M을 제외한 나머지 도시들의 집합이라고 가정하자.

이제 위 내용을 조합해야 한다. 만약 집합 R에 포함되는 도시가 하나도 없다면, 다시 말해 R이 공집합이라면 도시 M은 신하들이 말한 조건에 부합되므로 그 나라의 수도가 될 수 있다. 하지만 만약 R의 원소가 1개라면, 예컨대 X라는 도시가 R에 포함된다면 집합 D에 포함되는 도시 중 1개(예컨대 E)가 그 도시일 것이다. 다시 말해 X와 E를 직접 연결하는 도로가 있고, E와 M을 직접 연결하는 도로도 있다는 뜻이다.

여기까지는 비교적 어렵지 않다. 그런데 만약 E라는 도시가 존재하지 않는다면 어떻게 될까? 이 경우, X는 D에 포함된 모든 도시와 직접 연결되어 있어야 하고, M과도 직접 연결되어 있어야 한다. 즉 $m+1$개의 도로(최댓값보다 더 많은 개수의 도로!)가 X와 연결되어 있어야 한다는 말인데, 이는 M에 대한 맨 처음 가정과 모순된다. 즉 M에 대해 최대-최소의 원칙을 적용한 결과, X

와 M을 연결하는 도시인 E가 반드시 존재해야 한다는 결론이 도출되었다.

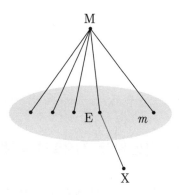

〈그림 81〉 수도 결정 문제에서 M과 E 그리고 X.

위에서 도출된 결론을 뒤집어보면 결국 직접적으로 연결된 도로의 개수가 m개(최댓값)인 도시는 모두 그 나라의 수도가 될 수 있다는 말이 된다. 결국 신하들의 충고가 옳았던 셈이다. 현실적으로는 말이 안 되는 상황일지 모르겠지만, 주어진 문제의 해답을 도출해 내는 과정만큼은 분명히 아름다웠다!

16. 재귀의 원칙

자기가 쓴 책을 읽고 있는 K씨는 저자일까, 독자일까?

재귀가 무엇인지 아는 사람만이 재귀라는 개념을 이해할 수 있다.

– 토마스 프뤼비르트

신나는 일이 일어날 것이라 기대하는 것 또한 신나는 일이다.

– 고트홀트 에프라임 레싱

협상의 목표는 이기는 것이 아니라 상대방이 이겼다고 느끼게 하는 것이요, 나아가 상대방이 볼 때 협상 대상자인 나 역시 내가 이긴 것으로 믿고 있다고 느끼게 하는 것이다.

– 롤프 도벨리

어느 관청에서 탄생한 명문:

"그러나 본 판결로 인해 상속승인 취소의 취소가 취소기한 때문에 상속포기에 대한 취소로 취급되거나 상속포기 취소의 취소가 상속 승인에 관한 취소로 취급되어야 하는 것은 아니다."

– 바이에른 주 고등법원의 판결문 중에서

재귀: '재귀' 부분의 설명을 참조할 것

– 스탠 켈리-부틀의 《컴퓨터 모순 사전(The Computer Contradictory)》 중에서

'재귀^{recursion}'라는 말은 '거슬러 올라가다'라는 뜻의 라틴어 recurrere에서
온 것으로, 자기 자신에게 되돌아가는 행위, 즉 '자기지시성$^{self-referentiality}$'이라
는 의미를 뜻한다. 좀 더 쉽게 풀어서 말하자면 어떤 행위에 따른 결과를 또다
시 똑같은 행위에 적용하는 것이라 할 수 있다. 자기지시성은 추상적일 수도
있고 구체적일 수도 있으며, 일상 속 다양한 분야에서 등장한다. 예를 들어 상
품의 포장에 그려진 그림 속에 그 포장이 포함된 경우, TV 화면 속 TV 등이
그런 사례들이다.

최첨단 기기 중에서도 재귀적 구조를 지닌 것들이 많다. 예컨대 요즘은 누
군가와 통화를 하는 중에도 다른 사람에게서 걸려온 전화를 받을 수 있다. A
라는 사람과 통화 중이라 하더라도 B가 내게 전화를 걸고 있다는 사실을 알

수 있다. 이 경우, 간단한 버튼 조작을 통해 A를 '통화 대기' 상태로 해놓은 뒤 B와 통화할 수 있다. 그 상황에서 C가 또 전화를 걸어온다면 B 역시 대기 상태로 넘길 수 있고, D가 전화를 걸어온다면 C 역시 대기 상태로 넘길 수 있다. 그런 다음 D와 얘기가 끝나면 C와, C와의 용건이 끝난 뒤에는 B와, 마지막으로 A와의 통화를 마무리할 수 있다. 물론 통화자의 수는 그 이상으로 늘어날 수도 있다.

찰리 채플린이 만든 영화 〈위대한 독재자The Great Dictator〉의 첫 부분을 보면 재귀와 관련된 재미있는 장면이 하나 나온다.

영화가 시작되면 군인들은 대포를 쏜다. 그런데 포탄은 목표 지점을 공략하는 대신 포신 밖으로 흘러나올 뿐이었다. 점화 장치에 이상이 있는 듯했다.

최고 지휘관은 자기 바로 아래 계급의 부하에게 "점화 장치 점검!"이라는 명령을 내렸다. 그 부하는 다시금 자신의 부하에게 똑같은 명령을 전달했다. 점화 장치를 점검하라는 명령은 그렇게 계속 구두로 전달되었고, 결국 계급이 가장 낮은 병사인 채플린에게까지 도달했다.

채플린도 그 명령을 누군가에게 전달하기 위해 사방을 둘러봤지만 전달할 사람이 없었다. 자기보다 계급이 더 낮은 병사가 없었던 것이다. 결국 채플린은 직접 그 명령을 실행에 옮겨야 했다.

바벨라스의 실험

스탠퍼드 대학의 알렉스 바벨라스 교수는 두 그룹의 피실험자들에게 인간의 세포 조직을 보여주면서 시행착오를 통해 건강한 세포와 병든 세포를 구분해보라고 했다. 피실험자들은 의학적 지식이 전혀 없는 이들이었다. 그런 다음 바벨라스는 피실험자가 두 가지 옵션 중 하나를 선택할 때마다 피드백을 주었다. 피실험자가 선택한 답이 옳은지 그른지를 알려준 것이다. 피실험자들은 그 피드백을 바탕으로 건강한 세포와 병든 세포를 구분해 내는 방법을 개발했다.

그런데 이 실험에는 한 가지 트릭이 포함되어 있었다. 그 트릭이란 바로 A그룹에게는 늘 정직한 피드백을 주고 B그룹에게는 A그룹의 답변을 그대로 전달한 것이다.

A그룹의 실험참가자들은 올바른 판단을 했을 때 그 답이 옳다는 피드백을 얻었고 틀린 답변을 제시했을 때에는 틀렸다는 말을 들었다. 그 결과, A그룹에 속한 이들은 금세 건강한 세포와 병든 세포를 구분해 내는 방법을 깨달았고, 결국 정확도를 80%까지 끌어 올렸다.

하지만 B그룹의 상황은 달랐다. B그룹 피실험자들에게는 진실한 피드백이 아니라 A그룹이 제시하는 피드백을 제시했다. 즉 A그룹이 옳다는 판단을 내렸다면 B그룹에게도 '옳다'는 신호를 주고, A그룹의 판단이 틀렸을 경우에는 B그룹에게도 무조건 '틀렸다'는 신호를 준 것이다. 물론 바벨라스는 A그룹과 B그룹에 자신이 그러한 트릭을 쓰고 있다는 것을 알려주지 않았다. 결과적으로 B그룹은 가뜩이나 의학적 지식이 전혀 없는 상황에서 다시금 의학적 지식이 없는 이들이 제공하는 정보에만 의존해야 했다.

1차 실험이 끝난 뒤 바벨라스 교수는 두 그룹을 한 자리에 모아놓고 건강한 세포와 병든 세포를 구분하는 전략에 관한 토론을 벌이게 했다. 그 결과, A그룹은 단순하고 구체적인 원칙을, B그룹은 극도로 복잡하고 미묘한 원칙을 따랐다는 것을 알 수 있었다. 그릇된 간접 정보에 따라 전략을 세우다 보니 오히려 더 복잡한 전략이 탄생해버린 것이다.

그런데 재미있는 현상이 벌어졌다. A그룹이 B그룹의 전략을 터무니없이 난해하다며 거부할 줄 알았는데 그렇지 않았다. A그룹은 오히려 B그룹의 전략이 복잡하면서도 심오하다며 찬사를 건넸고, 자신들이 분명히 중요한 무언가를 간과한 것 같다고까지 말했다. 그뿐만 아니라 A그룹은 자신들의 전략이 너무 단순하고 평범해서 B그룹의 전략보다 못하다고 주장했다. 결국 토론이 끝날 때쯤에는 실험참가자 대다수가 B그룹의 전략이 더 탁월하다는 결론을 내렸다.

만약 그 상황에서 똑같은 실험을 다시 한 번 진행한다면 실제로 B그룹의 정확도가 더 높게 나올 가능성이 크다. A그룹이 B그룹의 난해한 전략을 따라 할 것이므로 A그룹이 B그룹보다 정확도 면에서 뒤처질 수밖에 없다.

그런 의미에서 바벨라스의 실험은 왜곡된 진실이 얼마나 쉽게 '전염'되는지를 보여주는 대표적 사례라 할 수 있다.

만약 위 실험에 그룹을 하나 더 추가했다면 어땠을까? A그룹에게 준 피드백을 B그룹에게 주고, B그룹에게 준 피드백을 다시 C그룹에게 주는 것이다. 그렇게 재귀의 강도를 높였다면 실험 결과는 분명히 더 흥미진진해졌을 것이다.

자기지시성을 탁월하게 표현한 사례 중 하나는 아마도 '맬컴 파울러의 망치'일 것이다. 〈그림 82〉에서 보듯 이 망치는 자신에게 못을 박고 있다.

〈그림 82〉 맬컴 파울러의 망치.

> 암탉이란 결국 달걀이 또 다른 달걀을 생산하는 방편에 지나지 않는다.
>
> – 새뮤얼 버틀러(1835~1902)

지금까지 소개된 다른 생각의 도구들과 마찬가지로 재귀의 원칙 역시 문제 해결의 든든한 발판이 되어준다. 지금부터는 몇 가지 사례를 통해 그 발판에 대해 탐색해보겠다.

사례 1: 누가 설거지를 할 것인가에 관한 문제

어젯밤 파티는 정말이지 즐거웠다. 모두 신나게 먹고 마셨고, 그 이후엔 곤히 잠들었다.

다음 날 아침 나는 갈증 때문에 눈을 떴고, 물을 마시기 위해 주방으로 갔다. 그런데 주방에 있던 친구 하나가 내게 설거지를 부탁한다. 나는 그 자리에서 거절하기도 뭣해서 그냥 그러겠다고 대답했다. 하지만 접시를 몇 개 닦다 보니 갑자기 의욕이 사라졌고, 누군가 나 대신 설거지를 해줬으면 좋겠다는 마음이 들었다. 다행히 설거지를 떠맡아줄 친구를 찾았다.

그런데 그 친구 역시 금세 싫증이 났고, 남은 설거지를 해줄 사람을 찾았다.

그 과정을 계속 반복하다 보면 언젠가는 설거지가 끝난다. 닦아야 할 접시의 양이 조금씩 줄어들다가 결국 더 이상 씻을 그릇이 없어지게 된다. 설거지감이 없는 한 더 이상 누군가에게 설거지를 부탁할 이유도 사라진다. 즉 재귀적 과정(그 대상이 구체적 행위이든 정의를 내려야 하는 작업처럼 추상적인 업무이든 간에)이 끊임없이 이어지지 않게 하려면 바로 그러한 시점, 즉 더 이상 처리해야 할 문제가 없어지는 '종료 시점'이 필요하다는 뜻이다.

재귀적 과정의 종료 시점

어느 회사의 홍보담당자가 개인 사정으로 아기를 안은 채 기자회견장의 단상에 오르게 되었다. 홍보담당자는 마이크 앞으로 다가가기 전 옆자리에 앉아 있던 남성에게 아기를 맡겼다. 그런데 그 남성은 아기를 안전하게 돌볼 자신이 없었는지 고이 받아든 아기를 곧장 옆사람에게 넘겼고, 옆사람 역시 다시 옆자리 사람에게 아기를 넘겼다. 아기는 그렇게 단상 위에 앉아 있던 여섯 명의 남자들의 품에서 품으로 계속 옮겨졌다. 맨 끝자리에 앉아 있던 여섯 번째 남자는 아기를 받아든 즉시 단상 아래로 내려가더니 2분 뒤쯤 제자리로 돌아왔다. 알고 보니 그 남성은 겉옷 보관소에다가 아기를 맡겼다고 했다.

– 알렉산더 트로프, 〈인생이 우리에게 안겨주는 쓴맛〉

재귀의 전략은 수학 분야만 따로 떼어서 보더라도 2천 년 이상의 역사를 자랑한다. 재귀의 원칙과 관련해 지금까지 알려진 사례 중 가장 오래된 것은 아마도 테오도로스[기원전 465~398]의 바퀴일 것이다. 테오도로스는 프로타고라스의 제자이자 플라톤의 스승이었고, 피타고라스학파의 일원이기도 했다. 테오도로스는 재귀적 방식을 통해 무리수인 $\sqrt{2}, \sqrt{3}, \sqrt{5}, \sqrt{7}, \cdots$ 을

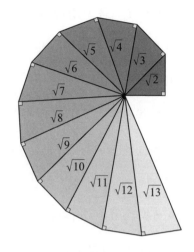

〈그림 83〉 테오도로스의 바퀴.

빗변으로 하는 삼각형들을 작도한 최초의 수학자였다.

테오도로스는 우선 D_1이라는 직각삼각형을 작도했다. 이때 직각 사이에 낀 두 변은 모두 길이가 1이었다. 그런 다음, D_1의 빗변을 아랫변으로 하는 새로운 직각삼각형 D_2를 작도했다(이때 직각 사이에 낀 나머지 한 변의 길이는 1). 테오도로스의 재귀적 작도 작업은 그렇게 계속 이어졌다. D_{n-1}의 빗변이 D_n의 아랫변이 되고, 높이는 1이 되게 직각삼각형들을 계속 이어 붙였다. 그런데 이 과정에 피타고라스의 정리를 접목하면 '$n=2, 3, 4\cdots$일 때 D_1의 빗변 $h_1 = \sqrt{2}$ 이고, D_n의 빗변 $h_n = \sqrt{h_{n-1}^2 + 1}$ 이다'라는 결론이 나온다. 즉 $\sqrt{n}$ 이라는 빗변이 계속 이어지는 상황이 도출된다.

어떤가! 재귀의 원칙이 매우 영리하다는 생각이 들지 않는가? 게다가 이 원칙을 이용하면 일반화 작업도 가능하다!

재귀의 원칙을 이용해서 만든 곡선 중에는 재미있는 것들이 꽤 많다. '괴물 곡선'이라고도 불리는 '코흐 곡선^{Koch-curve}' 역시 재귀의 원칙을 이용해서 만들어 낸 곡선이다.

코흐 곡선은 1개의 직선에서 출발하는데, 그 이후의 과정도 그다지 복잡하지 않다. 선분(g)을 3등분한 뒤 그 중간에 변의 길이가 똑같은, 다시 말해 한 변의 길이가 $\frac{g}{3}$인 삼각형을 만들어 내기만 하면 된다(독일어로 직선은 Gerade 이기 때문에 g라는 약어를 씀).

그 과정을 그림으로 나타내면 다음과 같다. 우선 오른쪽과 같이 단순한 선분 1개를 긋는다.

선분을 3등분한 뒤 중간 부분을 두 번째 그림처럼 바꾼다.

이제 위 과정을 재귀적으로 되풀이한다. 처음에는 단순한 선분으로 시작했지만, 3등분과 삼각형의 작도 과정을 계속 되풀이하면 선분의 모양이 오른쪽 아래와 같이 변하는 것을 알 수 있다.

위 과정을 무한 반복하다 보면 결국 코흐 곡선이 나온다.

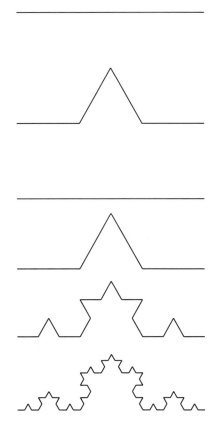

마지막으로 언어 분야를 살펴보자. 언어 분야에서 말하는 재귀의 원칙이란 예컨대 어떤 단어가 자기 자신을 그대로 본뜨는 것을 의미한다. 아래 문구는 그중 한 가지 사례이다.

VISA International Service Association

'비자^{VISA} 카드 국제서비스협회'의 약자가 결국 'VISA', 즉 카드 이름 자체가 된다.

수학 분야에서 재귀의 원칙은 어떤 문제가 계속 단순해지는 것을 의미한다. 지금부터 그와 관련된 사례를 살펴보자.

사례 2: '도박사의 파산 gambler's ruin'에 관한 문제

A와 B가 각기 a개와 b개의 동전을 가지고 게임을 시작한다. 게임 방법은 간단하다. 예컨대 둘 중 한 사람이 동전을 던져서 그림이 나오면 A가 B로부터 동전 1개를 받고, 수가 나오면 B가 동전 1개를 딴다. 게임은 둘 중 하나가 동전을 모두 잃는 순간 끝난다. 이 경우, B가 게임에서 질 확률은 얼마나 높을까?

풀이 전체 동전의 개수를 $k=a+b$라고 하고, A가 x개의 동전을 가지고 있을 때 B가 질 확률을 $p(x)$라고 하자. 다시 말해, $p(x)$는 A와 B가 각각 x개,

$k-x$개의 동전을 갖고 있을 때 B가 질 확률을 말한다.위 문제를 듣는 순간 $p(a)$부터 구하고 싶은 마음이 들겠지만, 사실은 $x=0, 1, 2, \cdots, k$일 때 $p(x)$의 값이 얼마인지를 구하는 편이 문제를 더 빨리, 더 단순하게 풀 수 있다(일반화의 원칙!).

예를 들어 지금까지의 게임 결과에 따라 A가 현재 x개의 동전을 갖고 있다고 가정하자. 그렇다면 A는 동전을 한 번 더 던진 뒤 결과가 그림이냐 수냐에 따라 $x+1$개 혹은 $x-1$개의 동전을 갖게 되고, 이때 A가 동전을 하나 더 갖게 될 확률이나 하나를 덜 갖게 될 확률은 $\frac{1}{2}$로 동일하다(대칭의 원칙!).

자, 이제 머리를 굴려야 할 때가 왔다. 그 첫걸음은 아마도 아래와 같은 공식이어야 할 것이다.

$$p(x) = \frac{1}{2}p(x-1) + \frac{1}{2}p(x+1)$$

($x=1, \cdots, k-1$인 모든 경우에 대해)

이때 경곗값은 정의에 의해 다음과 같다.

$$p(0)=0$$
$$p(k)=1$$

그런데 고맙게도 위 공식을 아래와 같이 바꿔 쓸 수 있다.

$$p(x+1)-p(x)=p(x)-p(x-1)$$

수식 32

$$(x=1, \cdots, k-1일 \; 때)$$

이로써 재귀의 원칙을 적용하기 위한 만반의 준비가 갖춰졌다. [수식 32]를 이용하여 문제의 범위를 단계적으로 줄일 수 있게 되었다. 그렇게 되는 구체적인 이유는 $p(x+1)-p(x)$를 $p(1)-p(0)=p(1)$이 될 때까지 재귀적으로 적용할 수 있기 때문이다. 그 과정은 아래의 공식처럼 방정식의 고리들로 나타낼 수 있다.

$$p(x+1)-p(x)=p(x)-p(x-1)=\cdots$$
$$=p(1)-p(0)=p(1)$$

위 공식은 $x=1, \cdots, k-1$인 모든 경우에 성립한다.

이제 문제 해결에 필요한 또 다른 막강한 도구가 눈에 보이기 시작한다. 그 도구를 활용하려면 우선 위 공식을 아래와 같이 바꾸어 써야 한다.

$$p(x+1)=p(x)+p(1)$$

다음으로 위 공식에 차례대로 수를 대입한다.

$$p(2)=p(1)+p(1)=2\times p(1)$$

$$p(3)=p(2)+p(1)=2\times p(1)+p(1)=3\times p(1)$$

$$p(4)=p(3)+p(1)=3\times p(1)+p(1)=4\times p(1)$$

$$\vdots$$

$$p(x)=x\times p(1)$$

$$(x=0,\cdots,k\text{일 때})$$

이제 남은 작업은 그야말로 누워서 떡 먹기이다. 경곗값이 얼마인지를 감안한 상태에서 $x=k$를 대입하면 아래와 같은 공식이 도출된다.

$$p(k)=k\times p(1)=1$$

이고, 이를 계산하면

$$p(1)=\frac{1}{k}$$

이제 B가 게임에서 질 확률을 구하기까지는 한 발짝밖에 남지 않았다. 그리고 그 한 발짝은 놀라우리만치 가볍다!

$$p(x)=\frac{x}{k}\ \ (x=0,1,2,\cdots,k\text{일 때})$$

마지막으로 특수한 사례 한 가지를 더 살펴볼까 한다. $x=a$인 경우에도 우리가 원하는 답변, 즉 $p(a) = \frac{a}{k}$라는 확률이 도출되는지를 확인해보자. 그 문제만 해결하고 나면 이 장은 끝난다. 그런 다음엔 모두들 크리스마스 휴가를 마음껏 즐기기 바란다!

사례 3: 크리스마스 선물

어느 회사에서 직원들끼리 크리스마스 선물을 서로 교환하기로 했다. 총 n명의 직원이 각자 준비한 선물을 무작위 추첨을 통해 나누어 갖는 방식이었다. 그런데 작년 크리스마스 때 사소한 '사고'가 한 건 발생했다. 자기가 준비한 선물을 자기가 받아간 직원이 1명 있었던 것이다. 그런 일이 올해에도 일어날까? 혹은 그런 사태는 어쩌다 보니 작년에만 일어난, 매우 예외적인 사고였을까?

풀이 직원과 선물에 각기 1, 2, 3, …, n이라는 번호를 매겨놓기만 하면 선물을 나누는 방식이 총 몇 가지인지를 쉽게 구할 수 있다. $n \times (n-1) \times (n-2) \times \cdots \times 3 \times 2 \times 1 = n!$이라는 공식을 이용하면 된다. 물론 i번째 사람이 i번째 선물을 가져왔다는 가정에서 그렇게 된다.

자, 지금은 총 n개의 물건에 대해 $n!$개의 순열이 만들어질 수 있는 상황이다. 이때 '고정점을 갖지 않는 순열permutation without fixed point'의 개수를 a_n이라고 가정해보자. 여기에서 '고정점이 없다'는 말은 i번째 물건이 i번째 자리에 놓이는 상황(i번째 사람이 i번째 선물을 가져가는 상황)이 발생하지 않는다는 뜻이다. 그런데 잠깐! 어디서 많이 본 문제 같지 않은가? 그렇다! 앞서 포함−배제의 원칙에 대해 설명하면서 이와 비슷한 사례를 든 적이 있다. 거기에서 우리는 [수식 15]와 포함−배제의 원칙을 이용해 문제를 해결했다. 이번에는 똑같은 문제를 재귀의 원칙을 이용하여 풀어보려 한다.

그러기 위해 우선 a_n에 대한 재귀 공식을 하나 만들어보자. 이때 첫 번째 자리가 부동점(고정점)이 되지 않게 하기 위해서는 1번 물건이 1번 자리에 놓여서는 안 된다. 1번 물건은 전체 n개의 자리 중 1번을 제외한 자리, 즉 $n-1$개의 자리에만 놓여야 한다. 다음으로, 고정점을 갖지 않는 순열의 개수(1번 물건이 2번 자리에 있는 경우)를 파악해보자. 그 개수에 $n-1$을 곱하면 a_n이 얼마인지 알 수 있다. 그 이유는 대칭의 원칙에 따라 1번 선물이 2번 자리에 있을 때 고정점이 없는 순열의 개수가 1번 선물이 $i=3, 4, \cdots, n$자리에 있을 때 순열의 개수와 동일하기 때문이다.

그렇다면 1번 선물이 2번 자리에 있을 때 고정점을 갖지 않는 순열의 개수는 몇 개일까? 우선 2번 선물이 1번 자리에 놓이는 경우, 즉 a_n-2개의 경우를 생각해볼 수 있다. 이 경우, 남아 있는 $n-2$개의 자리들($3, 4, \cdots, n$)을 남아 있는 $n-2$개의 선물들($3, 4, \cdots, n$)로 고정점이 없게 채우는 방식은 a_n-2개가 된다. 반면, 2번 선물을 1번이 아닌 다른 자리에 놓을 경우, $n-1$개의 선물들을 $n-1$개의 자리에 채워 넣어야 한다. 당연한 말이겠지만 이때 2번 선물은 1번 자리에 놓이지 말아야 하고, 나아가 3번 선물이 3번 자리에, 4번 선물이 4

번 자리에, n번 선물이 n번 자리에 놓이지 않아야 한다. 그리고 그렇게 할 수 있는 방식은 총 a_{n-1}개이다. 그에 따라 다음과 같은 공식을 도출할 수 있다.

$$a_n = (n-1)(a_{n-1} + a_{n-2})$$

수식 33

이제 n개의 선물에 대해 고정점이 없는 순열의 개수가 몇 개인지를 구할 수 있는 발판이 마련되었다. 물론 위 재귀방정식은 선물의 개수가 n개가 아니라 $n-1$개, $n-2$개일 때에 해당되는 것이기는 하다. 그런데 가만히 생각해보면 위 공식이 $n = 3, 4, 5, \cdots$인 경우에는 모두 성립한다는 것을 알 수 있다. 물론 초깃값은 $a_1 = 0$(선물이 1개뿐일 때에는 고정점을 갖지 않는 순열이 1개밖에 없음)과 $a_2 = 1$[선물이 2개인 경우에는 (2, 1)이라는 순열밖에 존재하지 않음]이다. 따라서 우리는 [수식 33]를 아래 공식들처럼 a_3, a_4 등의 경우로 변형시켜야 한다.

$$a_3 = 2 \times (a_2 + a_1) = 2 \times (1 + 0) = 2$$
$$a_4 = 3 \times (a_3 + a_2) = 3 \times (2 + 1) = 9$$

이제 남은 문제는 위 공식들을 일반화하는 것이다. 다시 말해 a_n의 경우에도 성립하는 공식을 찾아내야 한다. 답을 얻기 위해 [수식 33]을 다음과 같이 변형시켜보자.

$$a_n - na_{n-1} = (a_{n-1} - (n-1)a_{n-2})$$

수식 34

나아가 $n=2, 3, \cdots$인 경우에 대해 $a_n - na_{n-1}$을 d_n으로 대체해보자($a_n - na_{n-1} = d_n$). 그러면 결국 다음과 같은 공식이 도출된다.

$$d_n = -d_{n-1}$$

그랬더니 다행스럽게도 아주 간단한 형태의 공식이 도출되었고, 이 공식에 재귀의 원칙을 적용하면 아래와 같은 공식이 나온다.

$$d_n = (-1)d_{n-1} = (-1)^2 d_{n-2} = (-1)^3 d_{n-3} = \cdots = (-1)^{n-2} d_2$$

결국 d_n이 d_2로 재귀되었고, 이로써 복잡해 보이기만 하던 재귀방정식이 간단한 숫자놀음 수준으로 단순화되었다. 이제 a_2와 a_1을 이용해 d_2를 구하기만 하면 된다. 그런데 $d_2 = a_2 - 2 \times a_1 = 1 - 2 \times 0 = 1 = (-1)^2$이다. 이에 따라 다음 공식이 성립한다.

$$d_n = (-1)^{n-2} d_2 = (-1)^{n-2}(-1)^2 = (-1)^n$$

그런 다음 d_n에서 a_n으로 되돌아가 보면 아래의 공식이 나온다.

$$d_n = a_n - na_{n-1} = (-1)^n \quad \text{혹은} \quad a_n = na_{n-1} + (-1)^n$$

그런데 여기까지 작업을 진행했음에도 아직 [수식 33]의 그림자에서 크게 벗어나지 못한 듯하다. 그렇다고 소득이 전혀 없었던 것은 아니다. [수식 33]에서는 우변에 2개의 항(a_{n-1}과 a_{n-2})이 포함되어 있었지만 그것을 1개의 항(a_{n-1})으로 줄였고, 이로써 목표에 한 발짝 더 다가갔다. 속이 후련할 만큼 빠른 속도는 아니지만, 문제 해결의 열쇠가 조금씩 눈에 들어오기 시작했다.

고정점을 갖지 않는 순열의 개수(a_n)를 n개의 요소 전부에 대한 순열의 개수($n!$)로 나누면 고정점을 갖지 않는 모든 순열의 개수가 되고, 그 개수는 지금까지 우리가 고찰해 온 공식들에 따라 다음과 같이 정리할 수 있다.

$$\frac{a_n}{n!} = \frac{a_{n-1}}{(n-1)!} + \frac{(-1)^n}{n!}$$

위 공식에 재귀의 원칙을 적용하면 곧바로 다음 공식을 얻을 수 있다.

$$\frac{a_n}{n!} = \frac{1}{2!} - \frac{1}{3!} + \frac{1}{4!} - \dots \frac{(-1)^n}{n!}$$

수식 35

예컨대 $n=5$인 경우 [수식 35]의 우변은 0.36667이 되고, $n=10$인 경우에는 0.36787946이 되며, n 값이 커질수록 $\frac{1}{e} = 0.36787944$에 더 가까워진다. 즉 전체 순열에서 고정점이 없는 순열이 차지하는 비중은 약 37%이다. 이에 따라 위 문제에서 말하는 방식으로 선물을 나누었을 경우, 최소한 1명은 늘 자기가 준비한 선물을 되돌려받게 된다는 결론이 나온다.

직업별 '똑 떨어지는' 수

보통 사람	100, 1000, 50000
수학자	π, e, $\sqrt{2}$
컴퓨터공학자	8, 32, 256
슈퍼마켓 주인	990원, 1990원
전기기술자	9, 12, 220
쾰른 지역 사육제Karneval 관련 협회들	11, 111
미국에서의 선거 패배자	52.9%
미국에서의 선거 당선자	47.2%
자동차 운전자	911, 121, 106
체스 플레이어	8, 16, 64
음란전화 애용자	0190/344344

17. 단계적 접근의 원칙

한 발짝 한 발짝, 목표 지점을 향하여!

이렇게 쉽고도 간단하게
오른쪽에서 왼쪽으로 다가가는구나.
기나긴 나날 속에서!

– '단계적 접근'이라는 주제어를 이용해 컴퓨터로 작성한 '하이쿠'*

---

* 일본 고유의 단시로 5 · 7 · 5의 17음 형식을 이루고 있다.

'단계적 접근$^{\text{successive approximation}}$'은 '연속적 접근' 혹은 '계속적 접근'이라고
도 불리는데, 말 그대로 목표에 한 걸음씩 다가가는 문제 해결 방식을 의미한
다. 이 접근법은 반복^{iteration}과도 밀접한 관계에 놓여 있다. 반복이라는 말의
어원은 '무언가를 되풀이하다'라는 뜻의 라틴어 'iterare'이다. 단계적 접근법
에서 말하는 반복은 무엇보다 역방향의 결합을 뜻한다. 즉 하나의 접근 단계
에서 도출된 결과를 해당 시스템 전체에 반영한 뒤 그것을 다음 단계의 출발
상황으로 삼아서 최종적으로 원하는 목표를 달성하는 것이다.

단계적 접근법은 다양한 학문 분야에서 널리 활용되는 연구 기법이다. 그중
한 가지 예를 들어보자.

고대로부터 전해 내려오는 자료들에 따르면 우리 조상은 지구가 평평하다

고 믿었다고 한다. 티그리스와 유프라테스 강을 끼고 있던 메소포타미아(현재의 이라크 지역) 사람들은 지구를 대양 위를 떠다니는 원반쯤으로 여겼다. 고대 그리스의 철학자들 사이에도 지구가 평평하다는 의견이 지배적이었다. 그러한 믿음은 아낙시만드로스[기원전 610-545년경]가 제작한 세계지도에도 고스란히 드러난다. 최첨단 기술을 자랑하는 요즘도 내가 서 있는 위치에서 주변을 둘러보면 지구가 평평하다는 생각이 들 정도인데 그 시절 사람들은 오죽했을까. 그 당시에는 대중의 믿음을 송두리째 뒤흔들 만한 첨단 관측 장비나 실험 도구도 없었으니, 어찌 보면 우리 조상의 착각은 당연했다고 볼 수 있다.

그러나 아리스토텔레스[기원전 384-322]는 그 당시 상황이 지금과 비교할 수 없을 정도로 열악했음에도 지구가 둥글 수도 있다는 의혹을 품었다. 아리스토텔레스가 그런 의심을 품게 된 것은 무엇보다 월식이 일어날 때 달에 비친 지구의 그림자 때문이었다. 달에 비친 지구의 그림자는 달이 지평선으로부터 얼마나 멀리 떨어져 있든 간에 늘 둥근 모양이었다. 이 때문에 아리스토텔레스는 어느 방향에서 보든 둥그런 그림자를 던질 수 있는 것은 구球뿐이므로 지구는 납작한 원반 모양이 아니라 공 모양이어야 한다는 확신을 하게 되었다.

지구가 공 모양일 것이라는 이론에 기초하여 지구의 둘레를 잰 학자도 있다. 그 주인공은 바로 에라토스테네스[기원전 276-194년경]이다. 참고로 에라토스테네스는 수학자이자 역사학자, 지리학자이자 시인, 언어학자 등 수많은 직함을 달고 있는 인물이다. 여러 방면에서 두루 실력을 갖춘 학자 중의 학자, 최고의 학자였다.

에라토스테네스는 각종 자료를 통해 하짓날인 6월 21일 정오가 되면 시에네^{Syene}(지금의 '아스완' 지역)의 우물에 햇볕이 수직으로 내리쬔다는 사실을 알고 있었다. 당시 에라토스테네스는 시에네에서 북쪽으로 4,900스타디온$^{\text{Stadion}*}$ 정도 떨어진 알렉산드리아에 살고 있었는데, 에라토스테네스가 입수한 자료에 따르면 알렉산드리아에서는 하짓날 정오에 태양이 천정$^{\text{zenith, 天頂}}$에 있지 않는다고 했다. 그러한 정보를 바탕으로 에라토스테네스는 기원전 224년 6월 21일, 알렉산드리아 사원으로 가서 첨탑^{obelisk}의 그림자를 관찰했다. 정확히 정오가 되자 첨탑은 땅바닥에 그림자를 드리웠고, 에라토스테네스는 그림자 길이의 차이를 이용해 시에네와 알렉산드리아의 사잇각이 7°라는 것을 계산해 냈다.

그다음부터는 일사천리였다. 지구의 둘레를 U라고 하고 알렉산드리아와 시에네 사이의 거리를 $a(a=4,900$스타디온)라고 한 뒤 아래와 같이 비례식을 만들어 냈다(독일어로 둘레는 Umfang이기 때문에 지구의 둘레를 U라고 함).

$$\frac{U}{a} = \frac{360°}{7°}$$

에라토스테네스는 위 공식을 $U = \dfrac{360 \times 4,900}{7}$ 스타디온=252,000스타디온이라는 공식으로 변환했고, 그것으로 지구의 둘레를 계산해 냈다. 1스타디

온이 약 0.160km인 점을 감안할 때 당시 에라토스테네스가 구한 지구의 둘레는 대략 40,320km였다. 지금 우리가 알고 있는 지구의 둘레 40,041km와 큰 차이가 없는 수치였다. 당시의 기술 수준을 감안할 때 놀라운 업적이라 아니할 수 없다!

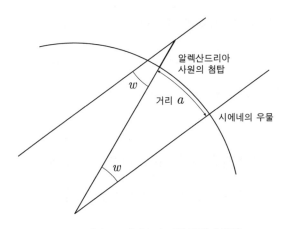

〈그림 84〉 에라토스테네스의 지구 둘레 측정법.

그렇다! 지구는 평평하지 않고 휘어 있다. 하지만 굴절률은 매우 낮다. 한 바퀴를 돌아서 원을 그리는 데 약 40,000km가 필요한 정도이니 굴절되었다고 하기조차 어려울 정도이다. 지름의 편향률로 환산해서 계산해보면(1km를 지름으로 나누었을 때) 지구의 굴절률은 1km당 0.000078밖에 되지 않는다. 0과 0.000078이라는 수의 차이가 얼마인지 생각해보면 지구의 굴절률이 얼마나 미미한지 금세 알 수 있다. 물론 굴절률이 미미하다고 해서 아예 휘어 있지 않다는 말은 아니다. '평평하다'는 말과 '휘어 있다'는 말 사이에는 분명히 차이가 있다. 지구도 1km당 12.53cm의 비율로 휘어져 있다. 총 둘레가 40,041km나 되다 보니 우리가 느끼지 못하는 것뿐이다. 실제로 우리가 생활하는 데 굴절률이 0이냐 0.000078이냐 하는 차이는 별로 중요하지 않다. 하지만 장거리를 여행하는 대규모 무역상이나 항해사들에게는 그 차이가 결코 작지 않을 것이다.

그런데 첨단 장비들을 이용해 정밀하게 관측해봤더니 지구가 공 모양이라는 이론이 비교적 진실에 가깝기는 하지만 완벽한 진실은 아닌 것으로 드러났다. 지구가 완전한 구의 형태라면 지구를 관통하여 어떤 지점과 그 대척점을 최단 거리로 연결했을 때 길이가 늘 똑같아야 한다. 그러나 실제로는 그렇지 않다. 뉴턴도 수학적 계산을 바탕으로 그러한 오차를 예언한 바 있다.

뉴턴은 "인력의 영향을 받는 어떤 물체가 공 모양일 수는 있다. 하지만 그 공 모양의 물체가 회전한다면 절대 완벽한 공 모양이 될 수는 없다."고 주장했는데, 지구가 바로 그런 사례에 속했다. 인력의 영향을 받으면서 자전하기 때문에 극지방은 '눌려' 있고 적도 부근은 '뚱뚱해진' 것이다. 회전에서 오는 원심력이 그 이유인데, 원심력은 적도 지방에서 가장 강하기 때문에 인력도 조금 더 강해진다. 멀리 떨어진 곳에서 관찰했을 때 지구가 약간 눌린 형태의 공 모양으로 보이는 것도 그 때문이다. 이에 따라 지구 각 지점의 지름에도 차이가 발생한다. 북극과 남극을 연결한 선은 12,713km이지만 적도 지름은 12,756km이다. 물론 큰 차이는 아니다. 누군가가 지구는 완벽한 공 모양이라고 주장해도 터무니없는 거짓말이라고 비난할 수 없을 정도이다. 최대 지름과 최소 지름의 차이는 43km밖에 되지 않으며(12,756−12,713=43), 편평률도 0.00337밖에 되지 않는다$\left(\dfrac{12,756-12,713}{12,756}=0.00337\right)$.

편평률이 0이라면 지구는 완벽한 구 모양이었을 것이다. 하지만 0.00337도 0과 비교할 때 그다지 큰 수는 아니다. 그러나 이번에도 역시 차이가 아예 없다고 할 수는 없고, 결과적으로 우리는 편평률을 계산해봄으로써 진실에 한 발짝 더 다가가게 되었다. 지구가 공 모양에 가깝지만 결코 완벽한 공 모양의 회전체는 아니라는 사실을 좀 더 정확하게 밝혀낸 것이다.

그런데 이것으로 지구에 관한 모든 진실이 드러난 게 아니다. 과학자들은 1950년대 말 무렵부터 위성을 이용해 보다 정밀한 관측 작업을 진행했고, 그러한 작업 덕분에 지구에 관한 새로운 진실들이 잇따라 드러났다. 그중 하나는 적도 지방의 '비만도'가 북반구보다 남반구에서 더 높아서 북극점에서부터 지구 중심까지의 거리보다 남극점에서 지구 중심까지의 거리가 더 길다는 것이었다. 이는 지구의 모습이 서양 배의 형태와 약간은 닮았다는 뜻이다. 이와 관련해 천문학자들은 '지오이드geoid'라는 개념을 쓰곤 한다. 쉽게 말해 지구가 우주 속을 떠도는, 위아래가 약간 눌린 서양 배 모양의 회전타원체라는 것이다.

지금까지 지구에 대해 밝혀진 진실들을 차례대로 정리해보면 다음과 같다. 첫째, 지구는 원반이 아니라 공 모양이고, 둘째, 그 공은 완벽한 구 모양이 아니라 아래위가 조금 눌려 있으며, 셋째, 아래쪽과 위쪽의 눌려 있는 비율이 서로 다르다. 사실 두 번째 진실과 세 번째 진실의 차이는 그다지 크지 않다. 하

모형화에서 주의해야 할 사항들

- 모형을 현실과 혼동하지 마시오(부연 설명: 메뉴판에 소개된 그림을 먹지는 마시오!).

- 원래의 모형이 의도하는 바를 넘어서는 추론은 하지 마시오(부연 설명: 수영 초보자들을 위한 풀^{pool}에서 다이빙하지는 마시오!).

- 해당 모형 제작에 기반이 된 가설이나 단순화 과정을 검토하기 전에는 그 모형을 활용하지 마시오(부연 설명: 기기를 사용하기 전에 반드시 사용설명서를 읽으시오!).

- 자신이 선택한 모형에 맞추기 위해 진실을 '재단'하지는 마시오(부연 설명: 프로크루스테스*가 되지는 마시오!).

- 낡은 모형에 집착하지 마시오(부연 설명: 이미 죽은 말에게 채찍질하지 마시오!).

- 적절한 개념을 찾았다고 해서 악마를 추방한 것은 아니라는 사실을 잊지 마시오(부연 설명: '룸펠슈틸츠헨'을 기억하시오!**).

- 모형과 사랑에 빠지지는 마시오(부연 설명: 피그말리온***을 기억하시오!).

- 마지막으로, 고양이를 표현하는 최고의 모형은 고양이요, 그보다 더 나은 것은 '바로 그 고양이'라는 점을 잊지 마시오(부연 설명: 현실은 그 어떤 모델보다 우위에 있다는 것을 잊지 마시오!).

– 솔로몬 W. 골롬****

지만 비록 1km당 1cm도 되지 않을 만큼 미미한 차이라 하더라도 어쨌든 진실에 한 발짝 더 다가간 것만큼은 분명하다.

지금까지 우리는 지구의 모양에 관한 연구를 둘러싼 역사적 · 시대적 변화에 대해 알아봤다. 그 과정에서 학문 분야에서 어떤 모형화^{modelling} 작업들이 이뤄지는지도 살짝 엿보았다. 어떻게 해서 새로운 이론이 등장하는지, 신기술이나 새로운 깨달음의 등장에 따라 원래의 이론이 어떻게 세분되고 발전되는지를 확인했다. 학문 분야의 모든 발전은 사실 모형화를 통해 이뤄진다고 해도 과언이 아니다. 단계적으로 진실에 한 발짝씩 더 다가가는 것이다.

단계적 접근법은 기본적으로 어떤 분야에서나 활용할 수 있는 휴리스틱이다. 물론 첫 단계에서 얻은 해답은 원래 질문의 해답과는 상당한 거리가 있다. 하지만 그 결과물은 목표 지점을 향한 그다음 발걸음의 밑바탕이 된다. 물론 다음 단계에서도 목표물에 성큼 다가가지 못할 수도 있다. 하지만 그 과정을

---

* 그리스 신화에 등장하는 강도. 프로크루스테스는 길이가 긴 침대와 짧은 침대를 각기 한 개씩 준비한 뒤 지나가는 행인을 붙잡아서 침대에 눕혔는데, 키가 큰 행인이면 짧은 침대에 눕혀서 삐져나온 신체 부위를 잘라서 죽였고, 키가 작은 행인이면 긴 침대에 눕혀서 몸을 늘리는 방법으로 죽였다고 한다.

** 룸펠슈틸츠헨은 『그림동화』에 등장하는 난쟁이이다. 룸펠슈틸츠헨은 물레방앗간 집 딸이 위기에 처할 때마다 도움을 주었지만 그 대가로 여러 가지를 요구했고, 결국에는 왕비가 된 방앗간 집 딸에게 첫 아이를 내놓으라고 강요했다. 하지만 방앗간 집 딸은 완강히 저항했고, 협상 끝에 룸펠슈틸츠헨은 자신의 이름을 알아맞히기만 한다면 첫 아이를 빼앗지 않겠다고 약속한다. 방앗간 집 딸은 룸펠슈틸츠헨의 이름을 우연히 알아맞히면서 위기를 모면했고, 룸펠슈틸츠헨은 악마가 방앗간 집 딸에게 자신의 이름을 가르쳐주었다며 소리치다가 결국 분노를 못 이겨 스스로 자신의 몸을 갈기갈기 찢고 만다.

*** 로마의 시인 오비디우스의 《변신 이야기(Metamorphoses)》에 등장하는 전설적 인물. 피그말리온은 상아로 만든 여인의 조각상을 너무나 사랑한 나머지 그 조각상이 실제 여인이 되어주기를 간절히 바랐는데, 결국 그 소원이 현실이 되었다. 참고로 무언가에 대한 믿음이나 기대가 현실로 나타나는 효과를 '피그말리온 효과'라 부른다.

**** 미국 출신의 수학자 겸 공학자.

계속 반복하다 보면 결국 두 가지 중 한 가지 결과가 도출된다. 첫째, 단계별 해결책과 원래 문제의 해답 사이의 거리가 점차 좁아지거나 둘째, 최종 목표에 도달한다!

글을 쓰는 작업 역시 일종의 단계적 접근법으로 해석할 수 있다. 머릿속에 떠오르는 생각을 대충 글로 적은 뒤 그 글을 보고 또 보고, 다듬고 또 다듬는 과정이 결국 단계적 접근 방식과 같기 때문이다. 사실 창작과 관련된 인간의 모든 행위는 단계적 접근 방식을 따른다고 해도 과언이 아니다. 예술가라면 누구나 초본을 제작한 뒤 이렇게도 고쳐 보고 저렇게도 다듬어 보면서 완성품에 조금씩 다가가지 않는가.

지금부터는 몇 가지 사례를 통해 단계적 접근법의 정확한 의미를 알아보기로 하자.

사례 1: 정사각형 3등분하기

한 변의 길이가 1인 정사각형에서 어떻게 하면 전체 면적의 $\frac{1}{3}$에 최대한 가까운 부분을 추려낼 수 있을까?

풀이 이번 장의 주제인 단계적 접근이라는 휴리스틱에 따라 정사각형의 각 변을 끊임없이 2등분하면 된다! 이때, 단계가 하나씩 넘어갈 때마다 정사각형의 크기가 줄어든다.

이 전략은 정사각형이라는 도형을 3등분하기는 어렵지만 4등분은 쉽게 할 수 있다는 원리에 기반을 둔 것으로, 구체적 실행 과정은 다음과 같다.

우선 맨 처음의 정사각형, 즉 한 변의 길이가 1인 정사각형을 크기가 같은 정사각형 4개로 나눈다. 그런 다음 상단 우측에 생겨난 정사각형을 다시금 4등분하고, 똑같은 작업을 끝없이(!) 반복한다.

첫 번째 접근 단계를 통해 전체 정사각형 면적의 $\frac{1}{4}$에 해당하는$\left(\frac{1}{2} \times \frac{1}{2} = \frac{1}{4}\right)$ 정사각형 1개를 얻었다. 〈그림 85〉의 왼쪽 아래의 회색 정사각형이 바로 그 부분이다. 두 번째 단계에서는 그보다 면적이 더 작은 정사각형 하나 $\left(\frac{1}{4} \times \frac{1}{4} = \frac{1}{16}\right)$가 추가된다. 즉 두 번째 단계까지 실행했을 때 우리가 얻은 총면적은 $\frac{1}{4} + \frac{1}{16}$ 이다. 세 번째 접근 단계까지 실행하고 나면 총면적이 $\frac{1}{4} + \frac{1}{16} + \frac{1}{64}$ 로 늘어난다. 이를 달리 나타내면 다음과 같다.

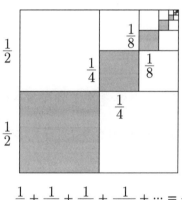

$$\frac{1}{4} + \frac{1}{16} + \frac{1}{64} + \frac{1}{256} + \cdots = \frac{1}{3}$$

〈그림 85〉 단계적 4등분을 통해 정사각형 3등분하기.

1단계 접근 $\quad \left(\frac{1}{4}\right)^1$

2단계 접근 $\quad \left(\frac{1}{4}\right)^1 + \left(\frac{1}{4}\right)^2$

3단계 접근 $\quad \left(\frac{1}{4}\right)^1 + \left(\frac{1}{4}\right)^2 + \left(\frac{1}{4}\right)^3$

그렇게 계속해서 k번째 단계까지 실행한 뒤의 총면적은 아래와 같다.

$$\left(\frac{1}{4}\right)^1 + \left(\frac{1}{4}\right)^2 + \cdots + \left(\frac{1}{4}\right)^k$$

거기에 아래와 같은 유명한 공식 하나에 대입하면,

$$(x+x^2+\cdots+x^k)(1-x)=x+x^2+\cdots+x^k-(x^2+x^3+\cdots+x^{k+1})$$
$$=x-x^{k+1}$$

결국 $x=\frac{1}{4}$ 인 경우에 대해 $\left(\frac{1}{4}\right)-\left(\frac{1}{4}\right)^{k+1}$ 이 된다.

이때 k 값이 커질수록 $\left(\frac{1}{4}\right)^{k+1}$ 의 분자는 점점 작아지고, 결국 아래와 같이 우리가 원하는 $\frac{1}{3}$ 이라는 값에 더 가까워진다.

$$\frac{\frac{1}{4}}{1-\frac{1}{4}} = \frac{\frac{1}{4}}{\frac{3}{4}} = \frac{1}{3}$$

한편, 앞서 나온 〈그림 85〉에서 다음 쪽의 부등식들도 추출해 낼 수 있다.

$$\frac{1}{4} < \frac{1}{3} < \frac{2}{4}$$

$$\frac{2}{8} < \frac{1}{3} < \frac{3}{8}$$

$$\frac{5}{16} < \frac{1}{3} < \frac{6}{16}$$

$$\frac{10}{32} < \frac{1}{3} < \frac{11}{32}$$

$$\frac{21}{64} < \frac{1}{3} < \frac{22}{64}$$

이 구간들을 반으로 나눈 값, 즉 구간평균값을 근삿값으로 채택했을 때 나오는 최대 근사오차는 $\frac{1}{8}, \frac{1}{16}, \frac{1}{32}, \frac{1}{64}, \cdots$ 이다. 즉 최대 근사오차는 $2^{-n}(n=3, 4, \cdots)$ 이다.

위 단계들을 끊임없이 반복하면 결국 정사각형을 3등분할 수 있게 된다. 물론 그 작업에는 끝이 없고, 그 때문에 3등분 작업도 결국 근삿값으로 만족해야 한다. 하지만 적어도 무시해도 좋은 수준까지 근사오차를 줄일 수는 있다.

'3등분 작도가'들을 대하는 올바른 자세

　'그리스 3대 작도 불가능 문제'는 그리스의 학자들을 2천 년 이상 괴롭혀왔다. 그중 하나가 바로 임의의 각을 3등분하는 문제였다. '유클리드 도구'라 불리는 눈금 없는 자와 컴퍼스만으로 임의의 각을 똑같은 크기로 3등분해야 했다. 이 문제는 19세기에 와서야 프랑스의 수학자 피에르 로랑 반첼[1814~1884]에 의해 증명되었다. 몇몇 단순 각을 제외하고는 컴퍼스와 자만으로는 임의 각을 3등분할 수 없다는 쪽으로 결론이 났고, 이로써 임의 각을 3등분하려는 모든 노력은 결국 무모한 도전에 지나지 않는다고 말할 수 있게 되었다.

　하지만 수학자들은 본디 불가능한 것에 대한 도전을 멈추지 않는 이들이다. 모두 불가능하다고 한 바로 그 문제를 자신은 해결했다고 주장하는 수학자들도 적지 않다. 실제로 지금도 수학과 관련된 유명 연구소들에는 투서가 날아든다고 한다. 투서들의 내용은 대개 임의 각을 3등분하는 데 성공했다거나, 임의의 원과 면적이 같은 정사각형을 작도했다거나, 임의의 정육면체 부피의 2배에 해당하는 부피를 지닌 정육면체를 그려 냈다는 것이다. 심지어 수학 연구소에 소속된 학자 중에는 끊임없이 날아드는 투서에 대처하기 위해 "보내주신 문건은 감사히 잘 읽었습니다. 그런데 (　)쪽에서 오류가 발견되었습니다."라는 문구가 새겨진 편지지를 준비해둔 이들도 있다고 한다.

한편, 이 문제와 관련해 미국의 수학자 언더우드 더들리가 재미있는 글을 기고한 적이 있다. 그 글에서 더들리는 어느 '3등분 작도가^{angle} $_{trisector}$'에게서 받은 편지를 인용했다.

"제 스승님께서는 수학자들도 이 문제를 해결 불가능한 것으로 간주한다고 말씀하셨습니다. 그럼에도 이 문제는 저를 부단히도 괴롭혀왔습니다. 해답을 찾기 위해 지난 40년 동안 총 12,000시간을 투자했을 정도였죠. 저는 사실 수학자도 아니고, 이제는 퇴직한 공무원입니다. 지금은 69세이고요."

사람이 보통 하루 평균 8시간을 일한다고 보았을 때, 꼬박 6년을 그 문제에만 집중한 것이다! '두 수의 합이 홀수가 되는 홀수 2개를 찾으시오'라는 문제만큼이나 불가능에 가까운 문제를 해결하기 위해 장장 6년이라는 세월을 날려버린 것이었다. 6년이라는 시간은 허비하기에는 너무나 긴 세월이다. 마음만 먹으면 6년 안에 해낼 수 있는 일들이 얼마나 많은가!

그런데 만약 우리 앞에 또 다른 3등분 작도가가 나타난다면 어떻게 해야 할까? 특별히 더 끈질긴 작도가가 우리를 괴롭힌다면?! 이와 관련해 더들리는 자신만의 비법을 공개했다. 더들리는 그 3등분 작도가를 또 다른 3등분 작도가와 대면시키라고 충고했다. 두 사람이 열띤 논쟁을 벌이는 동안 자신은 골치 아픈 문제에서 벗어나 느긋하게 삶의 여유를 즐기겠다는 뜻이었다!

사례 2: 쿠푸의 피라미드

그리스의 역사학자 헤로도토스[기원전 490~425년경]는 이집트를 여행하는 동안 그곳 사제들로부터 파라오 쿠푸[Khufu]를 위해 거대한 피라미드를 건축할 계획이라는 얘기를 들었다. 또 사제들은 그 피라미드의 경사면의 면적은 모두 동일할 것이고, 각각의 면적은 피라미드 높이의 제곱에 해당할 것이라고 알려주었다.

그렇다면 밑면인 정사각형의 한 변의 길이의 절반을 1이라고 하면 경사면의 높이는 얼마일까?

위 설명에 따르면 피라미드의 높이는 $\sqrt{x}$ 이고 피라미드 높이의 제곱은 x가 된다. 그런데 삼각형 모양의 각 경사면의 면적이 x가 되

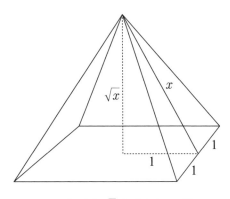

〈그림 87〉 높이가 $\sqrt{x}$ 인 피라미드 모형도.

려면 경사면의 높이 역시 x여야 한다. 삼각형의 면적은 밑면과 높이를 곱한 값을 반으로 나눈 값이기 때문이다. 이제 이런 기본 지식을 피타고라스의 공식에 대입해보자. 그러면 다음과 같은 공식이 도출된다.

$$x^2 = \left(\sqrt{x}\right)^2 + 1$$

위 공식을 달리 표현하면 다음과 같다.

$$x^2 = x + 1$$

이는 다시 다음과 같이 바꿔 쓸 수 있다.

$$x = 1 + \frac{1}{x}$$

문제는 x가 얼마인가 하는 것인데, 그 값 역시 단계적 접근법을 통해 구할 수 있다. 우선 $x = 1 + \frac{1}{x}$ 이라는 방정식에 근거해 함수 $f(x) = 1 + \frac{1}{x}$에 따른 그래

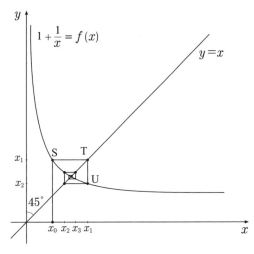

〈그림 88〉 단계적 접근법.

프와 가로축과 세로축을 2등분하는 선 $y=x$와의 교점을 찾아보자.

다음으로는 아래와 같이 초깃값과 함숫값, 함숫값에 대한 함숫값 등을 구해보자. 아래 도표는 초깃값이 $x_0=1$일 때의 수치들을 나타낸 것이다.

$x_0=1$	$x_1=f(x_0)$	$x_2=f(x_1)$ $=f[f(x_0)]$	$x_0=f(x_2)$	$x_0=f(x_3)$	$x_0=f(x_4)$
$x_0=1$	$x_1=2$	$x_2=1.500$	$x_3=1.667$	$x_4=1.660$	$x_5=1.625$

첫 번째 접근 단계(x_0)에서는 y축과 평행한 방향으로 $x=x_0$ 선에 대해 수직선을 그어 $f(x)=1+\dfrac{1}{x}$ 함수그래프와의 교차점을 찾는다. 이 교차점을 S라 하고, S의 y 좌표를 x_1이라고 하자(교차점이 독일어로 Schnittpunkt이기 때문에 S라는 약어를 씀). 그런 다음 x축에서 x_1을 찾아야 하는데, 그 작업은 간단하다. S에서 한 번은 가로 방향으로, 한 번은 $y=x$와의 교차점까지 x축과 평행하게 직선을 그으면 또 다른 교차점 T가 나오는데, T에서 다시 y축에 평행하게 수직 방향으로 선을 내리그으면 x_2 지점을 구할 수 있다. 이제 x_1에 대해 앞서 나왔던 함수 f를 다시 적용하면 U를 구할 수 있고(U$=(x_1,f(x_1))$), 그것에 대한 y 좌표 $f(x_1)=x_2$ 역시 앞서와 같은 방식으로 구할 수 있다.

이렇게 똑같은 작업을 계속 되풀이할 경우, 거미줄 형태의 모형이 탄생한다. 즉 이렇게 계속하면 결국 각 2등분선 $y=x$와 함수 $y=1+\dfrac{1}{x}$에의 교차점 x^*를 얻을 수 있다. 이 교차점이 바로 $x^*=1+\dfrac{1}{x^*}$를 만족시켜 주는 값인 동시에 아래 방정식들의 해가 된다.

$$x = 1 + \frac{1}{x}$$

$$x^2 = x + 1$$

$$x^2 - x - 1 = 0$$

위 방정식들을 만족시키는 미지수 $x^* = \frac{1 + \sqrt{5}}{2}$ 이다. 다시 말해 연속되는 수 $x_0, x_1, x_2, \cdots$는 결국 $\frac{1 + \sqrt{5}}{2} = 1.6180339\cdots$에 계속 가까워진다.

그런데 잠깐! 어디서 많이 본 수 같지 않은가? 그렇다! 이 수는 이른바 '황금분할', '황금비율' 등으로 알려진 수이고, 그리스어 알파벳으로는 'φ'(파이)로 표시된다.

황금비율은 자연계와 학문 분야 그리고 기술 분야에서 매우 자주 등장하는 개념이다. 그 이유는 아마도 피보나치수열(F_0, F_1, F_2, $\cdots$)에서 이웃하는 두 수의 극한값이 황금비율을 이루기 때문일 것이다. 피보나치수열은 $F_0 = 0$과 $F_1 = 1$로 시작한 뒤 그 다음에는 앞선 두 수의 합이 오는 수열로, 수열의 첫 부분만 나열하자면 0, 1, 1, 2, 3, 5, 8, 13, 21, 34, 55, 89, $\cdots$이다.

'주먹구구식' 접근법

- π초는 1,000나노(10^{-7}) 년이다(오차는 0.5%).

- $\dfrac{2}{100}$주일^{microfortnight} : 1아토파세크^{attoparsec}=1초 : 1인치이다
  (정확히 따지자면 1초 : 1.0043인치).

- 12!=479,001,600마일은 태양과 목성 사이의 평균 거리이다
  (태양과 목성 사이의 거리는 459,800,000~506,800,000마일이고, 평균값은
  4.83×10^8마일).

- 1마일은 $\varphi = \dfrac{1+\sqrt{5}}{2}$ km, 정확히 따지자면 1.609km이다. 피보나
  치수열에서 연속되는 두 수의 비의 극한값은 φ이고, 이에 따라 F_n
  마일=F_{n+1}km(예컨대 21마일=34km, 34마일=55km, 55마일=89km 등)
  이다.

18. 염색의 원칙

알쏭달쏭-알록달록한 색채학의 세계

생각 없이 색상들을 마구 뒤섞으면 얼룩밖에 나오지 않는다.

– 독일 인터넷 문단 〈창작문학(schreibart.de)〉에 실린 글, 2007년 9월 22일자

색채의 목적 역시 생각을 자극하는 것이다.

– 작자 미상

노래를 부르는 것은 그림을 그리는 것보다 더 위험하다.
성악가는 음을 몇 번만 놓쳐도 금세 비평가들의 먹잇감이 되지만
화가는 잘못된 색을 몇 번 썼다는 이유로 큰 상을 탈 수도 있지
않은가.

– 마리오 델 모나코, 예술가

자연계 전체에 널리 퍼져 있는 색채의 가시적인 매력 앞에서
무감각하게 버틸 수 있는 이는 거의 없다.

– 괴테

어떤 문제 속에 포함된 색상들을 이용하여 일정한 규칙을 찾고, 그것을 바탕으로 문제 해결의 단서를 찾아낼 수 있을까?

독일공업규격[DIN] 제5033항을 보면 "색이란 우리 눈에는 아무런 구조도 지니지 않은 것처럼 보이는 어떤 구역에 대한 시각적 감각을 의미한다. 그 감각 덕분에 한쪽 눈을 고정한 채 관찰할 경우, 아무런 구조도 지니지 않은 인접한 어떤 구역과 해당 구역을 구분할 수 있다."고 명시되어 있다.

위 정의를 쉽게 풀면 색이란 감각의 일종으로, 그 감각 덕분에 우리는 구조적 차이도 없고 명도가 동일한 2개의 표면을 구분할 수 있다는 것이다. 그러한 구분을 다른 말로 '색상지각'이라고 하는데, 색상지각은 특정 영역 대에 속하는 전자기파가 망막에 도달한 뒤 시각세포를 자극함으로써 이루어진다. 나아가 그렇게 해서 우리 눈이 감지하는 빛을 '가시광선'이라 부른다. 다시 말해 가시광선이란 인간의 눈으로 볼 수 있는 빛의 영역을 의미한다. 그 영역은 대략 380~750나노미터(전자는 자외선, 후자는 적외선)의 파장대이다.

진화 과정에서 인간뿐 아니라 수많은 생물(특히 몸놀림이 민첩한 동물들)이 인간과 비슷한 수준의 가시영역을 발달시켰다. 일부 벌레들은 인간이 볼 수 없는 영역인 자외선도 볼 수 있다고 한다. 인간은 자외선을 시각적으로 인지하는 대신 온몸으로 감지한다. 자신의 살갗을 검게 그을림으로써, 다시 말해 피부로 자외선을 지각한다!

우리 눈에는 세 가지 종류의 수용기^{receptor}가 있다. 그중 하나는 원추세포^{cone} ^{cell}이다. 원추세포는 빛을 뇌가 이해할 수 있는 언어인 신경자극$^{neural\ impulse}$으로 전환해서 뇌에 전달한다. 그러면 뇌는 그 정보를 가지고 다양한 색을 구분해 낸다. 따라서 색은 어떤 사물이 지닌 고유한 특징이 아니라 뇌에서 만들어진 결과물이라 할 수 있다. 즉 그 자체로는 무색 상태인 세계 속에서 뇌가 전자기파를 이용해 빚어낸 창작물이 바로 색상이라는 것이다.

색의 종류는 가히 무한하다고 해도 좋을 만큼 다양하다. 380나노미터 파장에서 750나노미터 파장에 이르기까지, 다시 말해 보라색과 빨간색 사이에 수없이 많은 색상이 빼곡히 들어차 있다. 하지만 인간의 색상 인지 능력은 그 모든 색상을 구분해 낼 정도로 뛰어나다. 눈과 뇌를 활용해서 미묘한 뉘앙스까지 잡아낸다.

무지개만 해도 사실 엄청나게 많은 색으로 구성되어 있다. 그러나 독일어에서는 무지개를 단 몇 가지 색으로만 표현한다. 한 가지 재미있는 사실은 나라 또는 언어마다 색상을 나타내는 말들에 큰 차이가 있다. 색을 표현하는 말이나 색에 대한 생각이 결코 만국공통어는 아니기 때문인데, 언어별로 얼마나 차이가 큰지를 알아보기 위해 바사어[Bassa](카메룬의 반투족이 사용하는 언어)와 쇼나어[Shona](짐바브웨인들이 사용하는 언어) 그리고 독일어로 비교해보겠다.

〈그림 89〉 언어별 색상 구분.

위 그림에서 보듯 언어마다 색상대를 구별하는 범위에 차이가 크다는 것을 알 수 있다. 쇼나어의 경우, 가시광선의 가장자리 영역에 속하는 세 가지 색 (주황, 빨강, 보라) 모두 한 단어[cipswuka]로 표현한다는 점이 눈에 띈다.

언어별로 색을 표현하는 기본 단어들의 개수 역시 다르다. 여기에서 말하는 '색을 표현하는 기본 단어'란 예컨대 빨강, 파랑, 갈색, 회색 등을 의미한다. '진홍색'처럼 두 가지 말이 혼합된 단어나 '목탄색'처럼 특정 사물의 명칭이

들어간 단어, '블론드'처럼 표현 대상이 제한된 단어들은 거기에서 제외된다.

독일어는 색을 표현하는 기본 단어의 개수가 11개(검정, 하양, 빨강, 초록, 노랑, 파랑, 회색, 주황, 보라, 분홍, 갈색)이다.

언어민속학 분야의 방대한 연구 결과에 따르면 지구상의 대부분 언어는 색을 표현하는 기본 단어의 개수가 2~12개라고 한다. 다양한 색상을 뭉뚱그려서 표현하기 좋아하는 언어가 있는가 하면 고도로 세밀하게 구분하는 언어도 있다.

12가지 기본 단어를 활용하는 언어에는 헝가리어('빨강'을 표현하는 기본 단어가 2개), 러시아어('파랑'을 표현하는 기본 단어가 2개) 등이 속한다.

11가지 기본 단어를 활용하는 언어로는 한국어, 아랍어, 불가리아어, 독일어, 영어, 히브리어, 일본어, 스페인어, 주니어^{Zuni} 등이 있다.

기본 단어가 11개보다 적은 언어에서는 아무래도 색을 표현하는 방식에 제약이 따를 수밖에 없다. 〈그림 90〉은 색의 표현 범위가 어떻게 줄어드는지를 나타낸 순서도이다.

〈그림 90〉을 해석하는 방법은 다음과 같다.

첫째, 어떤 나라 말에 '빨강'이라

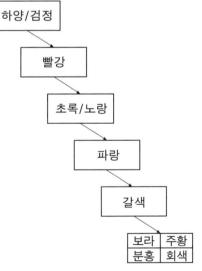

〈그림 90〉 언어별 색채 구분 순서도.

는 기본 단어가 있다면 그 언어에는 '하양'과 '검정'이라는 표현도 있다는 뜻이다. 예컨대 나이지리아의 티브족^{Tiv}이 사용하는 언어가 여기에 해당한다. 티브어에서는 진초록이나 진파랑, 진회색 등 어두운 계열의 색상은 모두 '검정'(티브어로는 'ii')에 속하고, 연파랑과 연회색, 흰색 등의 밝은 계열 색상은 모두 '하양'(티브어로는 'pupu'), 갈색이나 빨강, 노랑 등 따뜻한 계열의 색상은 모두 '빨강'(티브어로는 'nyian')으로 표현한다.

둘째, '노랑/초록'이라는 표현을 지니고 있는 언어들은 '빨강'과 '하양/검정'이라는 표현도 지니고 있다. 나이지리아-콩고 지역에서 사용되는 멘데어^{Mende}가 여기에 속한다. 멘데어에서는 모든 색을 하양(멘데어로는 'kole')과 검정^{teli}, 빨강^{kpou}과 초록^{peine}만으로 구분한다.

그다음 단계는 '파랑'이 있는 언어들이다. 파랑이라는 표현이 있다면 초록과 노랑, 빨강, 하양, 검정도 있다는 것이다. 이를테면 북미 인디언 부족인 나바호족^{Navaho}의 언어가 그렇다. 나바호어에서는 하양^{lagai}, 검정^{lidzin}, 빨강^{lichi}, 파랑/초록$^{\text{dotl'ish}}$ (나바호족은 파랑과 초록을 구분하지 않음), 노랑^{listo} 등으로 색상을 구분한다.

기본 색상이 5개뿐인 언어 중에는 초록과 파랑을 합쳐서 생각하는 경우가 많다. 나바호어와 더불어 시리오노어^{Sirionó}(남미의 투피족^{Tupi}이 사용하는 언어)도 그런 경우에 속한다. 그런가 하면 호주 원주민 부족인 마르투-방카족$^{\text{Martu-Wanka}}$은 파랑과 검정을 구분하지 않는다고 한다.

같은 문화권 안에서도 시대에 따라 색을 표현하는 어휘가 달라지기도 한다.

17세기 독일에서는 '갈색'이라는 말이 진보라나 진청색을 의미했던 것으로 추정된다. 그 당시 작곡된 찬송가 중 '해가 떨어지면 갈색의 밤이 온 세상을 뒤덮네'라는 가사를 가진 곡이 있다. 색상 표현과 관련된 시대적 차이를 엿볼 수 있는 대목이다.

그런데 언어별·시대별로 색상 표현에 차이가 있다고 해서 과연 각자가 머릿속에 떠올리는 색깔도 다를까? 우리가 지각하는 색상에도 차이가 있을까? 이 질문에 대한 명쾌한 답변은 아직 나오지 않았다. 학자들 간에 합의가 이루어지지도 않았고 확실한 증거도 나오지 않았다.

말과 생각 그리고 진실

최근 〈뉴욕타임스〉에 우리가 사용하는 단어와 우리 머릿속 생각의 관계를 탁월하게 표현해주는 에피소드 하나가 실렸다. 기사 내용은 아래와 같았다.

우아하게 차려입은 여성 하나가 맞은편에 앉아 있는 친구에게 이렇게 말했다.

"'머핀'이라는 말이 있어서 얼마나 다행인지 몰라. 이 말이 없었다면 내가 매일 아침 케이크를 먹는 사람이 될 뻔했잖아!"

백악기 이전, 그러니까 자연이 다양한 색채를 띠기 시작하기 전의 세상은 아마도 암울했을 것 같다. 그러나 그 이후, 1백만 년 이상의 세월을 거치면서 색채는 발전에 발전을 거듭했고, 이제 색상은 단순히 사물을 시각적으로 구분하는 수단이 아니라 소통의 매개체이자 위장의 도구, 협박과 치유와 자극과 유혹의 수단 등으로 다양하게 활용되고 있다. 오랜 '염색'의 과정을 거쳐 다양한 분야에서 유용하게 활용할 수 있는 도구로 거듭났다. 그 과정에 '작은 하이라이트' 하나를 꼽으라면 아마도 1967년 8월 25일, 독일 땅에 최초로 컬러 TV가 도입된 것이 아닐까.

생명과 색상은 긴밀한 관계에 놓여 있다. 예컨대 새들은 시각적 자극에 매우 민감하다. 암컷 조류는 짝짓기 상대를 고를 때 최대한 잘생기고 화려한 수컷을 선택한다. 그런가 하면 양서류 중에는 적을 위협하기 위해 새빨간 색, 샛노란 색, 형광 초록색을 띠고 있는 것들이 많다. 자신이 맹독성을 띠고 있다는 사실을 색깔로 알리는 생물들도 적지 않고, 색깔을 이용해 자신의 감정을 표현하는 동물들도 있다. 그중 대표적인 동물은 아마도 카멜레온일 것이다. 카멜레온은 분노나 공포감 같은 감정들을 그야말로 온몸으로 표현한다. 그런가 하면 교미 욕구나 과시욕을 특정 색상으로 표현하는 동물들도 있고, 자신의 꽃가루를 날라줄 곤충을 유혹하기 위해 매력적인 색상으로 무장하는 식물들도 많다.

인간도 3만 년 전부터 여러 가지 용도로 색상을 활용해왔다. 선사 시대, 동굴에 살던 우리 조상도 형형색색의 그림으로 자신의 주거지를 꾸몄고, 각국의 왕족들은 한때 자홍색 의상으로 신분을 과시했다. 색깔이 인간의 생각과 감정

그리고 행동에 엄청난 영향을 미친다는 사실은 이미 학술적으로도 여러 차례 입증되었고, 광고계에서는 그러한 특성을 앞다투어 활용하고 있다. 사무실 벽을 녹색으로 칠하는 고용주들도 적지 않다. 녹색이 결근율은 낮추고 생산성을 높인다는 학술적 연구 결과를 실제 현장에 도입한 것이었다. 의료계에서는 색상이 치유촉진제 역할을 톡톡히 하고 있다.

색이 지닌 치유 효과는 이미 기원전 1000년경, 페르시아 출신의 의사 이븐 시나*가 입증한 바 있다. 당시 이븐 시나는 푸른빛이 혈액순환을 늦추는 반면 붉은빛은 혈액순환 속도를 앞당긴다고 주장했다. 그런가 하면 알록달록한 알약이 백색 알약보다 더 큰 위약 효과placebo effect를 지닌다는 것은 이미 상식이 되었다. 교육 분야에서도 몇몇 색상이 학생들의 집중력과 학습 의욕 향상에 도움이 된다는 사실이 밝혀졌고, 교통안전 분야에서도 색상 구분이 위험한 사고 방지에 도움이 된다는 사실이 입증되었다. 그런가 하면 군사 분야에서는 '위장 색camouflage color'이라는 개념이 널리 활용되고 있다.

군인이라면 언제 어디서나 위장은 필수!

제1차 세계대전에 참전한 독일 병사들에게는 위장 색으로 만들어진 군 사용 콘돔이 지급되었다고 한다!

---

* Ibn Sina. 영어식 이름인 '아비세나(Abicenna)'로 더 널리 알려져 있음.

1980년대에 아이오와 대학의 미식축구팀 '아이오와 호크아이스$^{\text{Iowa Hawkeyes}}$'의 감독 헤이든 프라이는 원정팀의 라커룸 벽을 핑크색으로 칠하라는 지시를 내렸다. 분홍색이 공격적 성향을 줄여준다는 연구 결과를 십분 활용하겠다는 의도였는데, 이 사례는 심리학에서도 색이 얼마나 중요한 의미가 있는지 보여준다. 대문호 괴테도 색채학과 풍수지리학에 조예가 깊었다. 그가 살던 바이마르의 주택은 방마다 다른 색으로 꾸며져 있었다. 괴테는 반갑지 않은 손님들에게는 파란색 톤으로 꾸며진 방을 내주었다. 어서 빨리 그곳을 벗어나고 싶은 마음이 들게 하려는 의도였다. 반면 서재는 초록빛 톤으로 장식했다. 가시스펙트럼의 중앙에 놓여 있는 녹색이야말로 감수성과 조화의 상징이라 믿었던 것이다. 한편 따뜻한 분위기의 노란색으로 꾸며진 식당은 저택 주인에게 편안한 식사 시간을 보장해주었다고 한다.

색채와 관련된 '전주곡' 감상은 이쯤에서 접고, 이제 수학과 색상의 상관관계를 본격적으로 탐구해보자. 그 첫걸음은 가로와 세로가 각기 8칸으로 구성된 정사각형(8×8) 모양의 바닥을 2×1 크기의 널빤지로 포장하는 작업이다. 물론 널빤지들이 서로 겹쳐서는 안 되고, 널빤지로 뒤덮이지 않은 여백이 있어서도 안 된다. 〈그림 91〉은 그 조건에 맞게 작업을 수행해 냈을 때 나올 수 있는 두 가지 사례이다. 물론 이것외에도 위 조건을 충족시키는 방법은 수없이 많다.

총 몇 가지 방법이 있을까? 물리학자 M. E. 피셔는 8×8 크기의 바닥을 2×1 크기의 널빤지 32개로 서로 겹치지 않게 마감하는 방법은 총 $3,604^2 =$

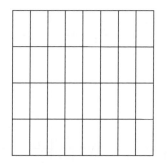 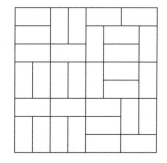

〈그림 91〉 8×8 모양의 정사각형 바닥을 2×1 크기의 널빤지로 덮은 모습.

12,988,816가지가 있다는 사실을 밝혀냈다.

피셔는 어떤 계산 과정을 통해 그것을 밝혀냈을까? 그 과정을 추적하기 위해 가장 먼저 홀짝성의 원칙을 동원해보자. 위 문제와 관련해 홀짝성의 법칙이 어떤 의미가 있을까? 홀짝성의 원칙에 따라 어떤 경우에 문제를 풀 수 있고 어떤 경우에는 문제 해결이 불가능할까? 만약 8×8개의 칸 중 하단 맨 오른쪽 칸에 장식용 화분을 하나 얹어두었다면, 이 경우에도 남아 있는 63개의 칸을 2×1 크기의 널빤지들이 서로 겹치지 않게 마감할 수 있을까?

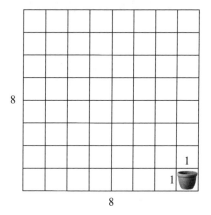

〈그림 92〉 모퉁이의 1칸이 제외된 8×8 모양의 정사각형 바닥을 2×1 크기의 널빤지로 덮는 방법.

대답은 간단하다. '그럴 수 없다'이다. 이유 역시 간단하다. 홀짝성의 기본 특징 때문이다. 널빤지들이 서로 겹치지 않는다고 가정했을 때 2×1 크기의 널빤지 1장은 늘 짝수 개의 바닥을 덮는다. 그런데 8×8칸에서 화분이 놓여 있는 1개의 칸(1칸=1×1칸)을 빼면 남아 있는 칸은 63개가 된다. 63은 홀수이다. 즉 홀짝성의 원칙에 따라 1×1칸을 뺀 상태에서는 위 문제가 제시하는 방식으로 바닥을 마감할 수 없다는 결론이 나온다. 홀짝성의 원칙 중에서도 가장 기

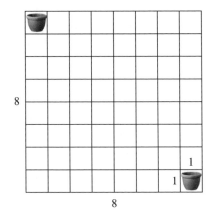

〈그림 93〉 모퉁이의 2칸이 제외된 8×8 모양의 정사각형 바닥을 2×1 크기의 널빤지로 덮는 방법.

초적인 원칙을 적용한 것이니 모두 쉽게 이해했으리라 믿는다.

그런데 만약 맨 하단 우측뿐 아니라 맨 윗줄 좌측 칸에도 화분을 놓아둔다는 조건이라면 상황이 어떻게 달라질까?

이번에는 마감해야 할 면적이 총 62칸(1칸은 1×1)이다. 이번 문제도 홀짝성의 원칙으로 해결할 수 있을까? 홀짝성의 원칙에 따르면 〈그림 93〉의 빈칸들을 2×1 모양의 널빤지들로 포장할 수 있다는 결론이 나온다. 잠깐, 실제로도 과연 그럴까? 그 답은 몇 가지 방법으로 실험해보면 금방 나온다. 다시 말해 불가능하다는 것을 금세 알 수 있다. 그런데 무엇 때문에 불가능할까? 무슨 특별한 이유라도 있지 않을까?

그렇다! 거기에는 분명히 특별한 이유가 있다. 그리고 그 이유 역시 홀짝성의 원칙으로 증명할 수 있다. 물론 앞서 63칸짜리 문제와 같은 방식으로 활용

할 수는 없다. 하지만 거기에 약간의 미묘한 변화만 가미하면, 다시 말해 홀짝성의 원칙을 조금만 '염색'하면 문제를 쉽게 해결할 수 있다. 지금부터 홀짝성의 원칙과 염색의 원칙이 서로 얼마나 환상적인 궁합을 자랑하는지 확인해보자.

그런데 여기에서 말하는 염색의 원칙이란 어떤 의미일까? 그 답도 간단하다. 8×8칸짜리 정사각형에 말 그대로 색을 입힌다. 이 문제의 경우, 색상 혼합의 기본이라 할 수 있는 흑과 백의 혼합만으로도 충분히 문제를 해결할 수 있다. 우리 주변에서 흔히 볼 수 있는 체스판처럼 8×8칸의 바닥을 흑과 백으로 번갈아가며 물들인다.

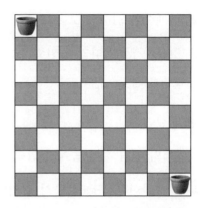

〈그림 94〉 체스판으로 '염색'된 정사각형 바닥.

이제 두 가지 중대한 사실을 간파해야 한다. 첫째, 화분 2개가 모두 다 흰칸에 놓여 있다는 것과 둘째, 2×1칸으로 된 널빤지들은 늘 흰 칸 1개와 검은 칸 1개를 포장하게 되어 있다는 것이다. 널빤지 1개가 2개의 흰 칸 혹은 2개의 검은 칸을 덮을 일은 절대 없다. 이 두 가지 생각을 조합하면 엄청난 위력이 발휘된다. 문제를 해결할 수 있는 단서가 확보되는 것이다.

자, 널빤지의 개수가 몇 개가 되든 그 널빤지들로 포장된 칸 중 정확히 절반은 흰색, 나머지 절반은 검은색이다. 이제 답에 더욱 근접했다. 위 그림에서 바닥은 총 64칸으로 이루어져 있고, 2개의 화분은 각기 흰 칸 위에 놓여 있다. 따라서 그 칸들을 뺀 나머지 62칸 중 검은 칸은 총 32개이고 흰 칸은 30개이다. 물론 32도 짝수이고 30도 짝수이다. 하지만 앞서 도출된 결론에 따르면 '화분 칸'을 제외한 62칸은 정확히 절반으로 나누어져야 한다. 흰 칸과 검은 칸의 개수가 31개(참고로 31은 홀수이다)로 동일해야 한다. 하지만 지금의 상황은 그렇지 않다. 따라서 왼쪽 위의 모서리와 오른쪽 아래의 모서리 칸을 빼고서는 8×8칸의 바닥을 2×1칸의 널빤지로 덮을 수 없다. 단순하면서도 명쾌한 진실이다.

염색의 원칙 속에 숨겨진 위력이 마치 대포를 발사한 것처럼 '쾅' 하고 증명되는 순간이다! 단순하면서도 기발한 아이디어 하나만으로 순식간에 문제를 해결했다. 어떤 이들은 위 과정을 두고 '가우스답다'고 말할 수도 있겠다. 어쨌든 중요한 건 복잡한 증명 과정을 단순한 아이디어로 정복했다는 것이고, 그럴 때 다가오는 수학적 희열은 실로 엄청나다. 바닥을 체스판처럼 염색하겠다는 아이디어는 커다란 대리석 강당에서 종소리가 울려 퍼지는 것과 같은 효과를 발휘한다. 그만큼 여운이 길다. 그리고 그 여운 속에서 염색의 원칙을 다른 분야에서도 유용하게 쓸 수 있겠다는 깨달음이 아지랑이처럼 피어오른다!

우리는 이제 막 가장 단순한 형태의 염색의 원칙을 이용하여 문제를 해결하고 그 이유까지 증명해 냈다. 단순하기 때문에 더더욱 예리했고, 단순하기 때문에 더더욱 순수했다. 사실 문제만 푸는 데는 홀짝성의 원칙이나 염색의 원칙을 동원할 필요도 없었다. 2×1칸으로 된 종잇조각들을 이용하면 답은 금세 나온다. 하지만 그 답이 왜 '불가능'인지를 증명해 내기 위해서는 반드시 아이디어가 필요했다. 체스판과 관련된 아이디어가 없었다면 어쩌면 증명에 실패했을 수도 있다. 하지만 염색의 원칙은 녹록지 않은 장벽을 간단히 뛰어넘을 수 있게 해주었다. 이쯤 되면 염색의 원칙을 '스타덤'에 올려도 되지 않을까!

염색의 원칙에 관한 찬사는 이쯤에서 거두고 다시 새로운 문제에 집중해보자. 이번에 우리가 풀어야 할 숙제는 앞선 문제들보다 조금 더 복잡하다. 우선 마감해야 할 바닥의 면적이 10×10으로 늘어났고, 타일(혹은 널빤지)의 크기도 4×1로 더 커졌다.

자, 필요한 타일의 개수가 25개라는 데는 두말할 여지가 없다. 그렇다면 그다음은? 그다음 과정을 정복하기 위해 이번에도 염색의 원칙을 활용할 것이다. 하지만 이번 문제는 홀짝성의 원칙과 '체스판 염색'을 결합하는 것만으로는 풀 수 없다. 문제에서 말하는 방식대로 바닥을 마감할 수 있는지 없는지 아예 판단조차 할 수 없다. 염색의 원칙이 마치 번득임 없는 번개나 총알이 들어있지 않은 총처럼 느껴지는 순간이다. 하지만 누누이 말하지만 패배를 서둘러 인정할 필요는 없는 법! 지금은 두 원칙을 어떻게 살짝 변형하면 이번 문제에

〈그림 95〉 4단계의 무채색으로 '염색'된 10×10칸 바닥.

도 활용할 수 있을지를 고민해야 할 순간이다. 그리고 이 시점에서 가장 바람직한 고민은 아마도 '색의 종류를 두 가지에서 네 가지로 늘려보면 어떨까?'라는 고민일 것이다. 〈그림 95〉는 4단계의 무채색(흰색, 연회색, 진회색, 검은색)을 활용하여 바닥을 마감한 사례이다.

계산을 시작하기에 앞서 우리는 〈그림 96〉에서처럼 4×1짜리 타일 1개가 색상별로 짝수 개(0개일 수도 있음)만큼의 칸을 뒤덮고 있다는 점을 생각해야 한다.

위 아이디어야말로 문제 해결의 열쇠라고 할 수 있다. 이 아이디어에 홀짝성의 원칙만 더하면 곧장 답이 나온다.

앞서 위 그림처럼 네 가지 색상으로

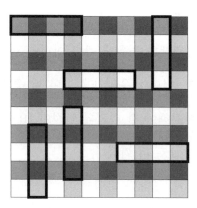

〈그림 96〉 임의의 위치에 배치된 4×1칸짜리 타일들.

바닥 전체를 염색한 뒤 10×10칸을 4×1칸의 타일로 포장하면 각 타일이 덮은 타일의 개수는 색상별로 늘 짝수가 된다고 했다. 그런데 〈그림 96〉을 자세히 보면 알겠지만 각 색상이 차지하고 있는 칸의 개수는 25개, 즉 홀수이다. 이에 따라 위 문제에서 말하는 방식대로는 바닥을 마감할 수 없다는 결론이 도출된다.

염색의 원칙과 홀짝성의 원칙이 환상적인 호흡을 자랑한 덕분에 위 문제에서 말하는 방식으로 바닥을 포장할 가능성이 제로임이 순식간에 증명되었다.

'가능성 제로'에 관한 증명

내 어릴 적 친구(여자) 중에는 바이에른 주 어느 초등학교의 교감으로 일하다가 퇴직한 이가 있다. 그런데 평생 운전면허 없이 살았던 그 친구에게 갑자기 거주지인 퓌르스텐펠트브루크^{Fürstenfeldbruck}의 세무서에서 운전면허가 없다는 사실을 증명하라는 통지서가 날아들었다. 가뜩이나 세상 물정에 어둡던 친구는 존재하는 것이 존재한다는 것을 증명하기도 쉽지 않은 판국에 도대체 있지도 않은 것이 있지도 않다는 것을 어떻게 증명하느냐며 푸념했다.

그런데 알고 보니 친구를 곤경에 빠뜨린 사람은 남편이었다. 친구의 남편에게 업무용 차량이 제공되었는데, 회사 측에서는 그 차량을 그의 아내인 내 친구가 절대로 이용하지 않을 것이라는 사실을 증명하라고 요구한 것이다.

– B. 슈패트

존재하지 않는 것 혹은 불가능한 것을 증명하는 분야에서 염색의 원칙은 그야말로 비장의 무기로 맹활약을 떨치고 있다. 일정한 모양의 바닥을 일정한 모양의 타일로 포장할 수 있는지, 특정 크기의 상자에 꼭 맞게 벽돌 모양의 물건을 채워 넣을 수 있는지, 특정 지역에서 특정 조건에서 도로를 만들 수 있는지 등을 판단할 때 염색의 원칙이 매우 유용하게 활용된다. 쉽게 말해 염색의 원칙을 이용하면 특정 형태의 배열에 관한 문제를 해결할 수 있다는 뜻인데,

그 기저에는 염색 기술을 이용하여 눈에 뻔히 보이는 사실에 위배되는 패턴을 찾아내겠다는 전략이 깔려 있다.

지금부터는 그 전략과 관련된 사례들을 살펴보기로 하자.

사례 1: 14개의 도시를 한 번씩만 거쳐 가는 도로망

〈그림 97〉은 14개의 도시와 그 도시들을 이어놓은 도로의 모형도이다.

위 그림에서 14개의 점 모두 한 번씩만 거쳐 가는 연장선이 존재할까?

정답부터 밝히자면 '그런 선은 존재하지 않는다'이다. 지금부터 염색의 원칙을 이용해 그 연장선이 왜 존재하지 않는지를 증명해보겠다. 이번에도 물론 가장 중요한 작업은 어떻게 염색할지를 결정하는 것인데, 각 도시를 검은색과 흰색으로 표시하면 해결책이 보일 듯하다. 단, 거기에는 한 가지 단서가 붙는다. 1개의 도로를 사이에 둔 도시 2개가 서로 같은 색이 되어서는 안 된다는 것이다.

언뜻 듣기에는 복잡한 규칙 같지만 조금만 고민하면 〈그림 98〉처럼 위 규칙에 맞게 각 도시를 염색할 수 있다.

위 문제에서 말한 연장선, 즉 14개의 도시

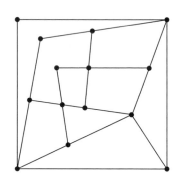

〈그림 97〉 14개의 도시 및 도시 간의 도로망.

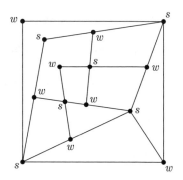

〈그림 98〉 염색된 도시들(w는 '백', s는 '흑').

를 한 번씩만 거쳐 가는 연장선은 '백−흑−백−흑−백−흑−백−흑−백−
흑−백−흑−백−흑' 혹은 '흑−백−흑−백−흑−백−흑−백−흑−백−흑−
백−흑−백'의 순으로 도시들을 지나쳐야 한다. 백색 도시 7개와 흑색 도시
7개가 있어야 위 문제에서 말하는 방식으로 모든 도시를 한 번에 연결할 수
있다.

하지만 위 그림에서 '흑색 도시'는 6개, '흰색 도시'는 8개이다. 즉 14개의
도시를 한 번씩만 스쳐 지나가면서 모든 도시를 연결하는 길은 존재하지 않는
다. 염색의 원칙이 지닌 또 다른 매력을 확인하는 순간이다!

앞서 염색의 원칙은 특정 배열의 개수나 특징을 파악할 때 매우 유용한 수
단이 되어준다고 했는데, 그 과정도 그림과 사례를 통해 알아보기로 하자.

사례 2: 무당벌레 관찰 일지

9×9칸으로 이루어진 바닥면 위에 무당벌레들이 살고 있다. 각 칸에 한 마
리씩 엎드려 있다고 한다. 그러다가 어떤 신호
가 주어지면 무당벌레들은 모두 일사불란하게
대각선 방향으로 한 칸씩 이동한다. 이때 이동
방향은 각자 마음대로 선택할 수 있다. 그렇게
한 번 이동하고 나면 어떤 칸에는 무당벌레 몇
마리가 한꺼번에 들어가고 어떤 칸들은 비어
있게 된다. 우리의 과제는 빈칸의 최소 개수를

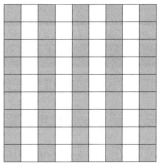

〈그림 99〉 빈칸이 9개가 되기 위한 무
당벌레들의 이동 방향.

파악하는 것이다.

문제 해결을 위해 각 열에 회색과 흰색을 한 번씩 번갈아가며 입혀 보겠다. 회색부터 시작할 경우, 아래와 같은 그림이 나온다.

개수를 세어보니 회색 칸은 총 45개, 흰 칸은 36개이다. 그런데 앞서 무당벌레들은 대각선 방향으로 이동한다고 했다. 그 말은 곧 원래 회색 칸에 엎드려 있던 무당벌레 45마리는 흰 칸으로, 원래 흰 칸에 있던 36마리는 회색 칸으로 옮겨 간다는 뜻이다. 따라서 한 번의 이동이 있고 나서 최소한 회색 칸 9개는 빈칸이 된다(45-36=9). 적어도 이론적으로는 최솟값이 9라는 답이 나왔다. 그런데 이 최솟값을 실제로도 얻어낼 수 있을까? 실제로도 빈칸이 9개만 남도록 무당벌레들을 이동시킬 수 있을까?

답은 '그렇다!'이다. 〈그림 100〉이 바로 그 상황을 나타낸 것이다. 〈그림 100〉에서 단방향 화살표(→)는 무당벌레 한 마리가 화살표가 가리키는 칸으로 이동했다는 것을 의미하고, 양 방향 화살표(↔)는 해당 칸들에 있던 무당벌레 두마리가 서로 자리를 맞바꾸었다는 뜻이다. 화살표의 시작점이 표시되어 있지 않은 칸에 있던 무당벌레들은 대각선 방향의 네 칸 중 임의의 칸으로 이동했다는 뜻이다. 그러고 나면 결국 〈그림 100〉에서 검게 표시된 칸들만 비어 있게 되고, 그 개수는 9개이다.

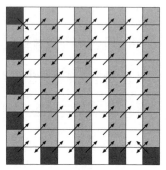

〈그림 100〉 9×9 모양의 바닥을 한 열씩 번갈아가며 염색해놓은 모습.

사례 3: 페르마의 소정리

이번 장의 마지막 사례에서는 '페르마의 소정리$^{\text{Fermat's little theorem}}$'를 증명하려 한다. 페르마의 소정리에 따르면 n이 자연수이고 p가 소수일 때 $n^p - n$은 항상 p로 나누어떨어진다고 한다. 예를 들어 $n=2$, $p=3$이라 할 때 $2^3 - 2$가 3으로 나누어떨어진다는 것이다. 혹은 $n=3$, $p=5$라면 $3^5 - 3$ 역시 5로 나누어떨어져야 한다. 3^5는 243이고, $243 - 3 = 240$이므로 이번에도 위 공식은 참이 된다. 그런데 이러한 공식이 왜 성립할까? 그 과정도 이렇듯 간단하게 증명할 수 있을까? 증명 과정이 생각보다 복잡하다면 어떤 방법을 써야 할까? 그렇다! 염색의 원칙을 이용해 '색깔 있게' 문제를 풀어나가면 된다!

페르마의 소정리를 증명하는 과정은 곧 지성을 체험하는 과정이라 할 수 있다. 지금부터 그 지적인 체험에 관한 보고서를 차근차근 작성해 나가보자.

자, 우리 앞에 n가지 색깔의 진주 알들이 놓여 있다. 그 진주 알들을 이용해 목걸이를 만들려고 한다. 목걸이 1개를 만드는 데는 p개의 진주 알이 필요하다. 우선 일자 형태의 실에 p개의 진주 알을 꿴다. 그런데 진주 알들의 색이 총 n개라고 했으니 곱셈의 법칙에 따라 직선 형태의 실에 진주 알들을 배열하는 방법은 총 n^p가지가 된다.

그런데 같은 색의 진주 알 n개를 연결하는 방식은 왠지 따분할 것 같다. 그뿐만 아니라 한 가지 색으로만 된 목걸이는 보기에도 그다지 예쁠 것 같지 않다. 따라서 그 방식을 제외했다. 그러고 나니 일자형 실에 진주 알을 꿰는 방법은 $n^p - n$가지로 줄어들었다. 그런데 한 가지 문제가 있다. 그렇게 목걸이를 만들 경우, 결국 똑같은 모양의 목걸이들이 나오고 만다는 것이다. 일자 형태로 바닥에 내려두었을 때에는 진주 알의 배열 방식은 각기 다른 것 같지만, 양 끝을 이어서 고리 형태로 만들 경우 결국 목걸이들의 배열 방식이 동일해지고 만다. 예컨대 일자 형태의 실에 색이 다른 진주 알을 하나만 넣어서 목걸이를 만든다고 가정해보자.

첫 번째 실에는 맨 오른쪽에 그 진주 알을 넣고, 두 번째 실에는 오른쪽에서 두 번째 위치에 색이 다른 그 진주 알을 꿴다. 그렇게 왼쪽 끝까지 계속 가면, 바닥에 놓아두었을 때에는 모두가 서로 달라 보일지 몰라도 양 끝을 연결해버리면 결국 모두가 똑같은 형태가 되고 만다.

그런데 만약 목걸이들을 모두 고리 형태가 아니라 일자 형태로 바닥에 내려놓는다고 가정했을 때 똑같은 배열이 나오기까지는 몇 번이 걸릴까?

답은 간단하다. 다른 색깔의 진주 알 1개의 위치를 오른쪽에서 왼쪽으로 p 번 이동한 뒤부터는 일자 형태에서도 똑같은 모양의 배열이 나온다.

그런데 혹시 그 과정을 줄일 방법은 없을까? 더 적은 횟수로 똑같은 모양의 배열이 나오게 할 수는 없을까?

일자 형태의 실에서 똑같은 배열이 나오기까지 만들어야 하는 목걸이의 최소 개수를 k(k는 양의 정수)라고 가정해보자. 그러면 아래와 같은 공식을 만들어 낼 수 있다.

$$p=rk+s$$

이때 $s=0, 1, 2, \cdots, k-1$이다. 그런데 p개의 진주 알을 오른쪽에서 왼쪽으로 한 칸씩 이동하는 방식과 $r \times k$개의 진주 알들을 각기 단계적으로 이동하는 방식은 맨 처음 나왔던 상황과 동일하다. 따라서 s개의 진주 알을 단계적으로 이동시키는 방식 역시 출발 상황과 동일하다고 할 수 있다. 하지만 앞서 k가 일자 형태의 실에서 똑같은 배열이 등장하기까지 반복해야 하는 최소 횟수라고 했으므로 $s=0$이어야 한다. 나아가 k는 p의 약수여야 한다. 여기에서 중요한 것은 p가 소수라는 점이다. 따라서 k와 p는 동일할 수밖에 없고 ($k=p$), r은 1이 될 수밖에 없다($r=1$).

지금까지의 고찰을 간단하게 다시 정리하자면, '일자 형태의 실에 단 한 가지 색깔로만 구성되지 않은 진주 알들을 꿰는 방법은 총 n^p-n가지이고, 거기에서 p번을 반복하면 똑같은 모양의 배열이 나온다'는 것이다. 다시 말해 한 가지 이상의 색상으로 구성된 일자형 목걸이를 $\frac{n^p-n}{p}$개만큼 만들 수 있다는 뜻이고, 이에 따라 $\frac{n^p-n}{p}$는 자연수이며 n^p-n은 p로 나누어떨어진다.

이렇게 해서 우리가 알고 싶어 하던 증명 과정이 완성되었고, 이로써 수학자들이 미적 감각도 지니고 있다는 사실도 증명되었다! 아름다운 진주 목걸이를 만드는 과정에서 나누어떨어지는 수들에 관한 페르마의 이론까지 증명해 냈다. 그리고 그 과정에서 우리는 다시 한 번 가우스가 된 듯한 기분을 만 끽했다!

수학이 현실과 동떨어진 수 놀음이라 생각하는 이들이 적지 않다. 그런 이들에게 수학 공식의 증명 과정은 더더욱 현실과 멀게 느껴질 것이다. 하지만 위에서 소개한 사례들을 보면 그렇지도 않은 듯하다. 페르마의 소정리와 그 증명 과정이 수학과 현실은 별개라는 편견에 종지부를 찍어주었기를 기대해 본다!

19. 무작위의 원칙

우연 속에 담긴 기회를 이용하는 예술

나는 우연을 믿지 않는다.
세상을 이끄는 사람들은
자신에게 필요한 우연을
적극적으로 찾아다닌 이들이다.

– 조지 버나드 쇼

'확률'이라는 말 속에는
일어나지 않을 것 같은 일이 일어날 수 있다는 내용이
포함되어 있다.

– 아리스토텔레스(기원전 384~322)

우연은 인간의 삶을 요람에서 무덤까지 관통하고 지배한다. 무수히 많은 정자 중 어떤 정자가 난자와 결합하여 우리가 탄생했을지, 혹은 우리가 어떤 이유로 죽음을 맞이하게 될지 한번 생각해보라. 그 모든 것에 우연이라는 요소가 내포되어 있다. 우리가 살아가는 동안 내리는 수많은 결정과 선택 역시 우연과 연관되어 있다. 때로는 중대한 결정을, 때로는 사소한 결정을 내리면서 최상의 결과를 추구하는 것이 곧 인간의 삶이라 할 수 있는데, 그 과정에서 우연이 차지하는 비중은 절대 적지 않다.

큰 수술을 앞두고 있는데 심각한 부작용이나 영구 손상을 입을 확률이 5%라고 한다면 그 수술을 받아야 할까, 말아야 할까? 일기예보에서 비가 올 확률이 50%라고 했다면 아침에 출근할 때 우산을 챙겨야 할까, 말아야 할까?

이 주식을 살까, 저 주식을 살까, 아니면 주식을 아예 사지 않는 것이 좋을까? 이 직업을 선택할까, 저 직업을 선택할까? 직업 훈련은 이 회사에서 받을까, 저 회사에서 받을까? 오늘 저녁에 연극을 관람할까, 영화를 볼까?

이 모든 선택이 우연과 밀접한 연관을 맺고 있다. 하지만 우연 앞에서 무조건 약자가 되라는 법은 없다. 내가 원하는 목적에 맞게 우연을 이용할 수도 있다! 어떻게 그런 일이 가능한지 지금부터 사례를 통해 알아보자.

사례 1: 불특정 다수 물고기의 마릿수 계산하기

연못에 물고기가 몇 마리나 사는지 알고 싶을 때 취할 수 있는 가장 확실한 방법은 아마도 그 안에 살고 있는 물고기를 모두 낚싯대나 그물로 잡은 다음 개수를 세고 다시 연못으로 되돌려 보내는 것이다. 하지만 그 방법은 사안의 중요성에 비해 시간과 노력이 너무 많이 든다. 그뿐만 아니라 그렇게 얻은 답이 늘 옳다고 장담할 수도 없다. 그물에 걸리지 않기 위해 필사적으로 바닥에 웅크리고 있는 물고기가 한 마리만 있더라도 우리가 얻은 답은 오답이 되고 만다.

파악하기 쉽지 않은 어떤 생물의 개체 수를 대략 집계하고 싶을 때 자주 이용되는 방법이 있다. '추계학적 접근법stochastic approach'이라는 기법인데, 우연이라는 요소를 십분 활용한 방법이라 할 수 있다. 추계학적 접근법은 쉽게 말해 '보고 또 보기'라 할 수 있는데, 그 과정은 다음과 같다.

우선 파악해야 할 대상, 즉 연못 속 물고기의 마릿수를 N이라고 가정하자.

그중 M마리를 잡은 뒤 예컨대 붉은 점을 찍는다든지 하는 방법으로 따로 표시해둔다. 붉은 점을 찍은 뒤에는 그 물고기들을 다시 연못에 풀어준다. 이후 M마리의 물고기들과 나머지 물고기들이 원래대로 골고루 섞일 때까지 기다렸다가 다시 몇 마리를 잡는다. 이번에 잡은 물고기의 마릿수는 n이라고 해두자. 그중 붉은 점이 찍힌 물고기가 몇 마리인지 세어봤더니 m마리였다고 가정하자. 그런데 이 빈약한 정보를 어떻게 활용해야 N이 얼마인지 알아낼 수 있을까?

이 경우, 두 번째 과정에서 잡은 샘플 중 붉은 점이 찍힌 물고기와 그렇지 않은 물고기가 차지하는 비율이 연못 안 물고기 전체를 대변한다고 가정해야 한다. 즉 다음 등식이 옳다고 가정해야 한다.

두 번째 작업에서 잡은 물고기 중 표식을 지닌 물고기가 차지하는 비율
＝전체 물고기 중 표식을 지닌 물고기가 차지하는 비율

이를 공식으로 표현하면 $\dfrac{m}{n} = \dfrac{M}{N}$이 되고, 그것을 다시 약간 변환하면 $N = m \times \dfrac{M}{m}$이 된다. 연못 안 물고기가 모두 몇 마리인지를 추측할 수 있는 공식이 도출된 것이다.

어떤 그룹 안에서 특정 개체의 수를 추론하는 방법, 다시 말해 추계학적 계수법은 이외에도 다양한 분야에서 활용된다. 동물의 세계와 더불어 인간의 세계도 그 대상이 된다. 글래스고 대학의 닐 맥키거니 교수는 1993년 에이즈 확

산에 관한 연구를 하는 과정에서 해당 지역 내 성매매 여성의 수를 파악해야 했는데, 그때 활용한 방법 중 하나가 바로 추계학적 기법이었다.

'무작위의 원칙$^{principle\ of\ randomizing}$'을 이용하여 보다 진실에 가까운 결과를 추구하는 또 다른 중요한 분야는 바로 설문조사 분야이다. 사실 주제가 민감할수록 설문조사의 결과가 왜곡될 확률은 높아질 수밖에 없다. 응답자들이 자신의 마음과는 다른 엉뚱한 대답을 하거나 아예 답변을 거부하기 때문이다.

> 모두 거짓말을 하고 있다. 우리가 제시하는 수들은 최고의 혼란이라 할 수 있고, 우리가 제시하는 통계 역시 황색신문에 실린 별자리운세보다 더 믿을 것이 못 된다.
>
> – 이탈리아의 통계청장이 자신의 집무실에서 자살하기 직전에 작성한 유언장 중 일부

그런 사태를 최대한 줄이기 위해 스탠리 워너 교수는 1965년 추계학적 접근법 한 가지를 도입했다. 워너는 대답하기 곤란한 질문들이 포함된 설문의 경우 임의화^{randomizing}를 통해 응답자의 익명성을 보장해주는 방법을 고안했다. 임의화 응답법이란 쉽게 말해 몇 가지 질문을 조합함으로써 응답자가 어느 질문에 답했는지를 조사자가 알 수 없게 만들어놓은 방법이다. 물론 이 조사법은 민감한 사안뿐 아니라 일상적인 문제에도 적용할 수 있다. 어쨌든 이

기법의 핵심은 그러한 익명성에도 답변을 해석하는 과정에서 누가 어떤 대답을 했는지 대략 추론할 수 있다는 것이다. 그러기 위해 대단히 복잡한 과정을 거쳐야 하는 것도 아니다. 오히려 아주 간단하다고 할 수 있다.

이해를 돕기 위해 이번에도 구체적인 상황을 제시해보겠다. 예를 들어 전체 국민 중 한 번이라도 술을 마시고 운전대를 잡은 경험이 있는 사람이 몇 명인지를 알고 싶다고 가정해보자(이때 음주운전 유경험자의 수는 p). 조사자는 설문 대상을 무작위로 선택한 뒤 주머니 하나를 건넨다. 주머니 안에는 3장의 카드가 들어 있는데, 조사자는 우선 응답자에게 카드들을 보여준다. 카드들에 적힌 내용은 〈그림 101〉과 같다.

〈그림 101〉 추계학적 설문조사 사례에서 활용된 질문들.

조사자는 카드를 다시 주머니에 넣은 뒤 피조사자가 카드 한 장을 뽑게 한다. 이때 조사자는 응답자가 어떤 카드를 뽑았는지 확인할 수 없다. 그 상태에서 응답자는 자신이 뽑은 카드에 적힌 질문에 대해 '예' 혹은 '아니오'라고 대답한다. 조사자는 응답자가 음주운전 경험에 대해 대답을 했는지 혹은 검은 삼각형이 보이느냐 보이지 않느냐는 '중립적' 질문에 대답했는지 알 수 없고, 응답자만 그 사실을 숙지하고 있다. 그러니 응답자 입장에서는 굳이 거짓말을 할 까닭이 없다. 그런데 여기까지 듣고 나면 '어느 질문에 답했는지조차 알 수 없다면 대체 이 조사를 왜 하는가?' 하는 의혹이 싹틀 것이다. 하지만 놀랍게도 조사자는 거기에서 나온 답변들을 자신이 원하는 목적에 맞게 해석할 수 있다고 한다!

이 기법의 진가는 답변을 해석하는 방식 속에 숨어 있다. 그러기 위해서는 응답자들의 대답과 우리가 알고 싶은 미지수 p의 관계를 절대 추론할 수 없다는 부정적인 생각부터 떨쳐버려야 한다.

예컨대 응답자의 수가 총 3,000명이었다고 가정하자. 그중 '예'라고 대답한 응답자는 총 1,200명이었다. 물론 조사자는 응답자가 세 가지 질문 중 정확히 어느 질문에 '예'라고 했는지 알 수 없다. 하지만 응답자가 세 질문 중 하나에 답변했다는 것만큼은 확실하다. 그리고 카드는 총 3장이고, 응답자의 수는 총 3,000명이다. 따라서 조사자는 그 수의 평균을 내는데, 예를 들어 검은 삼각형 그림이 있는 두 번째 카드를 뽑아든 사람이 1,000명이라고 가정해야 한다. 이 경우, 그 1,000명은 아마도 '진실에 따라' '예'라고 대답했을 것이다. 한편, 나머지 2,000명 중 절반은 세 번째 카드를 뽑아들었고, 남은 1,000명은 음주운전에 관한 질문이 적혀 있는 카드를 뽑았을 것이다. 세 번째 카드를 뽑은 사람들 역시 진실에 따라 '아니오'라고 대답했을 것이다. 따라서 결국 음주운전 경험이 있느냐는 질문에 '예'라고 대답한 사람, 즉 p는 200명이 된다. 나아가

1,000명 중 200명이 음주운전 경험이 있다고 대답한 이 결과를 전체 국민으로 확대하면 전체 국민의 20%가 음주운전 경험이 있다는 결론에 도달할 수 있다.

위와 같은 방식으로 정보를 파악하는 기법은 이론의 세계에서만 가능한 것처럼 보이겠지만 사실은 그렇지 않다. 이를테면 베트남전 당시, 미군 지휘부는 병사들의 몇 퍼센트가 약물에 의존하는지를 알아내기 위해 이 기법을 활용했다. 당시 참전 병사들 가운데 마약에 손을 대는 이가 많다는 소문이 널리 퍼졌고, 당국은 그 수치를 실제로 파악하고자 했다. 일반적인 방법만으로는 정확한 상황을 파악하기가 쉽지 않았다. 약물 복용 행위는 분명히 처벌 대상이었고, 자신의 범죄 행위를 드러내놓고 시인할 사람은 아무도 없었다. 하지만 당국은 결국 위 조사법을 통해 진실에 가까운 수치를 파악했다고 한다.

사례 2: 수명 예측에 관한 휴리스틱

이번에 소개할 추계학적 휴리스틱은 '코페르니쿠스의 인본적 원리Copernican- anthropic principle, 이하 '코페르니쿠스의 원리' '*에 바탕을 둔 것이다. 코페르니쿠스의 원리에서는 우주 속에서 인간은 결코 특별한 존재가 아니라고 말한다.

코페르니쿠스의 원리에 따르면 인간은 결국 우연히 어떤 그룹에 속하게 된

---

* 코페르니쿠스는 지구가 우주의 중심도, 특별한 것도 아니라는 주장을 펼친 바 있다. '평범성의 원리'라고도 불리는 이 원리는 최근에 와서 '지구' 대신 '인류'에 대해서 적용되고 있다. 즉 '인간은 특별한 존재가 아니다'라는 개념으로 활용되고 있는 것이다. 그 이론을 '코페르니쿠스의 인본적 원리'라 부른다.

개인에 불과하고, 이에 따라 어떤 그룹에 소속된 이들은 모두 임의의 사물 혹은 사건 앞에서 평등하다. 적어도 개개인에 대해 보다 구체적인 정보를 주기까지는 모두 똑같은 입장에 놓인다. 예컨대 평균 신장, 평균 속도, 평균 수명, 평균 확률 등의 기준 앞에서 모두 동등한 입장이 된다.

이러한 주장을 가장 먼저 제기한 사람은 미국의 천체물리학자 J. 리처드 고트였다. 고트는 어느 논문의 서두에서 일종의 공준postulate으로 코페르니쿠스의 원리를 주장했는데, 그의 주장에는 이해되지 않는 부분도 꽤 있지만 그렇다고 솔깃한 부분이 전혀 없는 것도 아니다.

예를 들어 마흔 살 먹은 독일 남자 한 명이 있다고 가정하자. 독일의 경우, 남자의 평균 수명은 77.6세이고 여자의 평균 수명은 82.7세이다. 또, 통계학적으로 구동독 지역 남자들의 수명은 1.8세만큼 더 짧다고 하고, 동·서독을 합쳐 기혼 남성들의 수명은 전체 독일 남성들의 수명에 비해 1.4세만큼 더 길다고 한다. 나아가 의학 분야의 어느 논문에 따르면 40세에 당뇨를 앓기 시작했을 경우 수명이 8년 단축된다는 말도 있다.

자, 이 상황에서 국적이 독일이고 나이는 40세라는 정보밖에 없는 어떤 사람이 앞으로 얼마나 더 살 수 있을지를 어떻게 예측할 수 있을까? 남자인지 여자인지조차 아직은 알 수 없다면? 그렇다면 우선 그 사람을 '40세의 독일인'으로 분류하고, 코페르니쿠스가 주장한 평범성의 원리에 따르면 그 사람은 앞으로 40.2년 동안 더 살 수 있다고 말할 수밖에 없다(남자의 경우 남은 수명은 37.2년, 여자는 42.7년, $37.6 + \dfrac{42.7}{2} = 40.2$).

그런데 알고 보니 그 사람이 동독 출신의 남자라고 한다. 따라서 그 남자의 남은 수명을 수정해야 할 이유가 생겼다. 우선 남자니까 37.6년으로 줄어들고, 동독 출신이니까 거기에서 다시 1.8년을 빼야 한다. 즉 앞으로 그 남자는 35.8년을 더 살 수 있다. 그런데 그 남자가 기혼남이라는 정보가 새로이 입수되었다. 그렇다면 앞서 나온 답에 1.4년을 더해야 한다. 즉 남은 수명이 35.8년에서 37.2년으로 늘어난다(35.8+1.4=37.2). 이번에는 그 남성이 최근에 당뇨병 환자로 밝혀졌다는 소식을 들었다. 8년만큼 수명을 하향 조정해야 하게 되었다. 계산해보니 그 남자의 남은 수명은 29.2년이 된다. 따라서 그 남자는 대략 69세까지 살 수 있다는 결론이 나온다.

비슷한 문제 하나를 더 풀어보자. 이번 문제는 인류가 앞으로 얼마나 더 살 수 있을지에 관한 것이다. 물론 이번에도 코페르니쿠스의 원리에 따라 문제를 풀어야 할 것 같다. 그런데 이번에는 그 대상이 인류 전체이다. 앞선 문제에서와 달리 특수한 정보가 아무것도 없다. 그냥 앞으로 인류가 얼마나 더 생존할 수 있을지를 구해보라고 한다. 어떻게 해야 이 문제의 답을 구할 수 있을까?

우선 우리의 조상과 우리와 동시대를 사는 사람들 그리고 장차 태어날 후세대를 모두 합친 수가 N이라고 가정해보자. 이때, 출생 순서에 번호를 붙이자면 (성경이 진리라고 믿을 경우) 1번은 아담, 2번은 이브가 된다. 총 N번의 출생이 이루어진다고 봤을 때 우리의 순번은 n이라고 해 두고, 그 절대 순서를 상대적 순서(a)로 전환하면 $a=\dfrac{n}{N}$이 된다. 즉 이미 세상을 떠난 사람과 지금 살고 있는 사람 그리고 아직 태어나지 않은 사람들을 모두 합한 순번에서 우리의 출생 순번이 a가 되는 것이다. 그런데 절대 순서 n이 얼마인지는 아직 알 수 없지만, 코페르니쿠스의 원리에 따르면 n이 (0, 1)이라는 구간 사이에 놓여 있는 것만큼은 확실하다.

이 시점에서 우리의 절대 출생 순서 n이 얼마이든 간에 상대 순서 a가 여전히 (0, 1) 구간 사이에 놓여 있다고 가정해보자. 이 말을 뒤집으면, 즉 N이 얼마인지를 전혀 알 수 없다는 뜻이다. N에 대해 우리가 알아낼 수 있는 사실은, 당연한 이치이겠지만 N이 n보다 크다는 것뿐이다.

하지만 지금까지 알아낸 내용을 바탕으로 우리의 출생 순번 n이 (0.05, 1) 구간 사이에 놓여 있을 확률이 95%라는 것을 유추해 낼 수 있다. 즉 지금까지 태어난 사람들 모두를 100으로 봤을 때 우리가 그중 95 안에 들 확률이 95%라는 것이다. 그런데 n이 얼마인지 파악되었다면 거기에서 N이 얼마인지도 추측할 수 있다. 그 수치에 대한 신뢰도 역시 95%이다. 그렇게 되는 이유는 $a = \dfrac{n}{N} > 0.05$일 확률이 95%라면 $N < 20n$일 확률도 95%이기 때문이다.

문제를 처음 대했을 때에는 어렵게만 느껴졌겠지만 막상 계산해보니 어떤가? 생각보다 간단하지 않은가!

철학자 존 레슬리를 비롯한 여러 학자의 계산에 따르면 지금까지 지구상에 총 6백억 명이 태어났다고 한다. 그 계산이 옳다고 믿고 n=6백억이라고 가정할 경우, 지구상에 태어나는 사람의 총계는 20×6백억, 즉 1조 2천억 명이라고 할 수 있다. 이 경우에도 물론 신뢰도는 95%이다.

자, 지금까지 지구상을 거쳐 갈 사람들의 총인원수에 대해 알아보았다. 그렇다면 앞으로 인류가 몇 년이나 더 살아남을 수 있을지도 계산할 수 있을까?

그 답을 구하기 위해 우선 전 세계 인구가 곧 100억 명에 도달한 뒤 그 수준을 꾸준히 유지하게 되고, 평균 수명은 80세라고 가정해보자. 그러면 장차 태어날 1조 1천 4백억 명(1조 2천억−6백억=1조 1천 4백억, 신뢰도 95%)이 지구상에 머무르는 기간을 계산해 낼 수 있다. 즉 1조 1천 4백억 명을 평균 인구수인 100억으로 나눈 것에 평균 수명 80을 곱하면 된다. 즉 1조 1천 4백억/100억×80=9120년이 된다.

즉, 앞으로 약 9천 년이 지난 뒤에는 인류가 멸망할 것이라고 할 수 있다(신뢰도 95%).

한편 위와 같은 계산법을 가장 먼저 고안해 낸 J. 리처드 고트는 1969년 업무차 베를린에 들렀다가 베를린장벽을 둘러보았다. 베를린장벽이 세워진 지 정확히 8년이 지난 시점이었다. 고트는 앞으로 장벽이 얼마나 더 오랫동안 그 자리에 서 있을지 궁금해졌고, 복잡한 지정학적 정세를 따지기보다는 코페르니쿠스의 원리를 이용해 간단히 그 기간을 예측해보기로 했다. 지금까지 존재한 기간에 임의의 신뢰도를 적용하면 장벽이 무너지기까지의 기간을 쉽게 계산해 낼 수 있다고 믿었다. 1969년 당시 고트는 장벽의 남은 수명에 대해 75%의 신뢰도를 적용했고, 그에 따라 24년 뒤인 1993년이면 장벽이 더 이상 그 자리에 남아 있지 않을 것이라 예측했다. 그러고는 자신이 그런 계산을 했다는 것조차 잊고 살았다.

그런데 1989년에 베를린장벽이 무너지자 고트의 지인 하나가 그에게 잊고 있던 사실을 상기시켜주었고, 이에 고트는 당시 자신이 활용했던 예측 기법을 모두에게 공개하기로 했다. 코페르니쿠스의 원리를 이용한 계산법 속에 충분한 개연성이 담겨 있다는 것을 입증해주는 사례였다.

사실 고트의 논문이 없었다 하더라도 그의 계산법은 널리 활용되었을 것이다. "틀린 예측은 죄가 아니다."라는 말도 있지 않은가. 하도 오래전에 들은 말이라 아우렐리우스 아우구스티누스가 한 말인지 우베 젤러*가 한 말인지 정확히 기억은 안 나지만, 어쨌거나 나는 그 말에 전적으로 동의한다. 그리고 그 믿음에 따라 적어도 나는 다양한 예측 기법 중 코페르니쿠스의 원리에 따른 계산법을 애용하고 있다.

그런데 고트는 정확히 어떤 방법으로 베를린장벽의 남은 수명을 예측했을까? 그 과정은 다음과 같다. 고트는 베를린장벽의 전체 수명에 관한 문제에서 자신은 '우연한 관찰자'에 지나지 않는다고 믿었고, 그에 따라 자신의 계산법이 정확히 맞아떨어질 확률을 75%로 책정했다. 고트가 우연히 장벽을 방문했던 시점($t_\text{현재}$)은 베를린장벽의 나이가 8세가 되던 해였다. 즉 전체를 100으로 보았을 때 $t_\text{현재}$는 정확히 $\frac{1}{4}$ 지점(25%)이 되고, $\frac{1}{4}$지점

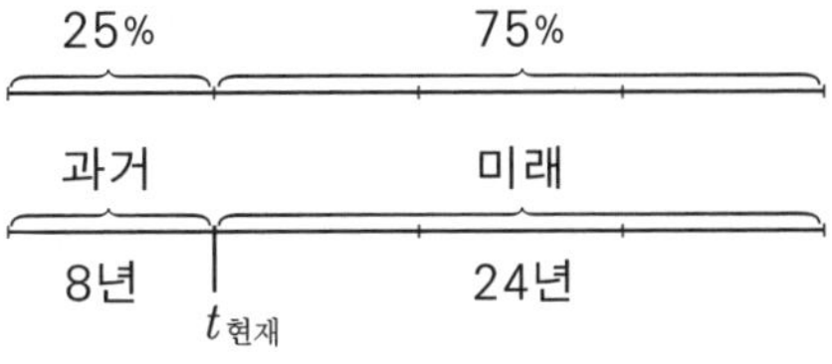

〈그림 102〉 J. 리처드 고트의 계산법.

---

* 독일의 전직 축구 선수. 17세에 서독 국가대표로 발탁되었고, 월드컵에도 네 차례나 연속 출전한 전설적 인물.

까지 오는 데 8년이 걸렸으니 남은 $\frac{3}{4}$은 24년이라는 계산이 나왔다.

결론적으로 고트는 장벽이 지금까지 지나온 세월, 즉 8년이라는 세월이 최대 3회 반복될 때까지(총 24년) 그 자리를 지키게 될 확률이 75%라는 것을 계산해 냈다.

다른 방법으로 장벽의 남은 수명을 계산하는 데 얼마나 많은 시간과 노력, 정보가 필요했을지를 떠올려보면 고트의 계산법은 그야말로 단순하면서도 경제적인 방법이었다고 할 수 있다. '아이디어가 곧 예술'이라는 점을 입증해주었다. 그리고 예술이라는 말이 나왔으니 말인데, 이 계산법을 활용하면 루트비히 판 베토벤의 작품이나 제니퍼 로페즈의 노래가 앞으로 얼마나 더 대중에게 사랑받을지도 알아낼 수 있다. 둘 중 어떤 음악이 다음 세기, 다음 밀레니엄에도 꾸준히 명맥을 이어갈까?

베토벤이 자신의 악보를 처음 출간한 것은 1782년이었다. 지금으로부터(기준 연도: 2008년) 226년 전의 일이다. 제니퍼 로페즈의 데뷔 앨범은 1999년 6월에 발매되었다. 신뢰도를 90%로 잡을 경우, 베토벤의 음악은 앞으로 226×9년, 즉 약 2천 년 더 울려 퍼질 것이다. 로페즈의 경우는 그 기간이 80년밖에 되지 않는다. 주먹구구식으로 계산하자면 지금의 팬들이 세상을 떠날 때쯤이면 로페즈의 노래도 사라질 가능성이 90%이다. 반면 베토벤의 음악은 다음 밀레니엄에도 여전히 마니아들의 심금을 울릴 확률이 매우 높다.

이런 식으로 특정 현상이 앞으로 얼마나 더 지속될지 계산할 수 있다는 것은 매우 흥미롭다. 주어진 정보라고는 오로지 해당 현상이 시작된 시점밖에 없다는 점을 감안하면 신비롭기까지 하다.

　그런데 코페르니쿠스의 원리를 활용할 때 한 가지 주의해야 할 점이 있다. 관찰 시점이 우연한 시점, 즉 임의의 시점이어야 한다는 것이다. 코페르니쿠스 원리에 따른 계산법은 관찰 시점이 적당했느냐 아니냐에 따라 성립 여부가 달라진다. 예컨대 완공된 지 한 달밖에 되지 않은 건물의 개관식에 참석해서 그 건물이 석 달 뒤에 철거될 확률이 75%라고 주장할 수는 없다. 그 주장은 코페르니쿠스 원리의 본질을 오도하는 것에 지나지 않는다. 그 건축물이 어떤 용도인지 모른다 하더라도, 혹은 세상 모든 건축물의 평균 수명이 몇 년인지 전혀 모르는 문외한이라 하더라도 그렇게 주장할 수는 없는 일이다. 본디 개관식이라는 것은 말 그대로 개관 직후에 열리는 행사이기 때문에 건물의 수명을 예측하기에는 적절하지 않은 시점, 즉 '우연하지 않은' 시점이다.

　반면, 다음과 같은 상황에서는 코페르니쿠스의 원리를 적용할 수 있다. 친구가 책장에서 책을 한 권 뽑아들더니 자신이 가장 좋아하는 문구를 읊으며 그 글귀가 해당 책 27쪽에 나오는 것이라고 말한다. 이 경우, 해당 책이 총 몇 쪽짜리인지 코페르니쿠스의 원리를 이용해서 추측해볼 수 있다. 혹은, 호주를 방문했는데 그곳에 사는 친구 하나가 미리 표를 사두었다며 스포츠 경기를 같이 관람하자고 제안했다고 가정해보자. 우리는 호주 물정에도 어둡고 친구가 같이 보자는 경기가 어떤 경기인지도 모른다. 물론 그 경기장에 평균 몇 명의 관중이 입장하는지도 모른다. 그런데 친구가 건넨 입장권을 자세히 살펴보니 37번이라는 일련번호가 적혀 있다. 이 경우, 해당 경기의 관중 수를 추측할 수 있을까? 신뢰도를 50%로 설정할 경우, 그 경기는 최대 73명이 관람하게 될 것이다. 만약 74명 혹은 그 이상이 경기를 관전한다면 37번 티켓은 총 관중 수의 절반 이하가 되어버린다.

하지만 50%라는 신뢰도는 결코 높은 수치가 아니다. 더 확실한 수치를 파악하고 싶다면 신뢰도를 80%, 90%, 95% 혹은 그 이상까지 상향 조정해야 한다.

예를 들어 내가 원하는 신뢰도가 90%일 경우, 내가 가진 표의 일련번호가 판매된 전체 티켓의 $\frac{1}{10}$ 안에 들 확률은 10%가 된다. 즉 37장 혹은 그 이상의 표가 판매된 총 티켓 수의 $\frac{1}{10}$ 안에 들 확률이 10%라는 것이다. 즉 $10 \times 37 = 370$이라는 공식에 따라 최소한 370장의 표가 팔렸을 가능성이 10%이고, 그보다 더 적은 표가 팔렸을 확률은 90%가 된다.

한편, 선박이나 비행기 혹은 기타 교통수단들의 처녀 운항 시에는 코페르니쿠스의 원리를 적용하지 않는 것이 안전하다. 무사고 운행 횟수가 적어도 40회는 되어야 그다음 운항도 안전하게 마칠 확률이 높아지기 때문이다. 이 원칙만 유념했더라면 아마도 타이타닉호(처녀 운항 시 침몰), 힌덴부르크 비행선(대서양을 19번째 횡단하던 중 폭발, 우주선 챌린저호(10번째 임무를 수행하는 과정에서 폭발)의 참사는 일어나지 않았을 것이다.

사례 3: 1유로의 주인은 누구?

무작위 원칙의 유용성을 입증하는 사례 하나를 더 들어보자. 이번 사례는 친구 사이에서 빚을 갚는 방법에 관한 것인데, 여기에서도 추계학적 기법이 활용된다.

A가 B에게 x유로만큼 빚을 졌다. 이때 x는 (0, 1)유로 구간 사이의 액수라고 한다. 문제는 A의 수중에 1유로짜리 동전 하나밖에 없다는 것, 그리고 B에게는 거슬러줄 잔돈이 없다는 것이다. 이에 두 친구는 다음과 같은 방식으로 채무를 해결하기로 했다.

1단계 우선 x가 $\left(0, \dfrac{1}{2}\right)$이라는 구간 안에 놓여 있다고 가정한다. 만약 x가 $\left(0, \dfrac{1}{2}\right)$이라는 구간 안에 놓여 있지 않다면 1유로짜리 동전의 소유주는 바뀌고, 새 소유주가 원래 소유주에게 $1-x$의 빚을 지게 된다.

2단계 동전의 소유주가 동전을 던진다. 그림이 나오면 동전을 던진 사람이 동전을 갖고, 이로써 채무는 청산된 것으로 간주한다. 그런데 숫자가 나오면 채무액은 2배로 늘어나고, 그 상태에서 1단계부터 지금까지의 과정을 다시금 반복한다.

우리의 과제는 두 친구가 선택한 방식이 공정하냐 아니냐를 판별해내는 것이다. 여기에서 '공정하다'라는 말은 즉 B가 A로부터 x라는 액수를 받아낼 확률이 50 대 50이라는 뜻이다. 문제를 풀기 전에 답부터 공개하자면, 두 친구가 선택한 방식은 공정하다!

그 과정을 증명하기 위해서는 먼저 x가 2진법 체계에 속하는 수라고 가정해야 한다. 그러한 가정하에서 x는 $x = x_1 2^{-1} + x_2 2^{-2} + x_3 2^{-3} + \cdots$ 이 되고, 이때 모든 x, 즉 x_i는 0 또는 1이 된다. 나아가 n번째로 동전을 던졌을 때 결정을 내리기 위해서는 앞선 회차, 즉 $n-1$번의 동전 던지기에서 늘 숫자가 나오다가 n번째에는 그림이 나와야 한다. 그렇게 될 가능성은 $\left(\dfrac{1}{2}\right)^k$이다.

다음으로 n번째로 동전을 던지기 직전에 동전의 소유주가 B이기 위한 조건을 생각해보자.

이 경우에도 2진법을 활용하는 것이 좋다. 2진법을 활용하면 채무가 2배로 늘어나는 상황이나 동전의 소유주가 바뀌는 상황을 쉽게 이해할 수 있기 때문이다. 채무액 x가 2배가 된다는 말은 $0.x_1 x_2 x_3 \cdots$가 한 칸씩 왼쪽으로 밀리는 상황, 즉 $0.x_2 x_3 x_4 \cdots$로 변환되는 상황을 의미한다. 그 이유는 아래 공식으로 설명할 수 있다.

$$2x = 2(x_1 \times 2^{-1} + x_2 \times 2^{-2} + x_3 \times 2^{-3} + \cdots)$$
$$= x_1 + x_2 \times 2^{-1} + x_3 \times 2^{-2} + \cdots \text{ 그리고 } x_1 = 0$$

동전의 소유주가 바뀌는 상황 혹은 채무액이 $\left(\dfrac{1}{2}, 1\right)$ 구간의 x에서 $\left(0, \dfrac{1}{2}\right)$ 구간의 $1-x$로 바뀌는 상황을 표시하고 싶다면 거기에 상응하게 x_i를 $1-x_i$로 바꾸면 된다. 그 이유는 다음 공식을 보면 알 수 있다.

$$1-x = 1 \times 2^{-1} + 1 \times 2^{-2} + 1 \times 2^{-3} + \cdots - x_1 \times 2^{-1} - x_2 \times 2^{-2} + x_3 \times 2^{-3} - \cdots$$
$$= (1-x_1) \times 2^{-1} + (1-x_2) \times 2^{-2} + (1-x_3) \times 2^{-3} + \cdots$$

$n-1$번째로 동전을 던지기 이전에 동전 교환이 짝수 번만큼 이루어졌다면 $n-1$번째로 동전을 던진 직후 A가 동전의 소유주가 되고, B가 동전의 소유주이기 위해서는 n번째로 동전을 던지기 직전에 $x_n=1$이어야 한다.

반대로 $n-1$번째로 동전을 던지기 이전에 동전 교환이 홀수 번만큼 이루어졌다면 $n-1$번째로 동전을 던진 직후의 동전 소유주는 B가 되고, n번째로 동전을 던진 직후에도 B가 동전을 갖고 있으려면 $1-x_n$이 0이어야 한다. 즉 $x_n=1$이어야 하는 것이다.

두 경우를 종합해보면 결국 n번째로 동전을 던지기 직전에 B가 동전을 갖고 있으려면 동전을 던졌을 때마다 늘 숫자가 나왔어야 하고 $x_n=1$이어야 한다는 결론이 나온다.

이 사실이 중요한 이유는 n번째의 동전 던지기에서 B에게 유리한 결과가 나올 확률이 $\left(\dfrac{1}{2}\right)^k \times x_n$이 되기 때문이다. 따라서 '언제가 됐든' B에게 유리한 결과가 나올 확률은 $\left(\dfrac{1}{2}\right)^1 x_1 + \left(\dfrac{1}{2}\right)^2 x_2 + \left(\dfrac{1}{2}\right)^3 x_3 + \cdots$이 되고, 이는 결국 x를 2진법으로 표현한 것이 된다. 다시 말해 결국 그 확률은 x이고, B가 빈손으로 돌아서게 될 확률은 $(1-x)$라는 뜻이다. 달리 말하자면 B가 A로부터 x라는 액수를 받아낼 확률은 50 대 50이라는 뜻이다. 이로써 증명이 끝났다. 2진법을 적절하게 활용함으로써 문제가 해결되었다.

한편, 확률이나 우연성과는 전혀 관계가 없는 문제 중에서도 확률을 직접 활용하거나 약간 변형하여 활용함으로써 풀 수 있는 것들이 있다. 그렇게 할 수 있는 가장 큰 이유는 확률은 절대 음수가 될 수 없고, 확률의 합은 늘 1이라는 특성 때문이다. 대표적 사례로 이항계수와 2의 거듭제곱 사이에 성립되는 다음 등식을 들 수 있다(n은 모든 자연수).

$$B(n, 0) + B(n, 1) + \cdots + B(n, n) = 2^n$$

수식 36

위 공식은 분명히 '결정론적 방정식$^{\text{deterministic equation}}$'으로, 일단 확률과는 아무 관계가 없다. 이 등식의 성립 여부를 확인하기 위해 우선 2제곱수를 좌변으로 옮겨서 다음과 같이 바꾸어보겠다.

$$B(n, 0) \times \left(\frac{1}{2}\right)^n + B(n, 1) \times \left(\frac{1}{2}\right)^n + \cdots + B(n, n) \times \left(\frac{1}{2}\right)^n = 1$$

이렇게 바꾸어놓고 보니 좌변의 요소들을 일종의 확률로 해석할 수 있게 되었다. 그중에서도 특히 $B(n, k) \times \left(\frac{1}{2}\right)^n$ 이라는 부분을 좀 더 이해하기 쉽게 풀어쓰자면 $B(n, k) \times \left(\frac{1}{2}\right)^k \times \left(\frac{1}{2}\right)^{n-k}$ 라는 부분은 n개의 동전을 던졌을 때 정확히 k개의 동전에서는 그림이 나오고 나머지 경우, 즉 $n-k$개의 동전에서는 숫자가 나올 확률과 일치한다. 왜 그렇게 될까?

우선 동전을 던졌을 때 숫자가 나올 확률은 $\frac{1}{2}$이다. 숫자가 나오지 않을 확률, 즉 그림이 나올 확률 역시 $\frac{1}{2}$이다. 그렇다면 n개의 동전을 던졌을 때 k개까지는 계속 그림만 나오고 $k+1$부터 n까지의 동전에서는 계속 숫자가 나올 확률은 어떻게 될까?

위에서 말한 상황은 다음과 같다.

그림−그림−그림−그림−숫자−숫자−숫자−숫자−숫자−숫자

이때 곱셈의 법칙에 따라 그 상황이 나올 확률을 아래와 같이 계산할 수 있다.

$$\left(\frac{1}{2}\right)\times\left(\frac{1}{2}\right)\times\left(\frac{1}{2}\right)\times\left(\frac{1}{2}\right)\times\left(\frac{1}{2}\right)\times\left(\frac{1}{2}\right)\times\left(\frac{1}{2}\right)\times\left(\frac{1}{2}\right)\times\left(\frac{1}{2}\right)\times\left(\frac{1}{2}\right)$$

$$k\times\left(\frac{1}{2}\right) \qquad\qquad (n-k)\times\left(\frac{1}{2}\right)$$

즉 위의 상황이 일어날 확률은 $\left(\frac{1}{2}\right)^k$이 된다.

그런데 k개의 동전에서는 그림만 나오고 $n-k$개의 동전에서는 숫자만 나오는 상황도 여러 가지 있을 수 있다. 즉 그림과 숫자가 나오는 순서가 달라질 수 있다. 하지만 위 공식을 통해 확인했듯 어떤 식의 조합이든 간에 해당 조합이 나올 확률은 늘 $\left(\frac{1}{2}\right)^k$이다. 나아가 그 결과는 결국 총 n번의 동전 던지기에서 그림이 나오는 횟수인 k와 동일하고, 그 조합의 가짓수는 $\mathrm{B}(n, k)$이다. 이항계수를 사용할 때의 출발 조건이 그랬기 때문이다. 즉 n개의 동전 중 k개가 그림을, $n-k$개가 숫자를 보여줄 확률은 정확히 $\mathrm{B}(n, k)\times\left(\frac{1}{2}\right)^k$이 된다.

로또에 관한 필자의 확률이론

로또는 49개의 숫자 중 6개를 알아맞히는 게임이다. 이때 한 줄당 6개의 숫자 모두를 알아맞힐 확률은 1:B(49, 6), 즉 1:13,983,816이다. 이 얼마나 낮은 확률인지 알려주기 위해 나는 내 수업을 듣는 제자들에게 가끔 이렇게 말하곤 한다.

"자네들이 복권방에서 받아온 로또용지를 집에서 작성한 뒤 그것을 제출하기 위해 다시 복권방으로 가려면 15분쯤 걸어야 한다고 치세. 그 로또용지로 1등에 당첨될 확률은 복권방까지 걸어가는 15분 동안 자네들이 사고로 목숨을 잃을 확률과 맞먹는다네."

혹은 이렇게 말하기도 한다.

"추첨일 하루 전에 로또용지를 작성했다고 칠 때 당첨 당일에 자네들이 이미 죽어 있을 확률이 1등에 당첨될 확률보다 더 높다네!"

이로써 힘든 작업은 모두 끝났다. 남은 것은 지금까지의 과정을 해석하는 것뿐이다. [수식 36]에서 좌변의 합은 동전을 던졌을 때 나올 수 있는 모든 경우의 수의 합이다. 즉 n개의 동전을 던졌을 때 그림이 0번 나올 확률과 1번, 2번, …, n번 나올 확률 모두 합한 것이다. 그리고 이 확률에는 n개의 동전을 던졌을 때 숫자가 나올 확률도 포함되었다. 물론 두 상황을 이중으로 계산할 필요는 없다. 따라서 좌변의 합은 1이 되고, 이로써 맨 처음에 제시된 의문과 [수식 36]에 관한 의문이 모두 해결되었다. 박수가 한 번쯤 필요한 시점인 듯하다. 짝짝짝!

　다음 강의의 주제 역시 추계학적 기법이다. 이번에 소개할 기법은 그중에서도 '확률론적 기법probabilistic method'이라 불리는 것이다. 확률론적 기법은 어떤 사물의 존재에 관한 증명이 필요할 때, 특히 무작위성과는 전혀 관련이 없어 보이는 맥락에서 자주 활용되곤 한다.

　이 기법이 지닌 잠재적 활용도는 무궁무진하다. 살다 보면 특정 조건에 맞는 상황이나 구조, 기능 등을 구성해 내야 할 때가 많기 때문이다. 그런데 주어진 조건을 만족시키기가 늘 쉬운 것은 아니다. 작업이 아예 불가능할 때도 있다. 해당 조건에 들어맞는 상황이나 구조, 기능 등이 아예 존재하지 않는 경우가 바로 그런 때이다.

　그렇다면 주어진 조건을 만족시키는 객체object가 존재하는지 아닌지는 어떻게 알아낼 수 있을까? 그 과정은 다음과 같다. 우선 가상의 요소 하나를 머릿속에 떠올린다. 만약 우주 전체에서 무작위로 고른 그 요소가 주어진 조건에 들어맞을 확률이 조금이라도 있다면, 결국 해당 조건을 만족시키는 요소가 존재한다는 뜻이 된다. 그렇지 않은 경우라면 그런 요소를 선택할 수 있는 확률은 0이 된다. 너무나 당연한 말이라 생각하겠지만 그 당연함 속에는 분명히 창의적인 아이디어가 포함되어 있다.

　확률을 이용하면 결정론적 객체deterministic object의 존재 여부까지 알 수 있다. 간단하지만 창의적인 방법으로 손쉽고도 우아하게 어떤 객체의 존재 여부를 증명해 낼 수 있다. 이 방법은 특히 다른 어떤 방법으로도 답을 구할 수 없을 때, 혹은 답을 구하기까지 너무나 많은 이론을 동원해야 할 때 유용하다.

위와 같은 방법으로 어떤 객체의 존재 여부를 증명하는 것이 얼마나 고상하고 아름다운지 다음 사례를 통해 알아보도록 하자.

사례 4: 업무 배정에 관한 문제

총 n명의 직원에게 n개의 업무를 배정하려고 한다. 그러면 1명이 1건씩 담당하게 된다. 그런데 각 업무를 처리하는 데 필요한 시간에는 차이가 있고, 직원들의 업무 처리 속도 역시 제각각이다. 그 차이를 공식으로 나타내봤더니 i라는 직원이 j라는 업무를 처리하는 데 총 $a_i \times b_j$의 시간이 걸린다고 한다(이때 a_1부터 a_n까지와 b_1부터 b_n까지 얼마인지 알고 있다는 조건임). 이 경우, 업무를 처리하는 데 걸리는 시간의 총합이 $n \times a^* \times b^*$를 넘지 않도록 직원들에게 업무를 배정할 수 있을까(이때 a^*와 b^*는 다음과 같고, 각 수치의 평균은 a_i 그리고 b_i이다)?

$$a^* = \frac{a_1 + a_2 + \cdots + a_n}{n}$$

$$b^* = \frac{b_1 + b_2 + \cdots + b_n}{n}$$

직원들에게 각각의 업무를 배정하는 방식은 순열로 나타낼 수 있고, 순열은 다시 함수, 즉 1부터 n까지의 숫자 두 무더기를 한 쌍으로 조합하되, 같은 숫자가 한 쌍이 되지 않게 배열하는 함수로 수 있다. 이에 따라 예컨대 다음과 같은 조합이 나올 수 있다.

1	2	3	4	5
4	1	5	3	2

즉 f라는 함수에 따라 $\{1, 2, 3, 4, 5\}$에서 1과 4, 2와 1, 3과 5, 4와 3, 5와 2를 결합했다. 잘 알다시피 1부터 n까지의 숫자로 만들어 낼 수 있는 순열의 종류는 $n!$개이다. 따라서 직원들에게 업무를 배정하는 방법 역시 $n!$개가 존재한다.

그런데 f가 전체 순열 중 임의로 선택된 1개의 순열, 즉 $\frac{1}{n!}$의 확률에 따라 $n!$개의 순열 중 무작위로 선택된 1개의 순열이라고 가정할 때, f에 따른 전체 업무 시간 $G(f)$는 다음과 같다.

$$G(f) = a_{f(1)} \times b_1 + a_{f(2)} \times b_2 + \cdots$$

순열 f에 따라 j라는 업무는 $f(j)$에게 배정되고, 해당 직원이 그 업무를 처리하는 데 필요한 시간은 $a_{f(j)} \times b_j$가 되기 때문이다.

그렇다면 업무 시간의 총합 G의 평균값은 어떻게 구해야 할까? 우선 $n!$개의 순열에서 나올 수 있는 업무 시간 $G(f)$부터 구해야 한다(이 경우에도 f

는 $\frac{1}{n!}$ 확률에 따라 임의로 선택된 순열). 나올 수 있는 모든 순열을 $f_1, f_2, \cdots, f_{n!}$ 이라고 할 때 그 값은 다음과 같다(독일어로 '총 업무 처리 시간'은 Gesamtbeartungszeit 이기 때문에 G).

$$G = \frac{1}{n!}\sum_i G_{(f_i)}$$

$$= \frac{1}{n!}\sum_i \sum_k a_{fi(k)} \times b_k = \frac{1}{n!}\sum_k \sum_i a_{fi(k)} \times b_k$$

$$= \frac{1}{n!}\sum_k b_k \sum_i a_{fi(k)} = \frac{1}{n!}\sum_k b_k \sum_m a_m (n-1)!$$

$$= \frac{1}{n!}\sum_k b_k \sum_m a_m$$

$$= n \times a^* \times b^* \qquad \boxed{\text{수식 37}}$$

위 공식에서 셋째 줄의 뒷부분은 임의의 $k(k=1, 2, \cdots, n)$에 대해 k라는 요소를 m이라는 요소와 결합하는 순열의 개수가 정확히 $(n-1)!$개라는 가정 하에 만들어졌다. 그리고 그 순열들 모두에서 $a_{f^*(k)}$는 결국 a_m이다.

[수식 37]로 사실상 본격적인 작업은 끝났다고 할 수 있다. 이제 한 발짝만 더 가면 목표 지점에 도달할 수 있다. 이 시점에서 우리의 목표가 무엇이었는지 상기해보자. 우리의 목표는 확률론적 기법의 본질인 우연성에 근거하여 주어진 업무를 직원들에게 무작위로 배정했을 때 총 업무 처리 시간이 $n \times a^* \times b^*$ 이하가 될 확률이 조금이라도 존재한다는 것을 증명하는 것이었다. 이제 그 목표에 최종적으로 도달하기 위해 귀류법을 동원해보자. 즉

$\{G(f) \le n \times a^* \times b^*\}$라는 사건이 일어날 확률이 0이라고 가정한다(f는 무작위로 선택된 순열). 이 경우, 무작위의 순열 f에 대해 $\{G(f) > n \times a^* \times b^*\}$일 확률은 1이다. 즉 f가 어떤 순열이든 간에 $\{G(f) > n \times a^* \times b^*\}$가 성립된다. 만약 그렇다면 업무에 걸리는 시간의 평균값도 $n \times a^* \times b^*$보다 커야 하는데 이는 [수식 37]과 모순된다. 따라서 $\{G(f) \le n \times a^* \times b^*\}$가 될 확률은 분명히 존재하고, 순열 f^*가 존재한다는 것도 증명되었다(아래 공식 참조).

$$a_{f^*(1)} \times b_1 + a_{f^*(2)} \times b_2 + \cdots + a_{f^*(n)} \times b_n \le n \times a^* \times b^*$$

사례 5: 토너먼트 결과와 역설

다음 사례는 토너먼트 결과에 숨겨진 역설과 관련된 것인데, 이것 역시 무작위의 원칙을 통해 확인할 수 있다.

총 n명($T_1, \cdots, T_n$)이 참가한 어떤 테니스 토너먼트에서 참가자들은 일대일로 경기를 치른다. 종목이 테니스라고 했으니 무승부는 있을 수 없다. 이때 총 참가자 n명 중 임의의 k명이 어떤 한 참가자에게 모두 패배하는 경우를 'k중 역설'이라고 가정하자. 즉 참가자 모두가 어떤 한 명과의 시합에서 모두 지는 경우, 그 토너먼트는 1중 역설 토너먼트가 된다. 따라서 총 참가자가 3명 이상($n \ge 3$)인 토너먼트가 기본적으로 1중 역설 토너먼트라는 사실을 쉽게 알 수 있다. $T_1 \to T_2 \to T_3 \to \cdots \to T_n \to T_1$이기 때문이다($T_i \to T_j$는 T_j가 T_i에게 졌다는 것을 의미함). 하지만 역설의 단계가 한 단계만 높아져도 그 상황을 추론해 내기가 쉽지 않다. 이와 관련해 〈그림 103〉을 자세히 관찰해보자. 〈그림 103〉은 참가자가 7명인 2중 역설 토너먼트 상황을 나타낸 것이다.

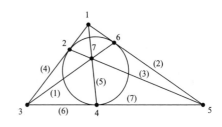

〈그림 103〉 참가자가 7명인 토너먼트에서 나온 2중 역설적 결과.

위 그림에서 1부터 7까지 번호가 매겨진 점들은 참가자들을 의미한다. 나아가 각 변에는 (1), (2), …, (7) 등의 괄호번호가 매겨져 있는데, 이는 예컨대 참가자 (k)가 해당 번호의 변 또는 원을 지나가는 3개의 점(3명의 참가자)을 물리쳤다는 뜻이다. 즉 (4)번 참가자는 1번과 2번 그리고 3번 참가자를 이겼다는 것을 뜻하고, 원으로 표시된 (7)번 참가자는 2, 4, 6번 참가자와의 시합에서 승리를 거두었다는 뜻이다.

그렇다면 토너먼트 참가자의 수가 임의의 k명일 때 그 결과가 늘 k중 역설일까, 그렇지 않을까? 그 결과는 분명히 n이 몇 명이냐에 따라 달라질 것이다. 그럼에도 아래 공식과 같은 특징을 지닌 모든 자연수 n에 대해 k중 역설 토너먼트 결과가 나올 수 있다는 것을 증명할 수 있다고 한다.

$$n^k \times \frac{\left(1 - \dfrac{1}{2^k}\right)^{n-k}}{k!} < 1$$

수식 38

정말로 그런지 아닌지를 확인하는 가장 좋은 방법은 직접 증명해보는 것이다.

상황을 일목요연하게 파악하기 위해 우선 참가자들을 점으로 표시하고 그 점들을 화살표로 연결해보자. 이때 예컨대 참가자 T_i가 참가자 T_j에게 이겼다면 화살표의 방향은 T_i에서 T_j를 향하게 그린다. 화살표의 방향은 예컨대 동전 던지기 등을 통해 무작위로 결정한다. 그렇게 하면 $T := \{T_1, \cdots, T_n\}$ 이라는 집합이 참가하는 토너먼트의 결과가 나온다. 이때 원소의 개수가 k개인 집합 T의 고정 부분집합을 K라고 하고, 부분집합 K에 속하는 모든 교점을 지나는 교점이 존재하지 않는 경우를 S라고 가정하자. 이제 예컨대 T_1이 전체 집합 T에는 속하되 부분집합 K에는 속하지 않는다고 간주해보자. 이 경우, T_1이 부분집합 K에 소속된 선수들 모두와의 시합에서 승리할 확률은 $\left(\dfrac{1}{2}\right)^k$ 가 되고, 그 반대의 확률, 즉 $1 - \left(\dfrac{1}{2}\right)^k$는 T_1이 K에 소속된 선수들과의 시합에서 적어도 한 번은 진다는 것을 의미한다. 그런데 $n-k$명의 참가자들은 모두 부분집합 K의 원소가 아니기 때문에 S라는 상황이 벌어질 수 있는 확률을 곱셈의 법칙에 따라 다음과 같이 계산해 낼 수 있다.

$$P(S) = \left(1 - \frac{1}{2^k}\right)^{n-k}$$

다음으로 우리는 원소가 n개인 전체집합 T에 대해 원소의 개수가 k개인 부분집합의 개수가 총 $N = B(n, k)$만큼 존재한다는 사실을 고려해야 한다. 이에 따라 상황 S는 $S_1, \cdots, S_n$으로 나타낼 수 있고, 이때 $S_1, \cdots, S_n$이 일어날 확률은 모두 동일하다. 따라서 다음 등식도 성립한다.

$$P(\text{토너먼트의 결과가 } k \text{ 중 역설이 아닌 경우})$$

$$= P(S_1 \cup S_2 \cup \cdots \cup S_N)$$

$$\leq P(S_1) + P(S_2) + \cdots + P(S_N)$$

$$= B(n, k) \times \left(1 - \frac{1}{2^k}\right)^{n-k}$$

$$= n \times (n-1) \times \cdots \times (n-k+1) \times \frac{\left(1 - \dfrac{1}{2^k}\right)^{n-k}}{k!}$$

$$< n^k \times \frac{\left(1 - \dfrac{1}{2^k}\right)^{n-k}}{k!}$$

$$< 1$$

다시 말해 반대 상황이 일어날 확률, 즉 토너먼트의 결과가 k중 역설이 될 가능성이 분명히 존재한다는 것이다. 이로써 우리가 궁금해하던 문제도 해결되었다. 토너먼트의 결과가 k중 역설이 될 가능성이 존재한다는 말은 [수식 38]에서 말하는 조건에 따라 k중 역설 토너먼트가 존재한다는 뜻이 되기 때문이다. 단, k에 비해 n이 충분히 더 큰 수여야 하는데, 그 범위는 $k \geq 3$일 때 $n > 4k^2 2^k$이면 충분하다.

이로써 무작위의 원칙과 관련해 무작위로 떠오른 사례들을 소개하는 작업을 마무리하기로 하자!

20. 관점 바꾸기의 원칙

뒤돌아보기를 통한 들여다보기

열역학에 관한 헤르베르트의 2.5번째 기본 정리:

어떤 일이 일어났다는 말은 그것이 가능했다는 뜻이다.

어느 셰프의 정리:

수족관을 털어서 해물탕을 만들 수는 있지만

해물탕을 털어서 수족관을 만들 수는 없다.

이번 달 용돈은 바닥이 났는데

월 말까지는 아직 너무 많은 나날이 남았구나!

– 어느 벽에 적혀 있던 낙서

울름^{Ulm} 역은 언제 이 기차에 정차할까?

– 아인슈타인

관점 바꾸기의 원칙

목표 지점에서 출발 지점을 향해 거꾸로 검증한 뒤 그 생각의 흐름을 거꾸로
되돌림으로써 문제를 해결할 수 있을까?

눈앞에 어떤 문제가 주어지면 대개 거기에 대한 감感이 오게 마련이다. 문제
에 맞닥뜨린 이들은 그 감을 바탕으로 문제를 통찰하고, 통찰함으로써 문제를
해결할 수 있는 다양한 길들을 탐사해 나간다. 그런데 그 길들 덕분에 문제가
해결될 때도 있지만, 그 길을 따라 산책한 발걸음들이 '아름다운 도전'에 그치
고 마는 경우도 적지 않다. 그럴 때면 또 다른 감을 동원해야 한다. 한 가지 관
점에서 찾아낸 모든 가능성을 다 시도해봤으나 문제가 풀리지 않았으니 관점
을 바꾸어야 한다.

이번 장의 주제인 '관점 바꾸기의 원칙principle of changing perspective'은 다른 관점
에서 바라보면 새로운 통찰력과 새로운 해결책이 나타날 수도 있다는 믿음에
근거한 것으로, 비단 수학이나 정량학적 문제뿐 아니라 모든 학문, 생활 속 모

든 분야에서 응용할 수 있는 매우 유용한 원칙이다.

캐나다 출신의 논리학자이자 게임 이론가인 아나톨 라포포트[1911~2007] 교수는 갈등을 완화할 수 있는 한 가지 해결책을 고안했다. 관점 바꾸기의 원칙에 입각한 해결책이었다. 실험 시에 라포포트는 갈등 당사자들에게 각자 자신의 입장을 말하는 대신 서로 상대방의 입장을 대변해보라고 요구했다. 두 사람을 한자리에 모이게 한 다음 예컨대 P에게는 Q도 만족할 만큼 정확하게 Q의 입장을 대변해보라고 했고, P의 설명이 끝난 뒤에는 반대로 Q에게 P의 입장과 주장을 조목조목 나열해보라고 했다. 실험 결과, '라포포트 대화법'이 갈등을 상당 부분 완화해주는 것으로 드러났다.

문제를 거꾸로 푼다는 발상 역시 관점 변화의 원칙에 기인한다. 출발 상황에서 해결책을 향해 나아가는 것이 아니라 해결책으로부터 출발 상황까지 거꾸로 거슬러 올라가는 것이다. '파포스의 원칙'이라고도 불리는 이 방식에서는 널리 알려진 정답(혹은 가상의 정답)을 하나 고른 뒤 그것이 정답이 될 수 있는 조건들을 거꾸로 분석해 나간다. 문제 해결과 관련된 휴리스틱 대부분이 '정해진' 순서에 따라서, 다시 말해 출발 상황에서 목표 지점을 향해 접근하는 데 반해 파포스의 원칙에서는 역순으로 문제를 해결해 나간다. 공자도 《논어》에서 "길이 곧 자기이고 자기가 곧 길이다."라고 했고, 카를 발렌틴*도 헤겔의 정신에 입각하여 "반대편에서 보자면 끝이 곧 시작이다."라고 했다. 중

---

* '브레히트의 스승' 혹은 '독일의 찰리 채플린'으로 불리는 예술가.

요한 것은 어디서 어디로 가느냐가 아니라 출발점과 목적점을 연결하는 다리를 건설하는 것이다.

거꾸로 문제를 푼다는 아이디어가 딱히 새로운 것은 아니다. 일상 속에서도 그런 일들이 수없이 되풀이된다. 예를 들어 길을 가다가 우연히 지인과 마주쳤다고 가정하자. 그런데 그 사람이 나를 대하는 태도가 너무나도 매몰차다. 나로서는 영문을 모를 일이다. 그럴 때 우리는 지나간 일들을 되짚는다. 그 사람이 도대체 왜 그토록 나를 차갑게 대하는지를 알아내기 위해 마지막으로 그 사람과 내가 언제 만났는지, 그때 어떤 대화가 오갔는지, 내가 무슨 실수를 저질렀는지 등을 회고해본다. 열쇠꾸러미를 잃어버렸을 때에도 마찬가지이다. 어디에다 열쇠꾸러미를 빠뜨렸는지, 어쩌다가 열쇠꾸러미를 잃어버렸는지를 알아내기 위해 조금 전까지 내가 해온 일들을 거꾸로 되짚어본다. 교통사고나 범죄를 수사할 때에도 이 방법이 자주 활용된다. 시간을 역순으로 되짚어봄으로써 사고 혹은 범죄를 재구성하는 것이다. 미로 찾기에 능한 사람이라면 이 방법이 얼마나 유용한지 잘 알고 있을 것이다. 참고로 미로에서 길을 찾을 때에는 입구에서부터 시작하는 것보다 출구에서부터 입구까지 거꾸로 거슬러 올라가는 편이 훨씬 더 시간을 절약할 수 있다고 한다.

결론적으로 문제를 역순으로 푸는 방식은 목적지(해답)를 이미 알고 있거나 쉽게 알아낼 수 있을 때, 나아가 원래 하던 방식대로 앞에서부터 문제를 해결하다가 막다른 길에 다다랐을 때, 혹은 문제를 여러 단계로 구분할 수 있고 전체 과정을 단계별로 거꾸로 추적할 수 있을 때 활용 가능한 방식이라 할 수 있겠다.

그런데 역순으로 문제를 푸는 방식은 앞서 나왔던 전건긍정법$^{modus\ ponens}$과 닮은 점이 매우 많다. 역순으로 문제를 푼다는 말은 곧 목표 지점에 서서 지나간 단계들(해당 목표를 만족시키는 명제들)을 되짚는 과정이기 때문이다. 쉽게 말해 이 방식에서는 뒤에서부터 앞을 향해 걸어간다고 보면 된다. 이때 한 걸음을 옮긴다는 말은 앞의 단계가 뒤이어 따라오는 단계를 논리적으로 충족시킨다는 뜻이다. 이렇게 한 걸음씩 출발 지점을 향해 나아가다 보면 목표 지점과 출발 지점 사이를 빈틈없이 메울 수 있다. 지금부터 몇 가지 사례를 통해 그 과정을 확인해보자.

사례 1: 1개의 잔에 와인을 모두 담아라!

외로운 K씨는 오늘도 혼자서 '와인잔 놀이'를 하고 있다. 여러 개의 잔에 와인을 따른 다음 이 잔에 있는 와인을 저 잔으로 옮겨 붓는 것이다. 이때 한 번에 옮겨 붓는 양은 정확히 '도착 잔'에 담겨 있는 와인의 양과 같아야 한다. 이 경우, 와인잔의 총 개수(n)가 몇 개이면 모든 와인이 단 하나의 잔에 '집결'할 수 있을까?

문제를 풀기에 앞서 몇 가지 전제 조건을 설정해야 한다.

첫째, n이 임의의 자연수라고 가정해야 한다. 둘째, 위 문제에서 말하는 방식에 따라 결국 단 1개의 와인잔에 와인 전체를 담을 수 있다고 가정해야 한다. 셋째, 와인 전체의 양을 1개의 덩어리로 가정해야 하고, 넷째, 목표 지점까지 도달하기까지 거쳐야 할 단계의 수를 자연수 m이라고 가정해야 한다.

그런 가정들을 설정하고 나면 총 m개의 단계를 거쳐야 출발 지점에서 목표 지점에 도달할 수 있다는 결론이 나온다. 지금부터 우리는 m개의 단계를 한 걸음씩 거꾸로 거슬러 올라갈 것이다. 가장 먼저 해야 할 일은 $(m-1)$번째 단계가 어떤 모습인지 알아내는 것이다.

우선 $(m-1)$번째 단계를 시행한 직후의 모습부터 떠올려보자. 그 상황은 바로 와인이 들어 있는 잔이 2개밖에 없고, 각각의 잔에 똑같은 양(각 잔에 전체의 $\frac{1}{2}$씩)의 와인이 들어 있는 상황이다. 그렇지 않고서는 최종적으로 1개의 잔에 와인 전체가 집결될 수 없다. 여기까지는 쉽게 이해되었으리라 믿는다. 이제 지금의 상황을 $\left(\frac{1}{2}, \frac{1}{2}\right)$이라고 표시하기로 약속하자. 그렇다면 $(m-k)$번째 단계를 실행한 직후의 상황은 다음과 같은 공식으로 나타낼 수 있다.

$$\left(\frac{x}{2^a}, \frac{y}{2^b}, \cdots, \frac{z}{2^c}\right)$$

그 앞 단계, 즉 $(m-k-1)$번째 단계에서는 어느 잔에 얼마만큼의 와인이 들어 있었을까? 그것을 파악하기 위해 와인잔들에 1부터 n까지 번호가 매겨져 있다고 가정하자. 이때 $(m-k)$번째 단계에서 2번 잔에 담긴 와인을 1번 잔으로 옮겨 부었다고 가정할 때, 일어날 수 있는 경우는 두 가지이다.

- **2번 잔에 와인이 남는 경우** 그렇다면 $(m-k-1)$번째 단계를 실행한 이후에 각 잔에 와인이 담겨 있는 양은 다음과 같다.

$$\left(\frac{x}{2^{a+1}}, \frac{y}{2^b} + \frac{x}{2^{a+1}}, \cdots, \frac{z}{2^c} \right)$$

- 2번 잔이 비는 경우 그렇다면 $(m-k-1)$번째 단계를 실행한 이후에 각 잔에 와인이 담겨 있는 양은 다음과 같다.

$$\left(\frac{x}{2^{a+1}}, \frac{x}{2^{a+1}}, \cdots, \frac{z}{2^c} \right)$$

두 경우 모두 분모가 2^r이다. 그리고 이 분모는 맨 첫 단계를 실행하기 이전, 그러니까 모든 잔에 와인이 담겨 있는 경우에도 적용된다. 즉 $r=1, 2, 3, \cdots$일 때 $n=2^r$이라는 공식이 성립한다. 이것이 바로 우리가 알고자 했던, 바로 이 문제의 답이다. 위 문제에서 말하는 것처럼 맨 마지막에 와인 전부가 단 1개의 잔에 담겨 있으려면 잔의 개수가 2의 제곱수여야 한다!

이어지는 사례는 널리 알려진 것이다. 하지만 결코 만만한 문제는 아니라는 점을 미리 밝혀둔다.

사례 2: 세 명의 남자, 원숭이 한 마리 그리고 코코넛의 개수

수학자보다 수학을 더 사랑했던 퍼즐 연구가 마틴 가드너의 말에 따르면 이번 문제는 세상에서 가장 많은 이가 해답을 찾으려고 시도했고 가장 많은 이가 오답을 제시한 문제였다고 한다. 그만큼 이번 문제가 특별하다는 뜻이다.

1926년 10월 9일자 〈새터데이 이브닝 포스트〉에 미국 작가 벤 A. 윌리엄스의 단편소설 하나가 실렸다. 「코코넛」이라는 제목의 이 단편소설은 경쟁자의 수주를 필사적으로 막으려는 어느 건설업자에 관한 이야기였다. 이야기의 결론부터 말하자면 그 건설업자는 직원의 도움으로 경쟁자를 무사히 따돌릴 수 있었다고 한다. 그 직원은 어떻게 해서 경쟁자를 물리칠 수 있었을까?

그 비결은 바로 경쟁업체의 사장이 수학과 관련된 수수께끼에 '미쳐 있다'는 사실을 십분 활용한 것이었다. 그 직원은 경쟁업체 사장에게 한 가지 문제를 제시했다. 경쟁업체 사장으로서는 입찰이나 수주에 관한 문제 따위는 깡그리 잊어버릴 만큼 기발한 문제였다. 우리가 풀 문제도 바로 그 문제이다.

세 남자와 원숭이 한 마리가 배가 좌초되는 바람에 무인도에 머물게 되었다. 표류 첫날, 세 사람은 일용할 양식을 얻기 위해 무인도 전체를 돌아다녔지만, 그 무인도에 먹을 것이라고는 코코넛밖에 없었다. 세 남자는 최대한 많은 코코넛을 한 곳에 모아놓은 뒤 깊은 잠에 빠졌다.

그런데 셋 중 한 명이 갑자기 눈을 뜨고 일어나 주위를 살폈다. 그는 '날이 밝으면 어제 우리가 채집한 코코넛들을 3등분하겠지?'라고 생각하며 자신의 몫을 안전한 곳에 숨기기로 작정했다. 그런데 코코넛을 3등분했더니 1개가 남았다. 그는 그 1개의 코코넛을 원숭이에게 넘겨주었다. 그런 다음 자신의 몫(전체의 $\frac{1}{3}$)을 자신만이 아는 곳에 감췄다. 나머지 코코넛은 원래 있던 자리에 그대로 남겨두었다.

그런데 그가 잠들고 나자 또 다른 남자 한 명이 잠에서 깨어 첫 번째 남자와 똑같은 절차를 밟았다. 두 번째 남자가 잠든 뒤에는 세 번째 남자가 잠자리에서 일어나 똑같은 작업을 반복했다. 두 번째에도, 세 번째에도 3등분을 한 뒤에는 1개의 코코넛이 남았고, 모두 그 코코넛을 원숭이에게 넘겨주었다.

다음 날 아침, 세 사람은 간밤에 아무 일도 없었던 것처럼 코코넛 무더기를 3등분해서 나눠 가졌다. 이번에도 3등분하고 나니 1개의 코코넛이 남았고, 이번에도 그 코코넛은 원숭이에게 돌아갔다. 물론 코코넛의 개수에 문제가 있다는 것은 모두 직감했다. 하지만 모두 '찔리는' 게 있는 입장이어서 그런지, 그 부분에 대해서는 아무도 감히 입을 떼지 못했다.

자, 여기에서 우리가 풀어야 할 문제가 나간다! 세 사람이 맨 처음 채집한 코코넛의 개수는 과연 몇 개였을까?

벤 A. 윌리엄스는 자신의 소설에서 답이 얼마인지 밝히지 않았고, 〈새터데이 이브닝 포스트〉 편집부는 소설이 발표되자마자 '편지 폭탄'을 맞았다. 그 문제의 정답을 밝히라는 독자들의 편지가 쇄도했던 것이다. 이에 당시 〈새터데이 이브닝 포스트〉의 편집장이었던 조지 로리머는 원작자에게 급히 전보를 쳤다. 전보 내용은 "윌리엄스 씨, 난리가 났어요. 대체 코코넛이 원래 몇 개였던 겁니까?"였다.

그로부터 20년이 지난 뒤에도 그 문제에 관한 질문을 담은 편지들이 윌리엄스에게 도착했다고 하는데, 그렇다면 정답은 얼마일까?

답을 얻기 위해 이번에도 약간의 가정이 필요하다. 맨 처음 세 남자가 모은 코코넛의 개수를 n이라고 하고, 첫 번째, 두 번째, 세 번째 남자가 그날 밤에 각자의 몫으로 챙긴 코코넛의 개수를 n_1, n_2, n_3이라고 하자. 그렇다면 i번째 남자가 자신의 몫을 챙긴 뒤에 남긴 코코넛의 개수는 $2n_i$개가 된다. 다음 날 아침 세 남자가 각기 나누어 받은 코코넛의 개수가 n_4이라고 할 때, 사건의 경위를 역추적하면 결국 다음과 같은 공식들을 얻을 수 있다.

$$3n_4+1=2n_3$$
$$3n_3+1=2n_2$$
$$3n_2+1=2n_1$$
$$3n_1+1=n$$

위 공식들을 근거로 다음 날 아침 각자가 받은 코코넛의 개수 n_4와 세 사람이 맨 처음 채집한 코코넛의 개수 n을 계산할 수 있다. 그 값을 얻기 위해 위 공식들을 약간 변형해보면 다음과 같다.

$$3(n_4+1)=2(n_3+1)$$
$$3(n_3+1)=2(n_2+1)$$
$$3(n_2+1)=2(n_1+1)$$
$$3(n_1+1)=n+2$$

혹은 이렇게 변형할 수도 있다.

$$\left(\frac{3}{2}\right) \times (n_4 + 1) = n_3 + 1$$

$$\left(\frac{3}{2}\right) \times (n_3 + 1) = n_2 + 1$$

$$\left(\frac{3}{2}\right) \times (n_2 + 1) = n_1 + 1$$

$$3 \times (n_1 + 1) = n + 2$$

여기에서 우리는 다음 공식을 쉽게 유도해 낼 수 있다.

$$n + 2 = 3(n_1 + 1)$$
$$= 3 \times \left(\frac{3}{2}\right) \times (n_2 + 1)$$
$$= 3 \times \left(\frac{3}{2}\right) \times \left(\frac{3}{2}\right) \times (n_3 + 1)$$
$$= 3 \times \left(\frac{3}{2}\right) \times \left(\frac{3}{2}\right) \times \left(\frac{3}{2}\right) \times (n_4 + 1)$$
$$= \frac{3^4}{2^3} \times (n_4 + 1)$$

수식 39

위 공식을 어떻게 이용해야 목적지에 도달할 수 있을까? 우선 정제성(나누어떨어짐)에 관해서부터 생각해보자.

위 공식에서 n과 n_4는 코코넛의 개수이기 때문에 양의 정수, 즉 자연수여야 한다. 또 [수식 39]의 좌변이 정수이고, 3^4과 2^3은 공약수를 가지지 않기 때문에 2^3이라는 분모로 (n_4+1)을 나누었을 때 나머지가 0이어야 한다. 그렇지 않으면 정수가 될 수 없다. 이로써 목적지까지 가는 길에 놓여 있던 장애물이 모두 제거되었다. 이제 n_4의 최솟값을 알아내는 것은 시간문제이다. 그리고 n_4의 최솟값을 알면 세 남자가 하루 동안 모은 코코넛의 총 개수, 즉 n의 최솟값도 금세 알아낼 수 있다. 만약 $2^3=(n_4+1)$이라면 n_4와 n의 최솟값은 각기 $n_4=7$, $n=3^4-2=79$가 된다. n_4와 n의 그다음 값은 $2 \times 2^3=(n_4+1)$을 대입해서 구할 수 있다. 즉 $n_4=15$, $n=2 \times 3^4-2=160$이 된다. 이를 일반화된 공식으로 표현하자면 $k \times 2^3=(n_4+1)$일 때 $n_4=k \times 2^3-1$, $n=k \times 3^4-2$가 된다.

코코넛과 관련된 이 문제는 오래전부터 다양한 문화권에서 전해 내려온 것이다. 고대 중국과 인도의 문서 자료에서도 이와 비슷한 문제들이 발견되었다. 특히 중국의 경우, 기원전 100년경의 자료에서 이미 이와 유사한 문제가 언급된 바 있다고 한다. 《손자병법》의 저자인 손자孫子는 심지어 기원전 500년경에 이미 3, 5, 7로 나누었을 때 나머지가 각기 2, 3, 2가 되는 숫자가 무엇인지를 묻는 문제를 제시하기도 했다. 시간과 지면만 허락한다면 손자의 영토 분할법도 자세히 파고들고 싶으나 여기에서는 역사적 사실 하나를 새로이 알게 되었다는 것만으로 만족하기로 하자.

관점 바꾸기의 원칙과 관련된 마지막 사례는 단체사진에 관한 것이다. 이번 사례를 통해 관점을 살짝 바꾸는 것만으로 복잡한 문제가 얼마나 간단해지는지 다시 한 번 확인해보자.

사례 3: 단체사진 찍기와 수학의 관계

키가 제각각인 학생 총 n명이 단체사진을 찍으려고 한다. 사진사는 학생들에게 왼쪽부터 오른쪽으로 일렬로 늘어서라고 주문한다. 그런데 한 가지 조건이 있다. 각자 자기를 기준으로 자신의 왼쪽에 서 있는 친구들이 모두 자기보다 키가 크거나 모두 자기보다 키가 작아야 한다는 것이다. 그래야 나중에 사진을 인화했을 때 괜찮은 그림이 나온다는 게 사진사의 주장이다. 사진사의 미학적 안목에 대한 토론은 접어 두고, 여기에서는 사진사가 원하는 방식으로 학생들을 배열하는 방법이 총 몇 가지인지에만 집중해보자.

본격적으로 문제를 풀기에 앞서 문제의 범위를 조금 축소해보자. 학생이 3명밖에 없다고 가정해보는 것이다. 편의상 세 학생의 키를 대, 중, 소로 구분해보겠다. 이 경우, 사진사가 원하는 방식으로 학생들을 배열하는 방법은 대-중-소, 소-중-대, 중-대-소, 중-소-대, 이렇게 총 4가지이다.

학생 수가 늘어나면 어떻게 될까? 어떻게 하면 학생 수가 3명일 때의 결론을 일반화시킬 수 있을까?

평소대로, 그러니까 앞에서부터 뒤로 접근하면 이 문제를 풀기가 절대 쉽지 않다. 하지만 뒤에서부터 거꾸로 풀면 모든 것이 한순간에 간단해진다. 결과부터 따져봤을 때 맨 오른쪽에 서 있는 학생이 전체 중 키가 가장 작거나 가장 크다. 맨 오른쪽 학생을 제외할 경우, 그 학생의 바로 왼쪽에 서 있는 학생의 키가 남아 있는 학생 중 가장 작거나 가장 크다. 즉, 맨 왼쪽에 서 있는 학생만 제외하면 모든 자리에 대해 2개의 가능성이 존재한다. 따라서 사진사가 원하는 방식으로 학생들이 늘어설 수 있는 총 배열의 수는 2^{n-1}이 된다.

레이 찰스의 '연립방정식'

신^{God}은 사랑이다.
사랑을 하면 눈이 먼다.
레이 찰스는 눈이 멀었다.
레이 찰스는 신이다.

— 카슈트로프-라욱셀(Castrop-Rausel) 시의 어느 벤치에 적힌 낙서

21. 모듈화의 원칙

분할하여 통치하라!

인사위원회의 구성원이 한 명뿐일 때에는
인사위원회를 성별에 따라 분리할 필요성이 존재하지 않는다.

- 헤센(Hessen) 주 인사위원회법

산을 옮기는 사람은 작은 돌멩이부터 옮긴다.

- 중국 속담

'모듈화의 원칙principle of modularization'은 '분할하여 통치하라divide et impera'라는 말에서 비롯된 것이다. 분할하여 통치하는 방식은 율리우스 카이사르가 갈리아 부족을 정복할 때 활용한 전략이기도 했다. 갈리아 부족은 일치단결하여 로마군에 대항하기에는 너무도 분열되어 있었고, 카이사르는 바로 그 점을 공략했다. 이에 따라 로마군이 상대해야 할 적은 갈리아족 전체가 아니라 갈기갈기 찢긴 일부였던 만큼 로마군이 전투에서 승리할 확률도 더더욱 높아졌다.

'분할하여 통치하라'는 원칙은 분야를 불문하고 널리 활용되고 있다. 한 덩어리로 해결하기에는 접근이 아예 불가능할 만큼 복잡한 문제의 경우, 되도록 서로 연관성이 없는 여러 개의 소단계들로 문제를 쪼갠 뒤 각각의 문제를 해결하고, 마지막으로 소단계들에 대한 답변을 모아서 전체 문제를 해결한다.

말하자면 문제 전체를 원자 수준까지 쪼갠 뒤 각각의 원자에서 도출된 결론을 종합하여 큰 덩어리를 해결하는 것이다. 이때 한 번만 분할해야 하는 것은 아니다. 쪼개놓은 소단계가 여전히 복잡하다면 그 단계를 다시 더 작은 단계들로 쪼개고, 마지막에는 거기에서 나온 답변들을 퍼즐처럼 짜 맞추어 결국 맨 처음 제시된 큰 덩어리를 해결하면 된다.

이렇게 문제를 분할하는 방식, 나아가 분할된 문제의 해결책들을 다시금 조합하는 방식이 바로 모듈화의 원칙이다. 모듈화의 원칙은 특히 컴퓨터공학 분야에서 없어서는 안 될 중대한 휴리스틱으로 간주한다.

큰 덩어리를 작은 덩어리로 쪼개면 문제 해결이 수월해지는 것은 당연한 이치이다. 하지만 거기에는 함정도 내포되어 있다. 쪼개놓은 구조가 복잡할 경우, 세심하게 주의를 기울이지 않으면 각각의 해결책들을 다시 조합할 때 오류가 발생할 수 있다. 논문을 작성할 때에도 그와 비슷한 실수를 저지를 수 있다. 조금만 방심하면 대제목과 소제목, 하위 제목, 각 장의 제목, 각 절의 제목 등이 뒤죽박죽되어버릴 수 있지 않은가.

모듈화된 알고리듬을 활용하는 대표적 사례는 아마도 '2진 탐색법^{binary} ^{search}'일 것이다. 2진 탐색법을 통해 쉽게 승자가 될 수 있는 게임으로는 예컨대 A가 1부터 16 사이의 아무 숫자나 마음속으로 생각하고 B가 그 숫자를 알아맞히는 게임을 들 수 있다. 이때 B는 A에게 질문을 던질 수 있고, A는 진실에 따라 '예' 혹은 '아니오'로 대답한다. 이 경우, B가 취할 수 있는 가장 '순진한' 방법은 '선형 탐색법$^{linear\,search}$'이다. 즉, 아래와 같이 문제에 접근한다.

B : "그 숫자가 1이니?"

A : "아니!"

B : "그 숫자가 2니?"

A : "아니야!"

B : "그 숫자가 3이니?"

A : "아니거든!"

…

이 경우, 정답에 도달하기까지 평균 8번의 질문이 필요하다. 물론 운이 나쁘면 그보다 더 늦게, 운이 좋으면 그보다 더 빨리 정답을 알아맞힐 수도 있다.

하지만 좀 더 '세련되게' 상대방의 생각을 알아맞힐 수도 있다. 남은 숫자들의 개수를 매회 절반으로 줄여나간다. 그러자면 맨 처음 질문은 "그 숫자가 8보다 큰 숫자니?"가 되어야 하고, 여기에서 만약 상대방이 "응!"이라고 대답했다면 그다음 질문은 "그 숫자가 12보다 큰 숫자니?"가 되어야 한다. 반면, 맨 처음 질문에 상대방이 "아니!"라고 대답했다면 두 번째 질문은 "그 숫자가 4보다 큰 숫자니?"가 되어야 한다.

〈그림 104〉는 최대 4번 만에 A가 생각한 숫자를 알아맞히는 방법을 나타낸 것이다. 그림만 보면 상황을 쉽게 이해할 수 있으니 긴 설명은 생략하겠다.

지금부터는 모듈화의 원칙에 열매를 맺히게 해주는 두 가지 토양에 대해 알아보기로 하자.

사례 1: 체스판 위의 '나이트' 제2탄*

체스에서는 여러 개의 말이 사용된다. 그중 기사, 즉 나이트^{knight}는 장기의 마^{馬}와 같은 방식으로 이동한다. 상하좌우로 두 칸을 이동한 뒤 한 칸을 다시 이동하는데, 상하로 두 칸을 이동한 경우에는 왼쪽이나 오른쪽으로 한 칸, 좌우로 두 칸

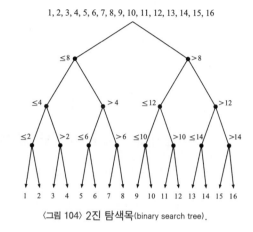

〈그림 104〉 2진 탐색목(binary search tree).

을 이동한 경우에는 위나 아래로 한 칸씩 이동한다. 그렇다면 체스판(8×8) 위에 서로 공격할 수 없는 나이트를 몇 개까지 세워둘 수 있을까?

검은색으로 칠해진 칸 모두에 나이트를 세워놓으면 어떤 나이트도 다른 나이트를 '잡을' 수 없다. 검은 칸 위의 나이트가 공격할 수 있는 위치, 즉 나이트가 옮겨 갈 수 있는 칸은 항상 흰 칸이기 때문이다. 따라서 서로 사정권 밖에 있는 나이트를 최대 32개까지 체스판 위에 세워둘 수 있다는 결론이 나온다. 적어도 이론적으로는 그렇다.

위 결론이 정말 사실에 들어맞을까? 32

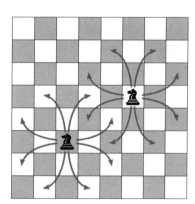

〈그림 105〉 서로 사정권 밖에 놓여 있는 2개의 나이트.

---

* 제1탄은 3장 '홀짝성의 원칙'에서 확인할 수 있음.

개 이상의 나이트를 세워둘 수는 없을까? 그것을 검증하기 위해 모듈화의 원칙을 동원해보자. 그 첫 단계는 8×8로 이루어진 체스판을 왼쪽 그림처럼 2×4칸으로 분할한다.

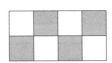

옆 그림에서 나이트는 어느 칸에 있든 1칸씩만 공략할 수 있다. 옮겨 갈 수 있는 칸이 단 1개밖에 없다는 말은 곧 그림 안에 최대 4개의 나이트를 세울 수 있다는 뜻이다.

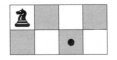

그런데 체스판 전체로 따지자면 세 번째 그림과 같은 그림, 즉 2×4칸으로 이루어진 사각형이 총 8개가 존재한다. 이에 따라 4×8=32라는 공식 때문에 1개의 체스판 위에 서로 사정권 밖에 놓이도록 세울 수 있는 나이트의 최대 개수는 32개라는 결론이 나오고, 이로써 우리가 원하는 증명이 이루어졌다.

사례 2: 동전 던지기 결과의 시퀀스

동전을 평균 몇 번 던지면 홀수 번만큼 그림이 나온 뒤 숫자가 한 번 나오는 시퀀스를 얻을 수 있을까(예: 그림-숫자, 그림-그림-그림-숫자 등)?

모듈화의 원칙을 활용해 동전 던지기와 관련된 문제를 풀라는 것인데, 우선 나올 수 있는 모든 가능성을 서로 중첩되지 않는 세 가지 경우로 분할해보자.

a : '숫자'로 시작되는 시퀀스

b : 맨 먼저 '그림'이 두 차례 나오면서 시작되는 시퀀스

c : 맨 먼저 '그림'이 나오고 뒤이어 '숫자'가 나오는 시퀀스

동전을 한 번 이상 던질 경우, 거기에서 나오는 모든 시퀀스는 a, b, c 중 하나에 해당한다. 여기에서 우리가 찾고자 하는 답, 즉 그림－동전, 그림－그림－그림－동전, 그림－그림－그림－그림－그림－동전…의 시퀀스가 나오기까지 동전을 던져야 하는 평균 횟수를 m이라고 가정하자. 이 경우, 맨 처음 던진 동전에서 숫자가 나오면(a의 경우) 우리의 미션은 실패로 돌아간 것이고, 목표에 도달하려면 아직도 m번을 더 던져야 한다. 처음 두 차례에서 그림이 나왔을 때에도(b의 경우) m번을 더 던져야 목표 지점에 도달할 수 있다. 반면 c의 경우에는 이미 목적이 달성되었다.

위 사실 속에는 엄청난 힘이 숨겨져 있다. 확률에 대한 생각을 조금만 더 발전시키면 아래와 같은 공식을 얻을 수 있기 때문이다.

$$m = \frac{1}{2} \times (1 + m) + \frac{1}{4} \times (2 + m) + \frac{1}{4} \times 2$$

위 공식에서 $\frac{1}{2}$, $\frac{1}{4}$, $\frac{1}{4}$은 각기 a, b, c가 나올 수 있는 확률을 의미하고, 정리해보면 결국 $m = 6$이라는 답을 얻을 수 있다.

위는 모듈화의 원칙 덕분에 손쉽게 '끝장을 본' 사례이다. 단 두 번의 머리 굴리기만으로도 복잡한 문제를 이렇게 쉽게 해결할 수 있음이 놀라울 따름이다!

22. 무차별 대입의 원칙

'희망 고문'? 고군분투의 원칙!

사람을 댐 위에서 한 명씩 아래로 던지는 행위는
소집된 군중을 해체하기 위한 적절한 방법이 아니다.

— 오스트리아의 어느 법학 관련 신문

명석한 두뇌와 전략만 있다면
가진 것이라고는 거친 폭력성밖에 없는 자를
언제든지 정복할 수 있다.

— 칭기즈 칸, 몽골의 정복자(1155?~1227년경)

암호화에 관한 내용은 카마수트라에도 등장한다. 여인이 숙지하고 활용해
야 할 64가지 기술 중 하나가 바로 암호화 기술이라는 것이다. 사랑 그리고
전쟁이 모든 것을 좌우하던 시절, 암호화 기술은 그야말로 없어서는 안 될 필
수불가결한 기술이었다. 독일군도 제2차 세계대전 중 최고의 보안을 자랑하
는 암호화 기계 '에니그마^{Enigma}'를 이용해 은밀한 정보를 주고받았다. 에니그
마는 정보를 암호화하는 동시에 암호화된 정보를 해독도 할 수 있는 기계였는
데, 겉모습은 타자기와 비슷했다.

에니그마의 내부에는 3개의 회전자^{rotor}와 배전반^{plugboard}(=플러그판)이 있었
다. 각 부대는 상부에서 하달된 암호화된 명령을 해독하기 위해 에니그마를
한 대씩 구비해두고 있었다. 그런데 에니그마를 이용하기 위해서는 '코드'가

필요했다. 여기에서 말하는 코드란 알파벳의
조합인데, 회전자와 배전반이 어떤 식으로 정
보를 암호화했는지, 나아가 그 정보를 어떻게
하면 해독할 수 있는지를 알아내기 위해서는
그 조합이 필수적이었다. 물론 군 당국은 보안
상의 이유로 알파벳의 조합을 끊임없이 바꾸
었다.

〈그림 106〉 암호 작성 및 해독 기계 '에
니그마'.

　원칙적으로 어떤 코드(알파벳의 조합)로 작
성된 문서를 해독하려면 알파벳을 순서대로
모두 조합해보면 된다. '무차별 대입의 원칙
principle of brute－force'이 바로 그런 것이다. 모든 가능성이 소진될 때까지 의심 가
는 모든 것을 시험해보는 것이다.

　사실 에니그마가 조합해 낼 수 있는 암호의 범위는 너무나도 방대했다. 하
지만 에니그마의 작동 원리만 알면 총 몇 가지의 조합이 나올 수 있는지를 계
산해 낼 수 있었다. 기본적으로 에니그마는 예컨대 k_i라는 글자를 g_i라는 글자
로 암호화하는 방식이었다. 수학적으로 볼 때 결국 A, B, C, D, …, Z를 조합
하여 한 개의 순열을 만들어 낸 것이었다.

　그런데 어쩌다 보니 에니그마 한 대가 폴란드 첩보 기관의 수중에 들어가게
되었다. 폴란드 측에서는 똑같은 기계를 만들어보는 방식을 통해 에니그마의
구조를 정밀하게 분석했고, 폴란드의 수학자 마리안 레예브스키는 그 결과를

바탕으로 '에니그마 방정식'을 도출해 내는 데 성공했다. 그 방정식을 이용하면 에니그마가 알파벳을 서로 어떻게 치환해 놓았는지(순열을 조합했는지)를 계산할 수 있었다. 나중에는 에니그마 방정식이 에니그마가 작성한 암호를 풀기 위한 결정적 전제 조건이 되기도 했다. 예컨대 '∘'라는 기호가 두 개의 순열을 차례대로 실행하는 것을 의미한다고 가정했을 때(이때 S∘T는 우선 순열 T부터 실행하고 다음으로 S를 실행하는 것을 의미함), 에니그마 방정식은 다음과 같다.

$$g_i = (\mathrm{T}^{-1} \circ \mathrm{S}^{-1} \circ \mathrm{U} \circ \mathrm{S} \circ \mathrm{T})(k_i)$$

이 공식은 원래의 알파벳 k_i와 암호화된 알파벳 g_i의 관계가 어떤 식으로 치환되고 암호화되었는지를 설명해준다. 여기에서 고정순열 T는 배전반에서 만들어 낸 것이고, 순열 S는 3개의 회전자에서 만들어 낸 것이다. 순열 U는 고정된 반사판에서 만들어진다. 그런데 에니그마를 관통하는 전기 펄스는 반사판에 도달한 뒤 다시금 3개의 로터를 거치게 된다. 단, 이번에는 처음과는 반대로, 다시 말해 역순으로 관통하고, 마지막으로 다시금 배전반을 통과한다. 위 방정식에서 S^{-1}과 T^{-1}이라는 순열이 등장하는 것도 그 때문이다.

에니그마의 작동 원리는 다음과 같다. 우선 어떤 알파벳 하나를 누르면 전구판에 장착된 전구 중 하나에 불이 켜지는데, 이때 그 전구는 암호화된 알파벳을 의미한다. 그런데 원래 타자판의 알파벳과 암호화된 알파벳 사이에 어떤 연관성이 있는지는 에니그마의 '세팅' 상태에 따라 달라진다. 좀 더 구체적으로 말하자면, 회전자를 어떤 순서로 배치하느냐, 회전자 바깥쪽의 링이 어느 알파벳에 고정되어 있느냐, 배전반 위의 알파벳이 어떤 식으로 배열되어 있느냐에 따라 달라진다.

에니그마의 작동 원리를 시간순으로 나열해보면 다음과 같다.

"로마 숫자 Ⅰ, Ⅱ, Ⅲ, Ⅳ, Ⅴ로 표시된 5개의 회전자들을 각기 26개의 알파벳으로 구성한 순열이라고 볼 수 있는데, 그중 3개를 특정 순으로 배치한 뒤 에니그마의 상판, 그러니까 입구 쪽 회전자와 반사용 회전자 사이에 끼워 넣는다. 이때 입구 쪽 회전자와 반사용 회전자는 회전하지 않고 고정되어 있고, 그 사이에 배치된 3개의 회전자들은 키^{key}를 한 번 누를 때마다 한 칸씩 '찰칵' 소리를 내며 돌아간다. 3개의 회전자가 돌아가는 방식은 자동차의 주행거리기록계 원리를 따른다. 즉 키를 한 번 누를 때마다 맨 오른쪽 회전자가 한 칸씩 돌아갔고, 그 왼편에 있는 중간 회전자는 맨 오른쪽 회전자가 완전히 한 바퀴를 돌 때 비로소 한 칸을 이동했다. 쉽게 말해 오른쪽 회전자를 둘러싼 고리^{ring}에 새겨진 걸림 틀이 찰칵찰칵 한 바퀴 완전히 회전하면 그 왼쪽에 있던 회전자도 찰칵 하고 한 칸을 이동하는 방식이었다. 참고로 각 회전자를 둘러싼 고리에는 알파벳이나 숫자가 새겨져 있었다."*

이렇듯 에니그마는 총 5개의 회전자 중 3개(왼쪽 회전자, 중간 회전자, 오른쪽 회전자)를 선택하여 찰칵찰칵 돌아가게 하는 방식을 따랐다. 남아 있는 2개(A

---

* 2002년 6월 5일 파더본 대학에서 토마스 제거(Thomas Seeger) 교수가 발표한 논문 〈제2차 세계대전 기간 동안 에니그마의 암호를 해독한 경위에 관하여〉를 인용함.

와 B) 중 1개는 반사판으로 활용했다. 예컨대 5개 중 1개를 왼쪽에 설치하고, 남은 4개 중 1개를 중간 회전자로 활용했고, 다음으로 남은 3개 중 1개를 오른쪽 회전자로 활용했다. 이렇게 할 경우, 5개 중 3개의 회전자를 선택하여 배치하는 데만도 $5 \times 4 \times 3 = 60$, 즉 총 60가지 다양한 방식이 존재했다. 그러고 나면 반사판 역할을 담당할 회전자의 개수는 당연히 2개로 압축되고, 이에 따라 회전자를 배치할 수 있는 경우의 수는 총 $60 \times 2 = 120$가지가 된다. 사실 120가지 조합만 해도 엄청나게 많게 느껴지지만 이것은 시작에 불과하다.

각 회전자의 바깥쪽에는 고리가 장착되었는데, 고리의 위치에 따라 회전자 간의 관계나 각 알파벳 사이의 관계, 나아가 그 관계들이 다음번 회전자에 어떻게 전달될지 결정되었다. 한편, 각 고리는 26개의 걸림 틀을 지니고 있었고, 그에 따라 고리들의 위치를 기준으로 회전자 3개를 조합하는 방식이 총 $26 \times 26 \times 26$개가 나올 수 있었다. 그런데 3개의 회전자 중 맨 왼쪽 회전자가 가진 고리는 사실 암호기술학적으로 볼 때 별 의미가 없다. 그 고리에 새겨진 걸림 틀들의 위치가 전달될 곳이 없기 때문이다. 따라서 고리 위치를 이용해 기계를 더 복잡하게 만드는 방법은 총 $26 \times 26 = 676$가지라 할 수 있다. 그렇게 회전자와 걸림 틀의 위치를 설정한 뒤 케이블까지 연결하고 나면 회전자는 다시 각기 26가지 위치에 놓여 있을 수 있고, 이에 따라 에니그마 내부에 들어갈 회전자들의 초기 위치를 조합하는 방법만 해도 총 $26 \times 26 \times 26 = 17,576$가지나 되었다.

또한 배전반을 이용해서도 순열을 조합해 낼 수 있었다. 사실 배전반은 한 번 설치하고 나면 암호화 과정이 마무리될 때까지 움직이지 않고 고정된 장치로, 임의의 두 글자를 케이블로 서로 연결하여 두 글자를 상호치환해주는 역할을 담당했다(두 글자가 서로 연결되어 있지 않다면 상호치환이 이뤄지지 않음). 그런데 에니그마는 기본적으로 10쌍의 알파벳을 서로 연결하는 방식을 따랐다. 이에 따라 배전반 덕분에 암호화 작업을 훨씬 더 복잡하게 만들 수 있었다.

우선 배전반을 처음 연결했을 경우 26개의 알파벳이 생성되는데, 그중 1쌍의 알파벳을 골라 케이블로 연결했다. 그 상황을 이항계수를 이용해서 나타내면, 케이블로 연결할 가능성은 총 B(26, 2)라고 할 수 있다. 그러고 나면 알파벳이 24개가 남는다. 거기에서 다시 2개의 알파벳을 케이블로 연결한다. 그 경우의 수는 B(24, 2)이다. 총 10개의 케이블을 이용하여 20개의 알파벳을 연결한다고 했으니 그 경우의 수는 다음 공식과 같다.

$$B(26, 2) \times B(24, 2) \times \cdots \times \frac{B(8, 2)}{10!} = \frac{26!}{2^{10} \times 10! \times 6!}$$
$$= 150,738,274,937,250$$

자, 이 상태에서 자판 하나를 눌렀다고 가정하자. 이로써 알파벳 1개를 암호화하기 시작한 것이다. 이제 전기가 배전반을 지나 3개의 회전자들을 거치게 된다. 그런 다음 반사판에 부딪히고, 다시금 회전자를 거쳐 배전반에 도달한다. 그 결과, 전구 하나에 불이 들어온다. 그 전구는 g_i를 의미한다. 즉 원래의 글자 k_i가 g_i로 암호화된 것이다.

〈그림 107〉은 알파벳 하나가 암호화되는 과정에서 회전자와 배전반의 역할을 도식화한 것이다.

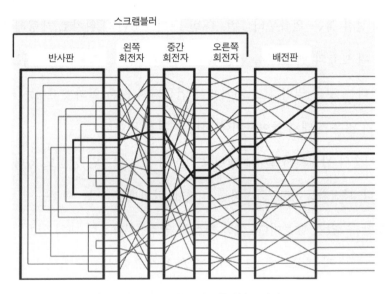

〈그림 107〉 에니그마가 글자를 혼합하는 방식.

앞서도 말했지만 에니그마에 적용될 코드는 일정한 체계에 따라 매일 변경되었다. 상부에서는 일정 기간 사용할 코드를 도표로 작성하여 각 부대에 미리 하달했다. 예컨대 코드표는 다음과 같았다.

날짜	반사판	로터 위치	고리 세팅	배전반 연결 상태
5	A	Ⅱ Ⅲ Ⅴ	7 18 06	AH BL CX DI ER FK GU NP OQ TY

위 코드표가 가리키는 달이 정확히 몇 월인지는 알 수 없지만, 어쨌든 그달의 5일에는 반사판 A를 선택해야 한다는 뜻이다. 나아가 회전자 중 Ⅱ번을 느린 회전자, 즉 왼쪽 회전자로 설정하고 Ⅲ번은 중간 회전자로, V번은 오른쪽의 빠른 회전자로 설정하라는 뜻이다. 그리고 그 3개의 회전자를 감싸고 있는 고리의 걸림 틀은 왼쪽부터 7번, 18번 그리고 6번의 위치로 세팅해야 한다. 나아가 위 도표의 맨 오른쪽 칸은 A와 H, B와 L, …, T와 Y를 케이블로 연결해야 한다는 것을 의미하고, 거기에서 언급되지 않은 알파벳 6개는 케이블을 연결하지 않은 상태로 놓아두어야 한다는 것을 뜻한다.

암호기술의 관점에서 볼 때 에니그마는 강점도 있지만 단점도 있다. 강점은 무엇보다 회전자들이다. 회전자들 덕분에 알파벳들을 늘 새로운 알파벳으로 암호화할 수 있기 때문이다. 이런 방식의 암호를 '다표식 대치 암호^{polyalphabetic} $_{\text{substitution cipher}}$'라 부르는데, 고전적 암호화 방식으로 작성된 기밀문서는 너무도 쉽게 해독이 가능하지만 다표식 대치 암호법을 이용하면 해독할 수 없는 수준의 문서를 만들어 낼 수 있다. 다표식 대치 암호법으로 작성된 비밀문서는 통계적 분석법과 같은 전통적인 해독법만으로는 결코 풀 수 없다는 것이다.

암호화의 범위 면에서도 에니그마는 강자의 면모를 보인다. 에니그마가 암호화할 수 있는 범위는 앞서 나온 수치들을 모두 곱한 값이 된다. 즉 회전자를 조합할 수 있는 가짓수 120과 고리에 새겨진 걸림 틀의 위치에 관한 경우의 수 676, 나아가 회전자의 초기 위치에 관한 경우의 수인 17,576과 케이블 연결에 관한 경우의 수 150,738,274,937,250을 모두 곱한 값이 된다.

$$120 \times 676 \times 17{,}576 \times 150{,}738{,}274{,}937{,}250$$

$$= 214{,}917{,}374{,}654{,}501{,}238{,}720{,}000$$

2×10^{23}이라는 경우의 수는 가히 '범우주적 순열 조합의 세계'라 불러도 좋을 만큼 광범위하다.

암호를 해독하는 사람의 입장에서는 그중 어떤 코드가 '오늘의 코드'인지를 알아내야 한다. '언젠가는 걸려들겠지'라는 희망만 품고 그 모든 암호를 처음부터 끝까지 대입해보기에는 솔직히 경우의 수가 너무 많다. 고문도 그런 고문이 없다. 1초에 암호 1개를 대입하고 그 결과를 확인할 수 있다고 가정하더라도 2×10^{23}만큼의 가능성을 모두 시험해보기까지는 약 7천조 년이 소요된다. 즉 무차별 대입 방식만으로 문제를 해결하려 했다면 고생대부터 작업을 시작했다 하더라도 아직 에니그마의 비밀을 풀지 못했다는 뜻이다.

그렇다면 연합군은 어떤 아이디어를 이용하여 에니그마라는 철옹성을 무너뜨렸을까?

사례 1: 튜링 봄베

제2차 세계대전 당시 영국은 런던 인근의 블레츨리 공원Bletchley Park에 독일군의 암호를 해독하는 작업만 전담하는 부서를 하나 설치했다. 한때 직원 수가 1만 명을 넘어서기도 한 대규모 기관이었다. 그 직원 중 한 명이 바로 수학자 앨런 튜링이었다. 튜링은 케임브리지 대학에서 근무하다가 전쟁이 발발하자 암호해독부로 자리를 옮겼다. 튜링은 까다로운 문제가 등장할 때마다 해결사 역할을 자청한 '수학 분야의 스턴트맨'이었다. 암호해독부 내에서 튜링의 임무는 '울트라 프로젝트$^{Ultra project}$'를 완수해 내는 것, 즉 에니그마를 공격할 수 있는 전략을 고안해 내는 것이었다. 실제로 튜링은 에니그마의 암호화 과정을 역추적할 수 있는 전략을 개발했고, 이에 따라 영국군은 1940년 여름부터 이른바 '튜링 봄베$^{Turing Bombe}$'라는 해독기를 이용해 전쟁이 끝날 때까지 에니그마가 작성한 암호를 거의 해독해 냈다.

튜링 봄베는 암호화된 정보 안에 포함되어 있을 것으로 추정되는 단어나 문구를 기반으로 고안된 기계였다. 암호해독가들은 그 단어를 '크립^{crib}'이라 불

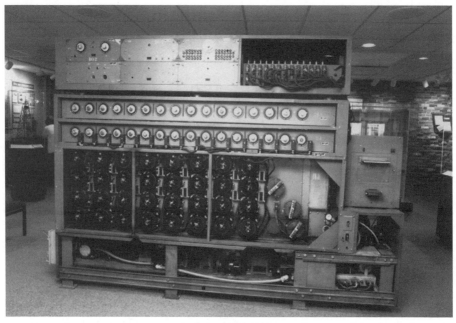

〈그림 108〉 튜링 봄베.

렀다. 폴란드의 암호해독가들은 에니그마의 작동 원리에 대해 자신들이 이미 알고 있던 사실 및 에니그마 방정식을 통해 새로이 파악한 정보(회전자의 배열이나 내부 배선에 관한 정보)를 바탕으로 암호화된 문구와 크립 사이의 연관성을 추적해 나갔다. 하지만 에니그마의 암호화 범위가 워낙 광범위해서 둘 사이의 연관성을 파악하기가 쉽지 않았다.

그러나 오랫동안 철벽보안을 자랑하던 에니그마에도 약점은 있었고, 그 약점들은 암호기술 분야 전문가들의 세심한 분석에 의해 조금씩 수면 위로 떠올랐다. 그 덕분에 튜링은 1940년에 이미 에니그마의 비밀을 풀 수 있는 첫 번째 돌파구를 찾아냈다. 거기에서 얻은 정보들을 바탕으로 만들어진 기계가 바로 튜링 봄베였다.

1940년 5월 14일, 튜링 봄베의 초기 모델 한 대가 블레츨리 공원에 배달되었다. 그러나 튜링 봄베의 작업 속도는 전문가들이 예상했던 것보다 훨씬 느렸고, 이에 관련 학자들은 기술적 결함을 보완해서 보다 발전된 형태의 튜링 봄베를 개발했다. 그 결과 1940년 8월 8일, 개선된 버전의 새로운 튜링 봄베가 탄생했다. 약 1시간 정도면 독일군이 사용하는 암호문을 찾아낼 수 있을 정도로 뛰어난 성능을 지닌 기계였다.

튜링 봄베 덕분에 연합군은 독일군의 중대한 군사적 · 전략적 정보들을 알아낼 수 있었다. 그뿐만 아니라 외교나 첩보, 경찰과 나치의 친위대[SS] 등 거의 모든 분야에서 오가는 정보들도 염탐할 수 있었다. 특히 독일군 지휘부에서 작성한 계획들까지 알아낼 수 있었다는 점은 그야말로 튜링 봄베를 통해 얻은 쾌거 중의 쾌거였다. 독일군 지휘부는 에니그마의 보안성에 대해 일말의 의심도 품지 않았고, 그 때문에 연합군 측에서는 첩보부나 스파이, 배신자 등을 통해 입수한 정보보다 에니그마를 통해 입수한 정보를 더 신뢰했다.

그와 관련된 사례는 무수히 많겠지만, 그중 한 가지만 예를 들자면 전쟁이 한창이던 1940년, 영국 공군$^{\text{Royal Air Force}}$은 본토 사수를 위해 최후의 병력까지 모두 끌어모았고, 결국 독일군과의 공중전에서 승리했다. 승리의 원동력 중 하나가 바로 암호화된 독일군의 무선 통신을 해독해 낸 것이었다. 그 결과, 영국군은 독일군의 공격 계획과 공군의 배치 상황까지 세세히 알게 되었고, 이는 값을 매길 수 없을 만큼 귀중하고도 결정적인 정보였다. 그 정보들이 없었다면 영국은 독일과의 공중전에서 쓰라린 패배를 맛보았을 것이고, 히틀러의 '바다사자 작전$^{\text{Operation Seelöwe}}$', 즉 영국 침공 작전은 대성공을 거두며 영국의 무릎을 꿇리고 말았을 것이다. 그 당시에는 아직 미국과 소련이 참전하기 전이었으니, 만약 그랬다면 전쟁은 히틀러의 압승으로 끝나고 말았을 것이다.

암호화 작업은 이토록 전쟁에서 중요한 의미를 지닌다. 그 중요성은 암호화 작업이 이뤄지는 횟수만 봐도 알 수 있다. 1943년을 예로 들자면 하루 평균 2,500건의 독일군 측 무선 통신이 해독되었는데, 한 달로 환산하면 대략 8만 건에 달한다.

당시 연합군 총사령관이었던 드와이트 D. 아이젠하워도 에니그마를 해독하고 이를 통해 전략적 우위를 선점했던 것이야말로 승리의 결정적인 원동력이라 평가했다. 당시 에니그마를 해독해서 얻어낸 정보를 '울트라^{Ultra}'라고 불렀는데, 영국의 총리 윈스턴 처칠도 "우리가 전쟁에서 승리할 수 있었던 것은 울트라 덕분이었습니다."라고 말했다고 한다.

그런데 튜링은 에니그마의 암호를 어떻게 풀 수 있었을까? 그 관건 중 하나는 알파벳 치환 과정에서 배전반이 담당하는 역할과 회전자의 조합이 담당하는 역할을 분리한 것이다. 즉 해독 작업이라는 큰 덩어리의 작업 하나가 두 개의 소단위 작업으로 분할된 것이다(분할하여 통치하라!).

회전자가 조합해 낼 수 있는 경우의 수는 총 $120 \times 17,576 = 2,109,120$가지였는데, 이는 배전반이 조합해 낼 가능성 총 $150,738,274,937,250$가지에 비하면 상대적으로 작은 편에 속했고, $2,109,120$가지라는 수치는 무차별 대입의 원칙을 적용해볼 수 있을 만한 수치였다. 물론 사람의 손이나 머리가 아니라 기계를 이용할 때 그렇다는 뜻이다.

한편, 에니그마에도 약점은 있었다. 그랬으니 해독 작업도 가능했을 것이다. 에니그마가 지닌 최대 약점 중 하나는 '재귀적'으로 작동된다는 점이었다. 예컨대 어떤 방식으로 세팅된 상태에서 에니그마가 X를 U로 치환했다면 U는 다시 X로 치환되는 방식이었다. 배전반 역시 따로 떼어놓고 보면 그와 비슷한 원리로 작동했다. 그뿐만 아니라 에니그마는 반사판 때문에 어떤 글자가 자기 자신으로 치환될 수 없는 구조였다.

튜링은 이러한 약점들을 십분 활용했고, 그와 동시에 정보 속에 포함된 문구, 즉 크립까지 이용함으로써 암호를 해독해 냈다. 예컨대 튜링은 매일 오전 6시면 독일군이 일기예보를 타전한다는 사실을 이용했다. 그 시각에 타전된 정보에 '날씨^{Wetter}'라는 단어가 포함되어 있을 가능성이 매우 크다는 점을 계산한 것이다. 그 정보는 대개 '날씨06^{WETTERNULLSECHS}'*이라는 형태였다.

튜링은 또 크립을 이용하면 에니그마에 적용된 그날의 코드(크립을 암호화한 암호문구)를 알아낼 수 있다는 사실을 발견했다. 예컨대 암호화된 문구가 눈앞에 있다면 에니그마의 특징들을 이용해 해당 암호문 중 크립이 사용되지 않은 부분을 찾아낼 수 있다는 것이었다(관점 바꾸기의 원칙!). 이것이 바로 문제 해결의 돌파구였다.

튜링은 크립이 들어갈 수 있는 모든 위치를 검토하고, 그중 재귀적으로 사용된 알파벳 하나가 무엇인지를 체크했다. 다시 말해 에니그마가 해낼 수 없는 일을 체크한 것이다. 이를 위해 튜링은 암호화된 문구의 처음부터 끝까지 한 칸씩 옮겨 가며 크립을 대입했다. 그러면서 최소한 한 곳에서라도 알파벳이 겹치지 않는지를 검토했다. 〈그림 109〉는 예컨대 'OBERKOMMANDODERWEHRMACHT' (군 총사령관)이라는 크립을 암호문의 처음부터 끝까지 대입해본 것이다.

이때 글자가 충돌한다면, 다시 말해 순열에서 고정점이 나타난다면 해당 세팅은 코드가 될 수 없다는 것을 의미했다.

이제 그렇게 해독한 크립들의 실제 활용 사례에 대해 알아보자. 이 예는 영국 수학자 고든 웰치먼이 쓴 《영국 암호해독부 이야기: 에니그마 암호의 해독$^{The\ Hut\ Six\ Story:\ Breaking\ the\ Enigma\ Codes}$》에 등장하는 것으로, 거기에서 웰치먼은

---

* WETTER는 날씨, NULL은 0, SECHS는 6을 뜻함.

```
     BHNCXSEQKOBIIODWFBTZGCYEHQQJEWOYNBDXHQBALHTSSDPWGW
 1 OBERKOMMANDODERWEHRMACHT
   2  OBERKOMMANDODERWEHRMACHT
  3 OBERKOMMANDODERWEHRMACHT
    4  OBERKOMMANDODERWEHRMACHT
     5 OB E RKOMMANDODERWEHRMACHT
      6  OBERKOMMANDODERWEHRMACHT
       7  OBERKOMMANDODERWEHRMACHT
        8 OBERKOMMANDODERWEHRMACHT
         9 OBERK OMMANDODERWEHRMACHT
          10  OBERKOMMANDODERWEHRMACHT
           11 OBERKOMMANDODE RWEHRMACHT
            12  OBERKOMMANDODERWEHRMACHT
           13 OBERKOMMANDODERWE HRMACHT
            14  OBERKOMMANDODERWEHRMACHT
           15 OBERKOMMANDODERWEHRMACHT
            16 OBERKOMMANDODE RWEHRMACHT
           17  OBERKOMMANDODERWEHRMACHT
            18  OBERKOMMANDODERWEHRMACHT
           19  OBERKOMMANDODERWEHRMACHT
          20 OBERKOMMANDODERWEHRMACHT
           21  OBERKOMMANDODERWEHRMACHT
          22 OB E RKOMMANDODERWEHRMACHT
         23 OBERKOMMANDODERWEHRMACHT
          24 OBERKOMMA NDODERWEHRMACHT
         25 OBERKOMMANDODERWEHRMACHT
        26 OBERK OMMANDODERWEHRMACHT
       27 OB E RKOMMANDODERWEHRMACHT
     BHNCXSEQKOBIIODWFBTZGCYEHQQJEWOYNBDXHQBALHTSSDPWGW
```

〈그림 109〉 크립의 적용 사례.

‘TOTHEPRESIDENTOFTHEUNI−TEDSTATES’라는 크립을 사용했
다. 암호화된 텍스트는 ‘CQNZPVLILPEUIKTEDCGLOVWVGTUFLNZ’
였다.

첫 단계로 우선 낱자들을 순서대로 배열하면 다음과 같다.

1	2	3	4	5	6	7	8	9	10	11	12	13	14	15	16
T	O	T	H	E	P	R	E	S	I	D	E	N	T	O	F
C	Q	N	Z	P	V	L	I	L	P	E	U	I	K	T	E

17	18	19	20	21	22	23	24	25	26	27	28	29	30	31
T	H	E	U	N	I	T	E	D	S	T	A	T	E	S
D	C	G	L	O	V	W	V	G	T	U	F	L	N	Z

이제 한 줄 한 줄 비교해 가면서 각 알파벳이 어떻게 연결되어 있는지를 살펴보자. 위 목록에 따르면 10번의 I는 P로 치환된다. 6번에서는 P가 V로 치환되어 있고, 22번에서는 V가 다시 I로 치환되어 있다. 에니그마가 재귀적 방식을 따른다는 점을 이용하였다. I가 V로, V가 다시 I로 되는 과정을 추적한 것이다. 그 과정은 I → P → V → I였다. 다시 말해 이렇게 세팅된 에니그마 기계 3대를 연달아 작동시킨다고 가정했을 때, I는 결국 자기 자신으로 되돌아온다. 나머지 경우들도 살펴보면, T는 T → N → O → T의 과정을 거쳐 재귀되었고(32번, 21번, 15번), E는 E → P → I → E의 과정을 거쳐 재귀되었다(5번, 10번, 18번). 이런 식으로 재귀되는 알파벳들을 최대한 많이 찾아내는 작업은 튜링 해독기, 즉 튜링 봄베의 핵심적 작동 원리였다.

그런데 지금까지 우리가 살펴본 내용은 배전반을 전혀 고려하지 않은 상태에서의 상황들이다. 즉 배전반이 10쌍의 알파벳을 서로 치환한다는 사실을 무시한 채 해독 작업을 해온 것이다. 그뿐만 아니라 각 회전자의 바깥쪽을 감싸고 있는 고리의 위치도 무시했다. 모듈화의 원칙에 따라 첫 번째 소작업만 마친 것이다. 따라서 지금부터는 다음번 모듈에 대한 작업에 착수해야 한다.

우선 맨 처음의 치환 과정, 즉 I → P → V → I라는 글자 열(10번, 6번, 22번)

을 다시 한 번 살펴보자. 지금부터 우리는 이 글자 열을 이용하여 5개의 회전자가 맨 처음 어떤 위치에 놓여 있었는지를 알아낼 것이다. 그러기 위해 3개의 스크램블러(스크램블러 1개는 회전자 3개로 구성됨)를 이용한다. 그 3개의 스크램블러들이 맨 처음 어떤 위치에 놓여 있었는지를 치환 과정을 통해 유도해 내려는 것이다.

우선 첫 번째 스크램블러가 임의의 어떤 위치에 놓여 있을 때, 거기에서 나온 결과물은 두 번째 스크램블러의 출발 상황이 되고, 그 출발 상황은 첫 번째 스크램블러보다 정확히 네 걸음 앞서 있다고 가정해보자. 두 번째 스크램블러에서 나온 결과물은 다시 세 번째 스크램블러와 연결되는데, 세 번째 스크램블러의 결과물은 첫 번째 스크램블러의 세팅 상황보다 12걸음이 앞서 있게 된다. 여기까지가 에니그마 3대를 연달아 작동시켜 암호화 작업을 시행한 결과이다. 그 말은 곧, 올바른 회전자를 선택하고 그 회전자들의 위치도 올바르게 설정되었다면 맨 처음 스크램블러에 I를 입력했을 때 세 번째 스크램블러를 지난 뒤 다시 I가 나온다는 뜻이다. 처음에 I를 입력했는데 결과물이 만약 다른 글자라면 우리가 선택한 크립이 옳지 않았다는 뜻이고, 이에 따라 회전자들의 위치를 다르게 조합한 뒤 다시금 똑같은 과정을 반복해야 한다.

그렇게 계속 반복하면 결국 $26 \times 26 \times 26$개의 조합을 모두 실험하게 되고, 그 과정에서 3개의 스크램블러 속에 포함된 회전자들이 어떻게 조합되었을 때 I가 결국 I가 되는지, 즉 I가 어떤 방식으로 암호화되었는지를 알 수 있게 된다. 그런데 이 조건을 만족시키는 회전자의 조합이 보통은 1개 이상이다.

따라서 실제 사용할 때는 크립을 이용한 글자 열을 1개가 아니라 여러 개를 추출한 뒤 그 결과를 튜링 봄베에 입력시켜야 한다.

그런데 우리는 아직도 배전반에 대해서는 생각하지 않았다. 에니그마 안에 배전반이 없다면 이로써 에니그마의 암호는 이미 해독된 것이라 할 수 있겠지만, 그것은 사실과 다르다. 그렇다면 이제 남은 문제는 배전반이 지금까지의 상황을 어떻게 바꾸어놓느냐 하는 것이다. 즉 우리가 입력한 I가 회전자를 통과하기 이전, 혹은 그 이후에 배전반을 통과한다는 점을 감안하여 재분석에 들어가야 한다. 예컨대 I라는 글자가 Z라는 글자와 서로 연결되어 있다고 가정해보자. 그 말은 곧 첫 번째 스크램블러에 Z라는 글자를 입력해야 함을 뜻한다. 우리가 가지고 있는 3개의 스크램블러가 결국 에니그마 내부의 회전자들의 움직임을 통해 암호화 과정을 실행하기 때문이다. 맨 처음에 Z를 입력할 경우, 배전반은 I와 Z를 서로 치환할 것이다. 결국 Z가 회전자들에 도달한다. 회전자를 통과하면서 암호화된 글자도 Z이다. 하지만 배전반을 통과한 뒤에는 I로 바뀐다.

이 과정에서 우리는 회전자들의 위치를 올바르게 설정했는지 아닌지를 알 수 있다. 입력된 글자를 그대로 다시 '내뱉는지' 아닌지를 보면 알 수 있다.

그렇다면 서로 연결된 회전자들 사이에서는 이 정보를 어떻게 활용할 수 있을까? 그러기 위해서는 '백커플링' 방법을 활용해야 한다. 3개의 스크램블러를 통과하여 암호화된 글자들을 다시금 3개의 스크램블러에 통과시킨다. 예를 들어 3개의 글자 열 모두 Z로 시작된다고 가정해보자. 회전자들의 위치를 올바르게 설정했을 경우, I와 연결된 글자 Z를 입력하면 결과물은 늘 Z가 된다. 회전자의 위치가 잘못 설정되었을 경우에는 결과물들이 각기 다른 글자가 될 것이다. 이 경우, 그 3개의 글자를 다시금 스크램블러에 통과시키면 또 다른 결과물이 나올 것이다. 그 작업을 계속 반복하다 보면 결국 알파벳이 모두 도출된다. 회전자들의 위치가 잘못 설정되었을 경우, 결국 모든 알파벳이 도출된다!

그렇다면 회전자들의 위치가 올바르게 설정되었을 때에는 어떤 일이 벌어질까? 그 경우, Z를 입력하면 3개의 스크램블러에서 다시금 Z가 나온다. 거꾸로 말하자면 3개의 스크램블러는 정확히 Z를 입력했을 때에만 Z를 '토해내고', 그 외의 다른 알파벳을 입력했을 경우에는 Z가 아닌 다른 알파벳이 나온다는 얘기다. 예를 들어 A를 입력한 뒤 위에서 말한 패턴에 따라 그 결과물을 계속 입력할 경우 결국 나머지 모든 알파벳은 얻을 수 있지만 결단코 Z는 나오지 않는다는 말이다. 그리고 이 사실은 매우 중요하다.

사실 우리가 유념해야 할 상황은 두 가지뿐이다. 위에서 말한 백커플링 방식을 실행할 경우 첫째, 단 1개의 알파벳만 나온다는 것이다. 그게 아니라면 둘째, 그 단 1개의 알파벳을 제외한 모든 알파벳이 나온다. 그리고 두 경우 모두에 있어 그 알파벳과 연결된 '파트너'는 I라는 알파벳이다.

지금까지 말한 것들은 튜링이 생각했던 것들의 핵심이다. 그 아이디어들을 바탕으로 튜링은 에니그마가 작성한 암호들을 해독했다. 참고로 튜링은 그 외에도 뛰어난 능력을 보유한 학자였고, 앞서 거론한 부분은 그 능력 중 하나에

〈그림 110〉 앨런 튜링(1912~1954).

지나지 않는다는 사실도 밝혀두는 바이다.

튜링이 제시한 아이디어는 제2차 세계대전에서 결정적 역할을 했다. 그 아이디어 이전과 이후의 시대를 양분할 만큼 중요했다. 약간의, 아주 약간의 허풍을 더하자면 수학자 튜링이 제2차 세계대전의 향방을 결정지었다고도 할 수 있다. 그런 의미에서 앨런 튜링이라는 이름을 꼭 기억하고, 그의 업적을 널리 알리자. 언제 어떤 모임, 어떤 파티에서 에니그마나 암호화에 관한 얘기가 나올지 모른다. 그런 기회가 왔을 때 튜링의 이름을 거론한다고 해서 이미지가 나빠질 일은 절대 없을 것이다!

무차별 대입의 원칙은 본디 가능한 모든 해결책을 차례대로, 모두 실행해 보는 것을 의미한다. 그리고 그렇게 볼 때 이 원칙은 뛰어난 전략이라기보다는 미봉책에 가깝다. 앞서도 말했지만 무차별 대입의 원칙만으로는 에니그마를 정복할 수 없다. 그런 전략으로 덤볐다가는 좌절감만 맛보기 십상이다. 하지만 그 당시 학자들은 결국 에니그마를 정복했다. 무엇보다 순열을 적절하게 활용하고 검토해야 할 범위를 확연하게 줄인 덕분이었다.

이제 무차별 대입의 원칙에 관한 또 다른 사례를 만나보자. 미리 귀띔하자면, 이번 사례에서도 몇몇 기발한 아이디어 덕분에 검토해야 할 대상의 범위가 많이 줄어드는 것을 확인할 수 있다.

사례 2: 동전 교환하기

1유로짜리 동전을 더 작은 단위의 동전으로 교환하는 방법은 총 몇 가지가 있을까?

문제를 풀기 전에 대충 몇 가지 방법이 있는지 주먹구구식 계산부터 해보자. 무차별 대입의 원칙에 따라 센트 단위의 동전들을 모아서 1유로, 즉 100 센트를 만들어 낼 방법을 모두 생각해보는 것이다. 센트 단위의 동전은 총 6가지가 있다. 1, 2, 5, 10, 20, 50센트짜리 동전이 그것들이다. 이에 따라 100 유로를 만들어 내기 위한 원소들의 집합은 $\{1, 2, 5, 10, 20, 50\}$ 이라 할 수 있다. 그 집합의 원소들을 각기 더해서 100을 만들어 낼 방법은 다음과 같다.

$$100 = 50 + 50$$
$$= 50 + 20 + 20 + 10$$
$$= 50 + 20 + 10 + 10 + 10$$
$$\vdots$$

이렇게 계속 나열하면 결국 우리가 원하는 답을 얻을 수 있다. 하지만 그러자면 시간이 오래 걸린다. 왠지 '문명인답지 않은' 방법 같기도 하다. 그렇다면 어떻게 해야 이 문제를 문명인답게 풀 수 있을까? 어떤 아이디어를 동원해야 시간과 노력을 절약할 수 있을까?

그 아이디어가 어떤 아이디어인지 설명하기 위해 새로운 개념 하나를 도입해보겠다. 여기에서 말하는 '새로운 개념'이란 어떤 기준집합 $R = \{a, b, c, \cdots\}$에 속한 원소들의 합으로 자연수 n을 '분할^{partition}'한다는 말이 곧 c_a, c_b, $\cdots$라는 계수(c_a, c_b, $\cdots$는 0을 포함한 자연수)를 이용하여 다음과 같이 쪼개는 것을 의미한다고 가정하는 것이다.

$$n = a \times c_a + b \times c_b + \cdots$$

나아가 $P_R(n)$은 어떤 수 n을 분할하는 방법의 총 개수를 의미한다고 가정하자.

이런 약속하에 우리가 처음에 알고 싶어 했던 답은 $P_R(100)$이 된다. 이때 기준집합 $R = \{1, 2, 5, 10, 20, 50\}$이다. 지금부터 $P_R(100)$이 얼마인지 알아내기 위해 다음과 같이 접근해볼까 한다. 먼저 기준집합 $R^* = \{10, 20, 50\}$이라고 생각해보자. 합해서 100이 나오는 피가수^{summand}들이 모두 10의 배수라고 가정하는 것이다. 이로써 $P_R(100)$의 범위는 다음과 같이 줄어든다.

$$P_R(100)$$
$$= \sum |\{100을\ 분할할\ 집합,\ 이때\ R^*의\ 원소들인\ 10k를\ 합산\}|$$

여기에서 합은 $k=0$에서부터 $k=10$까지이고, 예컨대 $n(\mathrm{A})$는 집합 A의 원소 개수, 즉 집합의 크기를 뜻한다. 그런데 지금까지의 아이디어만으로 문제를 해결하기에는 아직도 가야 할 길이 멀다. 목적지와의 거리를 줄이려면 새로운 아이디어를 내야 하는데, 예컨대 다음 공식이 그런 아이디어라 할 수 있다.

$$\mathrm{P_R}(100) = \sum \mathrm{P}_{\{1,\,2,\,5\}}(100-10k) \times \mathrm{P}_{\{1,\,2,\,5\}}(k)$$

수식 40

앞의 공식이 [수식 40]으로 전환되는 과정을 꿰뚫어보기란 쉽지 않다. 그러기 위해서는 우선 $\mathrm{R}^*=\{10,\,20,\,50\}$의 원소들을 합산하여 100을 만들어 낼 방법과 $\mathrm{R}'=\{1,\,2,\,5\}$의 원소들을 합해서 100을 만들어 낼 방법이 개수가 동일하다는 점을 생각해야 한다. 즉 $10k$라는 액수를 이용해서 100을 만들어 내는 방법과 k라는 액수를 이용해서 100을 만들어 내는 방법의 개수가 같다는 것이다. [수식 40]은 바로 그러한 사실을 바탕으로 탄생하였다. 이때 $\mathrm{P}_{\{1,\,2,\,5\}}(k)=\mathrm{P}_{\{10,\,20,\,50\}}(10k)$라는 인수는 R^* 원소들의 합에 관계되고, $\mathrm{P}_{\{1,\,2,\,5\}}(100-10k)$라는 인수는 R' 원소들의 합에 관계된다.

이제 문제 해결을 위한 발판이 마련되었다. [수식 40]을 생각해 냄으로써 문제를 단순화하는 데 성공했다. 그 덕분에 이제부터의 작업은 훨씬 간단해졌다. 이제 남은 것은 $a_n=\mathrm{P}_{\{1,\,2,\,5\}}(n)$이 얼마인지를 구하는 것뿐이다. 그러기 위해 $b_n=\mathrm{P}_{\{1,\,2\}}(n)$라는 개념을 도입하고, $n=5m+i$(이때 i는 $\{0,1,2,3,4\}$)

라고 가정해보자. 이 경우, a_n과 b_n 사이에는 아래와 같은 관계가 성립한다.

$$a_n = b_n + b_{n-5} + b_{n-10} + \cdots + b_{n-5m}$$

n이라는 숫자를 m까지 '합산적으로 분할'할 경우, 5라는 피가수가 나온다. 따라서 $b_0 = 1$으로 설정해야 한다.

그렇게 하고 나니 풀어야 할 문제의 양이 늘어났다. b_i가 얼마인지도 구해야 한다. 하지만 그 작업은 간단하다. 그중에서도 가장 간단하고 빠른 방법을 원한다면 $i = 2j + t(t$는 0 또는 1)라는 공식을 이용하면 된다. 즉 $i - t$는 2의 배수가 된다. 집합 $\{1, 2\}$ 원소들의 합으로 $2j$라는 숫자를 0번, 1번, 2번, ⋯ 최대 j번까지 구성해 나가다 보면 결국 2라는 피가수가 나온다. 그러고 나면 다음 공식이 성립한다는 것을 쉽게 알 수 있다.

$$b_i = j + 1 = \frac{i - t}{2} + 1$$

그리고 그 말은 곧 $t = 0$일 때에는 $\frac{i}{2} + 1$, $t = 1$일 때에는 $\frac{i}{2} + \frac{1}{2}$이라는 뜻이다. 이 말을 달리 표현하면 다음과 같다.

$$b_i = \frac{1}{4}[2i + 3 + (-1)^i], \, i \text{ 는 임의의 자연수}$$

여기까지의 작업을 통해 아래와 같은 공식을 만들 수 있다.

$$a_n = \sum b_{n-5k} = \frac{1}{4}\left[\sum(2n - 10k + 3) + \sum(-1)^{n-5k}\right]$$

이때 모든 합은 $k=0$부터 $k=m$ 사이에 놓이게 된다. 이제 목적지까지 힘차게 성큼성큼 걸어나가면 된다. 그러기 위해 우선 공식을 단순하게 바꾸어보았다.

아래의 공식과

$$\sum(2n - 10k + 3) = (2n + 3 - 5m)(m + 1)$$

아래의 공식을 활용하면

$$\sum(-1)^{n-5k} = \sum(-1)^{n+k} = (-1)^n\sum(-1)^k = (-1)^n\left[\frac{1}{2}(1 + (-1)^m)\right]$$

아래의 공식을 도출해 낼 수 있다.

$$a_n = \frac{1}{4}\left[(2n + 3 - 5m)(m + 1) + \frac{1}{2}((-1)^n + (-1)^{n+m})\right]$$

또한 a_0이 1이라고 가정했을 때, 앞서 나왔던 [수식 40]을 다음과 같이 바꾸어 쓸 수 있다.

$$P_R(100) = a_{100} \times a_0 + a_{90} \times a_1 + a_{80} \times a_2 + a_{70} \times a_3 + a_{60} \times a_4$$
$$+ a_{50} \times a_5 + a_{40} \times a_6 + a_{30} \times a_7 + a_{20} \times a_8 + a_{10} \times a_9 + a_0 \times a_{10}$$

이제 남은 것은 그야말로 단순한 계산뿐이다. 계산 과정과 그에 따른 답은 다음과 같다.

$$P_R(100) = 541 \times 1 + 442 \times 1 + 353 \times 2 + 274 \times 2 + 205 \times 3 + 146 \times 4$$
$$+ 97 \times 5 + 58 \times 6 + 29 \times 7 + 10 \times 8 + 1 \times 10 = 4562$$

지금까지 몇 군데의 '중간 기착지'를 거치며 기나긴 대장정을 해왔다. 이제 대단원의 마침표를 찍을 시간이다. 그 마침표란 바로 '1유로짜리 동전은 4,562가지 방법으로 교환할 수 있다'는 것이다. 센트 단위의 동전들을 이용해 1유로를 만들어 내는 방법이 이렇게 많은 줄은 아마 그 누구도 상상하지 못했을 것이다!

마지막으로 한 가지 사례만 더 들어보겠다.

사례 3: 중급자를 위한 주사위 던지기 문제

주사위 6개를 동시에 던졌을 때 6개 모두에서 같은 숫자가 나올 수 있을까?

최소한 2종류의 숫자는 반드시 나올까? 어쩌면 6개 모두에서 각기 다른 숫자가 나오지는 않을까?

만약 친구와 내기를 한다면, 그러니까 정확히 4종류의 다른 숫자가 나왔을 때에만 내가 이기고 나머지 모든 경우는 친구가 이긴다고 가정했을 때 내가 이길 확률은 얼마나 될까? 또 질 확률은 얼마나 될까? 내게 승산이 조금이라도 있기는 한 것일까?

이 게임은 아무리 생각해도 내가 불리할 것 같다. 독자 중에는 아마 기꺼이 이 게임의 상대가 되어주겠다는 이들도 적지 않을 것이다. 그만큼 내가 이길 확률이 희박해 보이기 때문이다. 위 문제대로라면 주사위 눈의 가짓수가 1가지, 2가지, 3가지, 5가지, 6가지일 때 내가 진다는 뜻이니 그렇게 생각하는 것도 무리는 아니다. 하지만 길고 짧은 것은 대봐야 아는 법! 지금부터 위 문제를 자세히 분석해보자.

사실 분석이라는 거창한 말을 들먹일 필요도 없다. 6개의 주사위를 던졌을 때 나올 수 있는 모든 상황은 $6^6 = 46,656$이라는 공식으로 간단하게 계산할 수 있다. 이제 무차별 대입의 원칙에 따라 그 모든 경우를 나열하고, 그중 어떤 경우에 내가 이기고 어떤 경우에 친구가 이기는지를 골라내기만 하면 된다. 하지만 솔직히 말해서 46,656가지의 경우를 모두 나열하자니 귀찮기 짝이 없다. 별것도 아닌 일에 괜히 시간낭비하기가 싫다. 그런데 다행히 작업량을 획기적으로 줄이는 방법이 있다! 46,656가지 상황 모두 발생 확률이 동일하기 때문에(대칭의 원칙!) 내가 이기는 상황만 나열해도 된다. 지금부터 그 작업에 착수해보겠다.

〈그림 111〉 주사위 6개를 던졌을 때 나올 수 있는 상황 중 2가지 사례.

자, 다시 한 번 상황을 정리해보자. 주사위 6개를 동시에 던졌더니 총 4가지의 서로 다른 숫자가 나왔다. 이 경우에는 내가 이긴다. 다시 한 번 주사위를 던졌더니 이번에는 총 5가지 숫자가 나왔다. 이 경우, 내가 진다. 그런데 이런 식으로 일어날 수 있는 모든 상황을 나열하자니 시간이 너무 많이 걸린다. 괴롭다! 짜증 난다! 게다가 아름다운 해결책도 아닌 것 같다. 따라서 검색 범위를 줄이는 것이 급선무이다. 무차별 대입의 원칙을 적용할 범위를 줄여보자는 것이다. 지금부터 우리가 검토해야 할 상황은 한 가지뿐이다. 내가 이기는 상황, 즉 6개의 주사위를 던졌고 그 결과 4개의 서로 다른 눈의 숫자가 나오는 상황만 생각하면 된다. 그리고 그 상황은 $aabbcd$ 혹은 $aaabcd$뿐이다(이때 각 알파벳은 눈의 개수를 의미함). 그 외의 상황은 존재하지 않는다. 물론 $aabbcd$와 $aaabcd$ 안에서도 다양한 상황이 일어날 수 있다. 따라서 우리의 과제는 그 상황들을 무차별 대입의 원칙에 따라 나열하고, 그중 내가 이기는 상황을 선별하는 것이다.

먼저 $aabbcd$부터 살펴보자. 이번에도 이항계수를 활용해서 나타내면, c가 늘 d보다 앞에 나오고 a와 b의 위치는 서로 바뀔 수 있다고 가정했을 때 $aabbcd$가 나올 수 있는 상황은 $B(6, 2) \times B(4, 2) \times \frac{1}{2} = 45$가지뿐이다. 그 45가지 안에 $aabbcd$, $ababcd$, $acdabb$가 포함된다. 하지만 $bbaacd$, $babacd$, $aabbdc$는 포함되지 않는다.

다음으로 $aaabcd$를 살펴보면, b가 c 앞에 오고 c가 d 앞에 온다고 가정했을 때 $B(6, 3) = 20$, 즉 $aaabcd$가 나오는 상황은 20개뿐이다. $abaacd$, $abcada$는 그 20개에 속하지만 $aaacbd$는 속하지 않는다.

위 두 가지 상황을 더하면 총 65가지 상황이 된다(45+20=65). 내가 이길 수 있는 상황이 65가지라는 것이다.

그런데 이게 끝이 아니다. 알파벳 a, b, c, d가 각기 어떤 숫자를 의미하는지가 아직 결정되지 않았기 때문이다. 그 경우의 수는 그야말로 간단하게 알아낼 수 있다. 아래 공식이 바로 그 열쇠이다.

$$6 \times 5 \times 4 \times 3 = 360$$

위 공식이 성립하는 이유도 간단하다. 알파벳 a가 의미할 수 있는 숫자는 우선 총 6가지이다. 하지만 a가 특정 숫자를 차지하고 나면 b가 배정받을 수 있는 숫자는 6개에서 5개로 줄어든다. a와 b가 같은 숫자는 될 수 없기 때문이다. c와 d도 같은 원리에 따라 각기 4가지, 3가지의 다른 숫자를 배정받을 수 있다.

지금까지 계산한 결과물을 종합하면 결국 내가 이길 수 있는 상황은 $65 \times 360 = 23,400$가지이다. 그런데 주사위 6개를 던졌을 때 일어날 수 있는 상황의 총합은 46,656이다. 이에 따라 반대로 내가 질 확률은 $46,656 - 23,400 = 23,256$이 된다. 맨 처음 문제를 접했을 때 내가 질 확률이 훨씬 더 높을 것이라고 생각했던 점을 감안하면 놀라운 결과가 아닐 수 없다.

$$\text{내가 이길 확률:} \quad \frac{23,400}{46,656} = 0.5015$$

'무차별 대입'이라는 말을 들으면 왠지 범위가 너무 넓고 시간이 오래 걸릴 것 같다는 두려움부터 들기 마련이다. 하지만 사례를 통해 알아봤더니 시간을 절약할 방법이 분명히 있었다. 게다가 먼 길을 돌아가고 있다는 느낌이나 미학적 완성도가 결여되어 있다는 느낌 따위는 전혀 들지 않았다.

그렇다! 위 게임에서 내가 이길 확률과 질 확률 사이에 큰 차이는 없다. 두 확률이 서로 엇비슷하다. 하지만 50.15%는 분명히 50%를 넘는 수치이다. 무차별 대입의 원칙이라는 '일등공신' 덕분에 이런 아름다운 결론이 탄생할 수 있었다!

Ⅲ

결론

끝 부분에 위치한 서문

생각한다는 것은 우리가 생각하기보다 훨씬 쉽다.

– 하인리히 슈타세

카를 발렌틴은 "어렵다는 것은 쉬운 무언가를 뜻
한다."라고 했다.

이 명언을 가슴에 새기자!

미주

인용구와 정보의 출처는 치클러^{Ziegler}의 저서(2008)

임마누엘 칸트의《형이상학 서설^{Prolegomena}》§13(1783)

칸트의《형이상학 서설^{Prolegomena}》§13

루트비히 비트겐슈타인의《논리철학 논고$^{Tractatus\ logico-philosophicus}$》(1922)

임마누엘 칸트의 논문「공간에서 방향을 구분하는 제1 근거$^{Von\ dem\ ersten\ Grunde\ des\ Unterschieds\ der\ Gegenden}$ $^{im\ Raume}$」(1768), 〈쾨니히스베르크 질의 및 고지 소식지〉(주간지) 제6~8호, 쾨니히스베르크

그림 출처

표지 이미지 www.shutterstock.com

그림 23   Prof. Hans-Joachim Vollrath, Universitt Wrzburg

그림 44   Walters Art Museum, Baltimore

그림 58   ullstein bild-Pressbildagentur

그림 64   ullstein bild-Granger Collection

그림 76, 79 fotolia

그림 82   Douglas R. Hofstadter/Daniel C. Dennet: Einsicht ins Ich. Fantasien und
          Reflexion über Selbst und Seele, München 1992

그림 108   NSA

그림 110   cc-by-2.0 Jon Callas

Bachet, C.-G. (1612): Problémes plaisans et délectables qui se font par les nombres. Pierre Rigaud, Lyon.

Brecht, B. (2004): Geschichten vom Herrn Keuner. Suhrkamp, Frankfurt/M.

Cover, T. & Thomas, J. (1991): Elements of Information Theory. Wiley, New York.

Davis, P. J. & Hersh, R. (1981): The Mathematical Experience. Houghton Mifflin, Boston.

Dörner, D. (1987): Problemlösen als Informationsverarbeitung. Kohlhammer, Stuttgart.

Duncker, K. (1963): Zur Psychologie des produktiven Denkens. Springer, Berlin.

Engel, A. (1998): Problem-Solving Strategies. Springer, New York.

Eves, H. (1990): An Introduction to the History of Mathematics, 6. Auflage. Brooks Cole, Pacific Grove.

Funke, J. (2003): Problemlösendes Denken. Kohlhammer, Stuttgart.

Galton, F. (1907): Vox Populi. Nature, 75, 450~451.

Haas, N. (2000): Das Extremalprinzip als Element mathematischer Denk- und Problemlösunsprozesse. Untersuchungen zur deskriptiven, konstruktiven und systematischen Heuristik. Franzbecker, Hildesheim, Berlin.

Hallpike, C. R. (1979): The Foundations of Primitive Thought. Clarendon, Oxford.

Hesse, C. H. (2003): Angewandte Wahrscheinlichkeitstheorie. Wiesbaden, Vieweg.

Hesse, C. H. & Meister, A. (2005): übungsbuch zur Angewandten Wahrscheinlichkeitstheorie. Vieweg, Wiesbaden.

Jung, C. G. (1957~1983): Gesammelte Werke, 26 Bände, Rascher, Zürich & Walter, Olten.

Kaden, F. (1985): Kleine Geschichte der Mathematik. Kinderbuchverlag, Berlin.

Kant, I. (1783): Prolegomena zu einer jeden künftigen Metaphysik, die als Wissenschaft wird auftreten können. Johann Friedrich Hartknoch, Riga.

Kant, I. (1768): Von dem ersten Grunde des Unterschieds der Gegenden im Raume. Wöchentliche Königsbergische Frag-und Anzeigungsnachrichten, 6tes~8tes Stück, Königsberg.

Kohlrausch, A. (1934): Körperliche und psychische Lebenserscheinungen. Kohlhammer, Stuttgart.

Läge, D. (2005): Die Wason'sche Wahlaufgabe. AKZ Forschungbericht, Psychologisches Institut, Universität Zürich.

Larson, L. C. (1983): Problem-Solving through Problems. Springer, New York.

McKeganey, N. (1993): Stalking HIV in the red light district. New Scientist, June 12, 22~23.

Mead, E., Rosa, A., Huang, C. (1974): The game of Sim: A winning strategy for the second player. Mathematics Magazine, 47, 243~247.

Perkins, D. N. (1981): The Minds Best Work. Harvard University Press, Cambridge.

Pile, S. (1990): Book of Heroic Failures. Penguin, London.

Polya, G. (1962): Mathematik und plausibles Schließen. Band 1: Induktion und Analogie in der Mathematik. Birkhäuser, Basel.

Polya, G. (1967): Die Schule des Denkens. Vom Lösen mathematischer Aufgaben. Einsicht und Entdeckung, Lernen und Lehren. Birkhäuser, Basel und Stuttgart.

Seely, H. (2003): The poetry of D. H. Rumsfeld. Slate Magazin.

Stoppard, T. (1993): Arcadia. Jussenhoven und Fischer, Köln.

Suber, P. (1990): The Paradox of Self-Amendment: A Study of Law, Logic, Omnipotence, and Change. Peter Lang, New York.

Szab A. (1994): Die Entfaltung der griechischen Mathematik. Wissenschaftsverlag, Mannheim.

Tropf, A.: Niederlagen, die das Leben selber schrieb. http://www.alexander-tropf. de/ausfinh. htm.

Warner, S. L. (1965): A survey technique for eliminating evasive answer bias. Journal of the American Statistical Association, 60, 63~69.

Wason, P. C. (1966): Reasoning. In: B. M. Foss (ed.). New horizons in psychology(p. 135~151). Penguin, Harmondsworth.

Wason, P. C. (1968): Reasoning about a rule. Quarterly Journal of Experimental Psychology, 20, 273~281.

Watzlawick, P. (1992): Vom Unsinn des Sinns oder vom Sinn des Unsinns. Picus, Wien.

Watzlawick, P. (1976): Wie wirklich ist die Wirklichkeit-Wahn, Täuschung, Verstehen. Piper, München.

Welchman, G. (1982): The Hut Six Story: Breaking the Enigma Codes. McGraw-Hill, New York.

Winkler, P. (2004): Mathematical Puzzles. A Connoisseur's Collection. Peters, Massachusetts.

Wittgenstein, L. (1992): Tractatus logico-philosophicus, Paul, Trench, Trubner & Co., London.

Zeitz, P. (1999): The Art and Craft of Problem Solving. Wiley, New York.

Ziegler, G. M. (2008): Wo Mathematik entstehet. Zehn Orte. in: Behrends, E., Gritzmann, P., Ziegler, G.(Hrsg.), Pi und Co. Kaleidoskop der Mathematik. Springer, Berlin.

저자 소개

크리스티안 헤세는 하버드 대학에서 박사 학위를 받고 UC 버클리 대학에서 학생들을 가르쳤다. 1991년에는 독일 슈투트가르트 대학의 교수로 임명되었다. 그 사이에도 퀸즈 대학(캐나다, 킹스턴)과 필리핀 대학(마닐라), 콘셉시온 대학(칠레), 조지워싱턴 대학(미국, 워싱턴) 등에서 객원 연구원으로 일했다. 중점 연구 분야는 추계학stochastics, 대표 저서는 《응용확률론Angewandte Wahrscheinlichkeitstheorie》 등이 있다.

여가 시간에는 자신이 감당할 수 있는 양만큼의 피트니스 훈련과 복싱으로 체력을 단련하며, 문학과 체스에도 관심이 많다. 2006년에는 체스를 주제로 한 수필집 《체스 세계로의 탐험Expedition in die Schachwelt》을 출간하기도 했는데, 오스트리아의 저명한 일간지 〈슈탄다르트Standard〉로부터 '체스를 주제로 한 책 중 가장 영감이 풍부하고 배울 것이 많은 책 중 하나'라는 찬사를 듣기도 했다. 또한 헤비급 복싱의 최강자로 손꼽히는 클리츠코Klitschko 형제, 유명 축구 감독 펠릭스 마가트Felix Magath, 영화제작자 아터 브라우너Artur Brauner, 체스플레이어이자 가수인 바일레Vaile, 전 세계 체스 선수권 보유자인 아나톨리 카르포프Anatoli Karpov 등과 더불어 2008년 드레스덴에서 개최된 제38회 세계 체스 올림피아드의 국제 체스 홍보대사로 임명되기도 했다.

현재는 일곱 살 난 딸 하나와 네 살 난 아들 하나를 기르며 아내와 함께 행복하게 살고 있다. 참고로 헤세는 인생의 바닥까지 내동댕이쳐졌다가도 다시 일어나고 또다시 일어나는 오뚝이형 인물들을 진정한 영웅으로 생각하고 있으며, 좌우명은 "사는 게 너무 힘듭니다."라는 말에 "뭐랑 비교해서 그렇다는 말이지?"라고 대답했다는 볼테르의 말이라고 한다.